全国勘察设计注册工程师
执业资格考试用书

Zhuce Yantu Gongchengshi Zhiye Zige Kaoshi
Zhuanye Kaoshi Kaoti Shijiang

注册岩土工程师执业资格考试
专业考试考题十讲

（第5版）

李广信　编

人民交通出版社股份有限公司
北　京

内 容 提 要

本书以专题讲座的形式解析注册岩土工程师专业考试的命题特点和解题思路。共十讲:子曰诗云,天行有常,曲径通幽,小心陷阱,另辟蹊径,难而不繁,重要数式,最大概率,雾里看花,百密一疏。

本书主要供参加注册岩土工程师执业资格考试的考生复习参考。

图书在版编目(CIP)数据

注册岩土工程师执业资格考试专业考试考题十讲 / 李广信编. — 5版. — 北京 : 人民交通出版社股份有限公司,2021.8

ISBN 978-7-114-17211-3

Ⅰ.①注… Ⅱ.①李… Ⅲ.①岩土工程—资格考试—题解 Ⅳ.①TU4-44

中国版本图书馆 CIP 数据核字(2021)第 061443 号

书　　名: 注册岩土工程师执业资格考试专业考试考题十讲(第5版)
著 作 者: 李广信
责任编辑: 李　坤
责任校对: 孙国靖　卢　弦
责任印制: 张　凯
出版发行: 人民交通出版社股份有限公司
地　　址: (100011)北京市朝阳区安定门外外馆斜街3号
网　　址: http://www.ccpcl.com.cn
销售电话: (010) 85285857
总 经 销: 人民交通出版社股份有限公司发行部
经　　销: 各地新华书店
印　　刷: 北京科印技术咨询服务有限公司数码印刷分部
开　　本: 787×1092　1/16
印　　张: 17.25
字　　数: 380千
版　　次: 2014年4月　第1版
2015年3月　第2版
2017年4月　第3版
2019年4月　第4版
2021年8月　第5版
印　　次: 2025年3月　第5版　第2次印刷　总第8次印刷
书　　号: ISBN 978-7-114-17211-3
定　　价: 60.00元

第 5 版 前 言

自 2018 年注册岩土工程师考试取消案例题选做部分以来，已经举办了三次考试，命题的风格、范围和难度都有了很大的改变，命题专家的队伍和组成也有较大的变化。

首先，从考试大纲所列的规范、规程及法规看，数量与行业范围有较大的扩展。2003 年的考试大纲列有规范(规程)31 本，考题涉及建筑法规 9 本；2011 年指定规范(规程)40 本，法规 19 本；2020 年指定规范(规程)达到 50 本，法规 19 本。考题涉及的行业范围在逐步拓宽，例如 2005 年铁路(方面的考题)占比不足 1%，公路占比 2.8%，水利占比 4.3%；2020 年铁路(方面的考题)占比 8%，公路占比 4.3%，水利占比 3.6%。而厚达 1348 页，重达 2100g 的《工程地质手册》(第 5 版)在 2020 年的试题中使用率高达 10%。

其次，在上下午 50 道案例题中，浅基础一章减少了 4 题 8 分；此前视为救命稻草的勘察、深基础、浅基础、地基处理 4 章减少了 6 题。原来这 4 章案例题共 66 分，现在减少到 54 分，对占报考人数近 90%的建筑行业考生无疑是致命的打击。

第三，近年的命题风格有很大变化。考题越来越紧傍规范，由于命题专家本人也都来自于建筑行业，要拟出铁路、公路、港口行业的考题，他们也只能原滋原味地去扒相应的规范。此前有一些侧重考查概念与工程经验的完全不用查规范的考题在减少，越来越像是考速度了。原来一些计算量较小的案例题现在变成了知识题，因而在知识题考试也离不开计算器了；在某些知识题中，要找到规范的相应条款，还要“深加工”后才能匹配选项。在案例题中，直来直去从正面解答的问题少了，而反算、扩展、比照、绕弯、加料、设坑等情况相当普遍。但近年的考题减少了一些几何、三角、代数、四则等初等数学的计算，以及初等力学的分解、合成等计算。题目中往往给出 $\gamma=20\text{kN/m}^3$，$\varphi=30°$ 等参数，在稳定分析计算中，常常给出岩土体的体积、重量，甚至给出重力的法向与切向分力的大小。另一方面细节上有所改进，吸取前车之鉴，重力式结构例如挡土墙土压力计算总是标明是否要乘以放大系数。尽管也有一些昏题与错题，但是那种惊心动魄、怨声载道的错误还是减少了。

正如在第一版的前言中所讲，这本《考题十讲》的本意在于总结命题与考试中的经验、教训与体会，以期建立命题者与考生间的交流。尽管这些年我已不参加命题，但一直在关注着这一工作。为了与时俱进，也不断增改，第 5 版作了较大的改动。主要以近三年的考题为例，仍然将题目分为十讲，对其进行解答与评析。另外将第一讲“中规中矩”改为“子曰诗云”；增加了第二讲“天行有常”，主要是分析一些涉及土力学概念与理论的问题；取消了第六讲“分清敌我”，因为不同规范中荷载与抗力的规定不一致，一时也难以统一与改正；把第九讲“一仆二主”改为“雾里看花”，主要分析一些概念与表述不清的题目。

这样，几版的《考题十讲》一直跟踪我国注册岩土工程师考试所走过的路径，对代表性的考题进行系统的分析与评述。对昏题与错题进行回避与掩盖是不对的，如果放任不讲，被奉为经典，会谬种流传，误人子弟，甚至可能会引发工程事故。这里对主要的错题基本上都予以保留，可能分析理解不全面，但对引起关注与讨论也是有益的。诗云“有匪君子，如切如磋，如琢如磨”，即为作者心声。书中可能存在有意纠偏、无意伤人之处，尚乞海涵。

李广信

2021 年 4 月

第 4 版 前 言

前些年，作者在注册岩土考试命题专家组的时候，人事部(现人力资源和社会保障部)对于注册岩土考试的案例题保持有选择的余地(30 题中选做 25 题)很是不解，几次要求取消这种选择的裕量。我们当时解释，并讲了下面一些理由：

(1)由于岩土材料性质极其复杂，且岩土工程具有极强的地域性和行业性，工程技术人员想做到行行精通几乎是不可能的，注册岩土考试的案例题应保留选择的空间。

(2)考题中，有的题难而不繁，有的题计算量偏大，不同年龄和行业背景的考生可作不同的选择，有利于扬长避短。

(3)由于岩土问题具有很强的经验性和复杂性，命题常会出现不确、不妥、不易理解，甚至有误的情况，对此考生可以考虑放弃，留有回避的空间。

亦即针对考题的“偏、繁、昏、错”问题，为了给命题者与考生以一定的回旋余地，十余年来一直保留了这种选择，即 30 题中有 5 题的裕量。

2018 年注册岩土考试案例题只有 25 题，而不再是含有 5 题裕量的 30 题了，这就使命题专家面临很严峻的考验。因为已经没有了躲闪的余地，题目必须明确而精准。可是作者看了 2018 年的考题，感觉“偏、繁、昏、错”的考题仍然不少。由于已经没有回避的空间了，考生对此就更加敏感，怨声载道也就不可避免。因此作者感到有必要在本书中对于近两年的考题作一些评析，以利于命题与考试。

此外，土力学中的三相换算是最基本的技能，在注册考试中常常会用到。熟练的计算能够节省宝贵的时间，考生应对此给予重视，熟练掌握三相换算草图答题的方法。对于三相换算在考试中的应用、类型和计算方法作一总结，以附录的形式放在书后。

由于没有见到官方的“标准答案”，近几年考题的答案与解答都是作者参考选项与猜测得到的，有误解误判的地方敬请指出。

李广信

2019 年 3 月

第 3 版 前 言

随着每年注册考试的进行，本书对于当年考题的分析与点评，可使其内容不断深入与发展。2016 年的考题质量有所进步，难度不是很高(据说 2016 年机评的通过率在 30%以上)，有些命题很巧妙，错题的比例降低了。命题也在模仿“难而不繁”的原则，看来我的《考题十讲》对命题专家也是有影响的。另一方面，此前深、浅基础历年的考题主要是源于建筑规范，2016 年的几道题使用了铁路与公路规范——这也是大势所趋，考了十余年，只好另辟蹊径了。

这一版主要是增加了一个附录，名为“命题、考题与考试”。从考试资料统计的角度对多年的命题、考题和考试情况进行分析总结，得到一些很有意义的结果。

在一些考生看来，命题似乎很神秘。这里对命题专家组的构成，命题工作的程序和命题过程中出现的一些问题作了介绍。使考生清楚考题的产生、审核与付印的全过程，了解命题的范围与发展变化，对考题中的问题能够更多地理解与正确地应对。

对历年考题的统计主要针对以下几个方面：考题的难度，案例题的选择率，考题的区分度。

统计中的“难”与“易”主要根据试卷的正确率，其实一些得分率很低的考题并不一定是“难”，有些是昏题与繁题。例如，有些题中没有指定规范，答案却硬要按某个规范乘以一个修正系数，这属于昏题；有些题计算过程长，计算步骤多，极易算错，这属于繁题。也有的难题是设有一个陷阱，大家都掉了进去。本书举了几道得分率极高与极低的考题为例进行了说明。

案例题选择率的统计很有意义。从中可以发现，选择率最高的考题正是大家熟悉的深、浅基础，地基处理，工程勘察和基坑工程等内容。掌握好这几章是考试通过的基础。而第六章土工结构物、第八章特殊岩土以及部分抗震的考题通常选择率较低。在一些章节中，某些方面的考题往往选择率低，例如，地基处理中的预压固结的考题，各章中与水有关的考题，以及考生较为生疏的考题。

一个值得重视的问题是区分度，它是指总成绩为前、后 27%的考生，对于某考题正确率之差。由于总成绩的前 27%基本上接近于每年的通过率，因而区分度实际上就成为能否通过考试的关键。分析一些区分度很高的考题，发现它们有如下一些特点：

(1)主要分布在深、浅基础等章，它们的选择率都很高。

(2)这些题难度适中，平均正确率约为 50%，既不是极易的“送分题”，也不是得分率很低的“极难题”。

(3)这些题并没有很特殊的考点与难点，从考试结果看并没有明显的倾向性错误，错误选项的分布较均匀，即多是计算、查表、查曲线等出错。

在这些高区分度的考题中，前27%考生的正确率为70%～80%，后27%考生的正确率为30%～40%，区分度为0.4～0.5。从而可以得出一个宝贵的经验，那就是要重视深、浅基础等章，对于重要的、典型的考点要多做题，多练习，达到十分熟练，提高做题的速度、准确度和稳定性。

注册考试中往往是案例题控制通过率。而案例题是要求从30题中选择25题作答。据多年资料的统计，考生选择的题数约为20～21题，而通过机评达到复评的考卷则稍多一些，约为22题。以上、下午计，如果平均正确率为70%，则2×2×22×0.7≈62分，这正好是前27%考生的水平，所以广种薄收是落后的耕作方式。在本书中也提倡做好审题，不要平均分配精力与时间，对于自己熟悉、有把握以及难度很低的考题，该得的分数一定要确保。

李广信

2017年3月

第 2 版 前 言

本书第一版出版以后很受读者的欢迎，首印告罄，并出现了多处盗版。这表明以往命题者与考生的这种交流不够；缺乏对于历年考题准确的分析；考生对于其中一些考题的疑惑没有得到正确的解释。另外，这种对考题的评议，也可澄清一些概念，丰富考生的应试经验，提高命题专家的警觉和命题的质量。可见加强这种交流、沟通与理解是十分有益的，相互促进，也有利于提高我们岩土工程界的整体科技水平。

第一版出版以后，收到一些读者的意见，指出了某些不足与笔误，这里相应作了一些修正，并致以感谢。另外，也收入了 2013 年和 2014 年的考题。由于命题专家的变化，这两年命题的套路也有较大的变化，错误率有明显的提高，对此也一一作了评析。

正如在第一版的前言中所述，我国的注册考试命题的显著的特点，是以规范为准则，以规范为中心。而由于这种考试已经进行了十余年，常用的规范彼此也都十分熟悉了，命题专家似乎已江郎才尽。于是就面向一些更偏僻、更狭窄的规范、标准、手册的边边角角，看起来路子是越走越窄了。今后的考生真得和古代的举子们一样，雇一个书童挑担以带全资料了。记得前些年有的考生只带了 7 本规范即可名列金榜，现在恐怕是不行了。

讲到注册考试，感到越来越像当年的科举考试。明清的科举是以四书五经为基准，以八股为程式，一旦金榜题名，既可治河，也可筑城，还可办案。现在的注册考试不是四书五经了，而是代之以几十本规范，只要把它们背熟，就可通过注册，取得了挖坑填土的资格，像当年的秀才、举人一样，名列注册岩土工程师。

关于我国工程界对于规范的过度依赖，已引起很多专家、院士和大师们的非议。记得在 1998 年准备实行注册制度时，部分专家曾赴美考察，看到一份加利福尼亚州的注册岩土工程师的考卷，它从计算土的基本物性指标开始，一口气列出了十个连锁题，指标、试验、参数确定、土工结构设计计算，并没有涉及什么规范。我们把规范圣经化、法律化是很有害的。例如在我国，岩土工程事故最后往往都是由施工方买单，板子也主要打在施工者的身上，这是不正常的。国际隧道工程保险集团对施工现场发生安全事故的原因的调查结果表明：地下工程发生事故原因是多方面的，其中设计方的责任占很大比例，由施工方完全承担这些风险与责任是不合理的，不公平的。如图 1 所示，设计者通常比施工者的责任高一倍。在我国，僵硬的规范成了设计者的挡箭牌，只要按规范设计，不管规范对不对，不管用的合不合理，设计者都可免责。而施工方在业主“迎会献礼”的催逼下，在低价中标的挤压下，冒险蛮干，去赌一把，最后成为“祸首”。与杭州地铁基坑事故极为相似的新加坡 Nicoll 大道地铁基坑事故，专家一致认为，其主要责任在于设计。新加坡没有国家规范，设计者没有规范的庇护，专家认为是设计的问题，就难逃其责。见图 2。

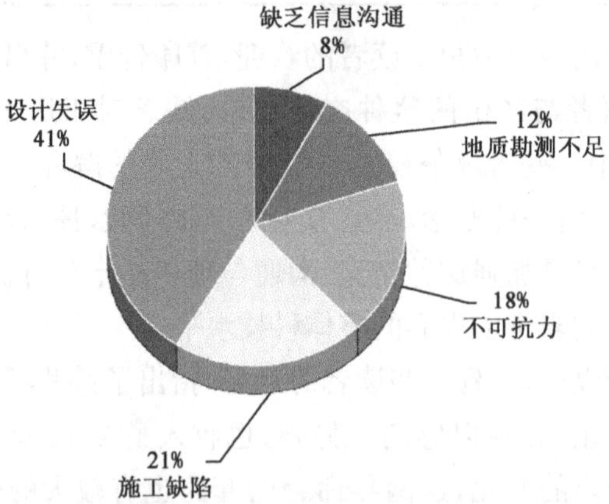

图 1　地下工程事故的原因与责任的比例

图 2　杭州地铁基坑(左)与新加坡 Nicoll 大道地铁基坑(右)

注册考试应尽量减少对规范的依赖，创出一些考查基本概念、检验工程能力与经验的好题，尽量减少一些昏题与错题。

本书中的答案与解答基本上是源于命题组的原始资料，只有评析部分是作者所为。

李广信

2015 年 1 月

第 1 版 前 言

参加注册岩土工程师考试命题多年，一直想对历年的考题进行分类总结，也顺便谈谈在命题工作中的体会。一些参加过几次考试的考生，对于历年的考题也会有看法和评价，难与不难是一个方面，而对于某些考题，他们是有意见的。命题与考试，专家与考生似乎是对立的两方面，他们在注册考试过程中相互较量和博弈，也通过考题相互沟通与交流，最终的目标是提高我国岩土工程的科技水平。此书的目的也在于促进这种交流。

我国的注册考试有一个显著的特点，那就是以规范为准则，以规范为中心。所以命题者一个最简单、省事、偷懒的途径就是从规范中扒题。对于知识题就是从某规范的某章、节、条、款中选出 4 条，改错其一，成为单选题的问题，即“哪个选项是错误的?”。如果多选题不够，单选题有余，则可将此题改为“哪些选项是正确的?”。对于案例题，就是提供所需要的参数、条件，要求按照某规范的条文、附录规定与公式进行计算，并且题目中注明了规范。这样只要找到公式，问题则迎刃而解。这种考题可谓中规中矩。

为了增加“难”度，就从规范的不同章节挑选 4 个选项，组成单选或多选题，甚而从规范的条文说明中扒题。这是一种故意制造难度的伎俩，往往难以服人。因为回答每道知识题的时间只有 2 分钟 34 秒，单选题的时间就更短，审题之后根本不可能给考生翻整本规范的时间，也很少有人能将规范倒背如流。对于案例题则是据一个生疏的规范的偏僻处或者一些手册的公式或规定命题，目前考生多从事建筑业，如果考题必须用公路、铁路、水利、港口的某规范的条文说明中的经验公式计算，多数考生可谓是“上穷碧落下黄泉，两处茫茫都不见”，最后只落得“江州司马青衫湿”了。

增加案例题“难”度的另一方法是加大计算量，如果一道案例题需要计算 4～5 步，要查 4～5 个参数，那就有些不讲理了。据说有的考题命题者本人也要用 20 分钟以上才可完成，而考试中每个考题只有 7 分钟 12 秒的时间，审题以后，只有 5 分钟左右的计算时间。有的考生一见某题，感觉不难、会做，于是满怀信心地开算，结果 10 分钟后，感到似乎是落进了陷阱，15 分钟以后精神就崩溃了。不但此题没做对，也耽误了一些应当得分的考题，最后多数是名落孙山，只好“蓄芳待来年”了。可见一道这种考题的颠覆作用。

命题的题干很长，计算步骤很多，只能称为“繁”，不能叫作“难”。这种考题靠的是手疾眼快，头脑灵活，并不能考查考生的知识、概念和经验。结果是一些老眼昏花的教授、总工没有考过，而其研究生和技术员则得以通过。让这些老专家情何以堪!

所以在很长一段时间里，我们提倡“难而不繁”。那就是要考概念，考知识面，考工程经验，考综合业务素质。命题者将次要的计算尽可能省去，例如在题中直接给出滑动土体的质量，无需计算其面积、体积和质量；参数尽量简单合理，例如令内摩擦角为 30°，则主动土压力系数 $K_a=1/3$，被动土压力系数 $K_p=3.0$。但是在题中“暗含杀机”，例如告诉考生从深层载荷试验得到地基承载力特征值 f_a，题中又给了深度、宽度修正系数 η_b 和 η_d，如果考生对该承载力进行了深度修正，则考生就落进了所设的陷阱。难而不繁的另一种途径是设一个“弯”，照直走往往是歧路。例如干密度相同的潮湿砂填土、风干砂填土、饱和砂填土，哪一个主动土压力小？这里既考查了考生关于非饱和土吸力的基本知识，也考查了他们在工程中应当观察与思考的湿润砂土的假黏聚力现象。难而不繁的最典型的例题是：在 5m 高直立挡土墙后，饱和重度为 $20kN/m^3$，$\varphi=30°$的松砂在液化后并处于主动状态时，问总水土压力值。此案例题答案只需一步计算：$E=\frac{1}{2}\gamma_{sat}H^2=250kN$，这一计算大约不会超过 1 分钟。如果没有选做此题，那真会遗憾终身。对于一些考题中设这种陷阱与曲径，有人不以为然，认为这是故设圈套，雕虫小技。但这类考题会让考生印象深刻，考查了他们的土力学岩土工程基本概念，或者涉及一些工程师在工程实践中易犯的错误，这显然是必要的，对此，考生也是心服口服的。

一个让考生烦恼的问题是有的考题答案不唯一，即一仆二主，或者一女两嫁。譬如有的案例题要求计算填方的土料用量，或者增湿所需的加水量，有些规范要求乘以一定的损耗系数或储备系数；在一些规范中，计算主动土压力以后还要求乘以荷载增大系数。可是题中又没有指定规范，这就强人所难了，有时去年没有乘增大系数是错误的，今年乘了增大系数又是错误的。这类翻手为云覆手为雨的做法，让考生怨声载道。另一个让考生烦恼的问题是考题的错误：有的是错题，有的是条件模糊，语焉不详；有的是答案错误，不合情理。这就使一些概念清楚、方法正确的考生被计算机评分挡在线外，尽管很多情况下在人工评分时会纠正这种冤假错案，但肯定会有人冤沉海底。

所以考题的偏、繁、昏、错是命题的大忌，命题的质量不高，严重影响了注册考试的声誉，不能发挥注册工程师制度的作用。

命题的实际过程是相当严格的。首先是各位专家按量拟题，然后交他人互审；初审会上再由组长审核后，提出考题的 200%题目交会上逐题初审；初审后剩下考题的 120%，整理复印，待终审会上再逐题评议，决定取舍；然后由组长等人进行组题；最后一个关口是在监狱的终校，也是逐题校对，复算，我前后负责这项工作多年，在河北满城监狱“数次入狱”，除了不够自由，其他方面还是令人满意的，特别是那里的伙食很使人留恋。终校后交监狱印刷厂付印。即便经过这样一个复杂的程序，最终仍然难以杜绝错误的出现。一方面是由于岩土工程的复杂性;另一方面是由于“人非圣贤,百密一疏”。其中两个环节很重要:一是互校,个人的一些疏忽与谬误,他人会很快发现;二是终审,前些年由于有一些十分认真、经验丰富的老专家把关,会拦截很多问题和隐患。尤其是高校的老教授们,考试命题经验丰富,对考题在概念与细节上的把握十分严格,保证了考题的严密性,纠正了不少问题,错题的比例并不高。但近年来由于一些老专家陆续退出了命题队伍,错题有增加的趋势。本书也将这些题拿出来讨论,以免谬种流传,贻害后人。

李广信

2014 年 3 月

目　录

第一讲

子曰诗云

明清时科举考试命题都是以四书五经中的原文为题,其中《论语》开头多是“子曰”,“诗云”则是指《诗经》中所讲的诗句。那时十年寒窗的读书人首先要死背“子曰诗云”,对此鲁迅在他的《从百草堂到三味书屋》一文中有过精彩的描述。现在注册岩土工程师考试则是从69本规范和法规中命题,这些书可比四书五经厚多了,并且也不再亘古不变。靠硬背书行不通了,功夫全在于手疾眼快的翻和查。

当年科举考试的命题人都是宰相、尚书、内阁学士这样的高官。清雍正四年江西乡考的正考官叫查嗣庭,位居内阁学士兼礼部侍郎。他拟的一个考题即“子曰:君子不以言举人,不以人废言”,另一考题为《周易》中的“其旨远其辞文”,据说还有一题为“诗云:邦畿千里,维民所止”。而正是这第三题的“维民所止”被人举报意在谋反,“维止”就是将“雍正”砍头。于是这个学士被灭了门,看来命题从来都是一个高危的差事。而今注册工程师考试的命题已经没有那么严重的后果,但也是疏忽不得,记得2002年一道挡土墙土压力计算的考题,没有指明规范而要求乘放大系数,使考生怨气冲天,要命题专家给出解释。

这一类从规范中扒来的考题在知识题中所占比例更高一些。上下午单选和多选知识题各有40题和30题,按照分数分配,每道单选题的作答时间是1分48秒,多选题的作答时间是3分36秒。在注册岩土工程师考试的早期,往往是从某一建筑行业规范的某一条文下选择4款,改错其一,问“哪一个选项是错误的”,或者“哪些选项是正确的”。近三年,如此简单的题目已近于“灭绝”了:不少考题从土转为岩,从基坑转向隧道;从正文转向附录或条文说明,从规程规范转向手册;从建筑转向铁路、公路、水利、港口等其他行业。还有一种趋势,就是将案例题转化为知识题,以前的三相换算、液化初判与复判、湿陷膨胀、土石桩挤密等计算量较小的案例题,赫然出现在知识题中,看来计算器要一直随身携带了。有时4个选项可能会跨越一本规范的几章几条,甚至需要翻找几本不同的规范。所以会出现“A.床前明月光;B.我是郭德纲”这样风马牛不相及的选项。目前考试的要求是快!加快!更快!注册岩土工程师考试很像是一场手拖拉杆箱赛跑的运动会。

这一讲对这类考题从易到难,从简到繁进行评析;部分考题是与前些年的同类考题进行比较,以揭示近年的命题模式、习惯、特点以及变化趋势。提出的一些意见也希望能够引起命题者的重视,提高考题质量,使考试更合理。

例题 1 2020 年下午知识题 8

根据《建筑桩基技术规范》(JGJ 94—2008)，离心成型的先张法预应力高强混凝土管桩有四种型号，分别为 A 型、B 型、C 型和 AB 型，按有效预压应力值的大小进行排序，下列哪个选项是正确的？

(A)A 型＜AB 型＜B 型＜C 型　　(B)A 型＜B 型＜AB 型＜C 型
(C)C 型＜B 型＜A 型＜AB 型　　(D)AB 型＜C 型＜B 型＜A 型

答案 A

评析

根据《建筑桩基技术规范》(JGJ 94—2008)附录 B 表 B.0.1。

此题是近几年来少有的“送分题”，命题专家大发慈心，功德无量。首先指明了《建筑桩基技术规范》(JGJ 94—2008)，从规范的目录即可锁定附录 B 找到解答。可能一些人对于预应力高强混凝土管桩的具体分型不甚熟悉，但桩基毕竟还是岩土工程中的基本内容。

例题 2 2020 年上午知识题 57

根据《建筑基坑支护技术规程》(JGJ 120—2012)，下列情况中哪些需要进行坑底抗隆起稳定性验算？

(A)基坑采用悬臂桩支护　　(B)基坑采用地连墙加多排内支撑支护
(C)基坑采用支护桩加多排锚杆支护　　(D)坑底有软土层时的土钉墙支护

答案 BCD

评析

这道题对于熟悉基坑工程的考生可以不查规程，首先，很容易排除选项 A。一是由于悬臂桩支护其基坑底部以下的土质都很好，基坑深度有限，没有软土情况；二是为了控制桩的位移，其插入比都大于 1.0，一般会满足坑底隆起稳定要求。在否定了选项 A 之后，其他三项还要检验，对于土钉墙，有人可能拿不准。

若查《建筑基坑支护技术规程》(JGJ 120—2012)第 4.2.4 条第 1 款，锚拉式和支撑式应进行抗隆起验算，选项 B、C 正确；第 3 款，悬臂式不进行隆起验算，选项 A 不正确；根据第 5.1.2 条，选项 D 正确。

如果属于这一讲的所有知识题都必须见到规范中的白纸黑字才敢下笔填选项，那时间肯定是不够的，因此有些题就要在现有知识的基础上，进行肯定及否定。例如此题，多数考生对于《建筑基坑支护技术规程》(JGJ 120—2012)是熟悉的，一般可以肯定内支撑、锚杆支撑和土钉墙是需要验算坑底隆起的，那么只有悬臂桩可以剔除了，因而无须再查规范确认。

例题 3 2018 年下午知识题 42

按《建筑地基基础设计规范》(GB 50007—2011)规定进行地基最终沉降量计算时，以下场地土和基础条件中，影响地基沉降计算值的选项是哪些？

(A)基础的埋置深度　　(B)基础底面以上土的重度
(C)土层的渗透系数　　(D)基础底面的形状

答案　ABD

评析

根据《建筑地基基础设计规范》(GB 50007—2011)第5.3.5条。选项A、B均是通过影响基础底面处的自重压力而影响附加压力 p_0,从而间接影响地基沉降量;基础底面的形状对基础底面处各土层的平均附加应力系数有影响,从而影响附加应力,影响地基沉降量。

而土层的渗透系数对地基最终沉降量原则上无影响,只会影响地基的固结度及沉降速率。这也是一道可以直接判断的考题,对于概念清楚的考生可以节省一分钟。

例题4　2020年下午知识题25

根据《膨胀土地区建筑技术规范》(GB 50112—2013),在膨胀土地区建设某工程,土的孔隙比为0.91,种植速生树种时,隔离沟与建筑物距离不应小于多少?

(A)3m　　(B)4m　　(C)5m　　(D)6m

答案　C

评析

根据《膨胀土地区建筑技术规范》(GB 50112—2013)第5.3.5条第3款,"在湿度系数小于0.75或孔隙比大于0.9的膨胀土地区,沟与建筑物距离不应小于5m"。此题也是很简单的知识题,无须查多个章节、条款,很容易查到相关条款。

例题5　2018年下午知识题7

根据《建筑桩基技术规范》(JGJ 94—2008),采用等效作用分层总和法进行桩基沉降计算时,以下计算取值正确的是?

(A)等效作用面位于桩基承台底平面
(B)等效作用面积取桩群包围的桩土投影面积
(C)等效作用附加压力近似取承台底平均附加压力
(D)等效作用面以下的应力分布按弹性半空间内部集中力作用下的Mindlin解确定

答案　C

评析

根据《建筑桩基技术规范》(JGJ 94—2008)第5.5.6条,"等效作用附加压力近似取承台底平均附加压力"。

如考生对于桩基沉降计算较为熟悉,则此题可以轻松选择C。如果考生可以较有把握地判断,直接选项可以节省宝贵的一分钟,可用于其他题的判断,如果这种题每道都查规范,时间肯定是不够的。

"等效作用分层总和法"不计桩长段地基土的变形,同时通过各个系数考虑了桩底处等效作用的 mindlin 解，简化了计算，也比“等效实体法”更合理。

例题 6 2020 年下午知识题 23

某公路工程对湿陷性黄土地基采用强夯法处理。拟采用圆底夯锤，质量 10t，落距 10m。已知梅纳公式的修正系数为 0.5，估算此强夯处理有效加固深度最接近下列哪个选项？

(A)3m (B)4m (C)5m (D)6m

答案 C

评析

根据《公路路基设计规范》(JTG D30—2015)第 7.7.10 条：$d=\alpha\sqrt{mh}=0.5\times\sqrt{10\times10}=$ 5m。

这道题的生疏之处在于“公路”，但题干并未指明具体规范。强夯加密的梅纳公式是一个很普及的公式，在各种教材、规范和手册中都有表示，有的以公式的形式计算加固深度，但其(经验)修正系数的表示与数值各有不同，有的则以表格的形式出现。此题既然告知“梅纳公式的修正系数为 0.5”，则可以不查《公路路基设计规范》(JTG D30—2015)，直接用记住的梅纳公式计算。计算量在合理的范围内，完全不必使用计算器，因为 $d=0.5\times\sqrt{10\times10}=5$m 完全可以采用心算。

例题 7 2019 年上午知识题 5

根据《岩土工程勘察规范》(GB 50021—2001)(2009 年版)，标贯试验中钻杆直径使用正确的是下列哪个选项？

(A)42mm (B)50mm
(C)42mm 或 50mm (D)50mm 或 60mm

答案 A

评析

根据《岩土工程勘察规范》(GB 50021—2001)(2009 年版)第 10.5.2 条表 10.5.2，钻杆直径为 42mm。

如果对于勘探实际操作很熟悉，这道题完全是“送分题”，只用 20 秒即可。但是对于那些缺乏勘察工程经验的刚毕业的学生，就需要查规范了。因为已经指明了规范，难度也不大。但是钻杆直径毕竟并非关键技术问题，偶尔有少量的题目还可以，如果比例大就偏离了考试的主线。

例题 8 2019 年下午知识题 7

某工程采用钻孔灌注桩，桩身混凝土强度等级为 C30，在验算柱的正截面受压承载力时，f_c 应选用下列哪个强度值？

(A)30MPa (B)20.1MPa (C)14.3MPa (D)1.43MPa

答案 C

评析

根据《混凝土结构设计规范》(GB 50010—2010)(2015年版)第4.1.4条表4.1.4-1,C30混凝土轴心抗压强度设计值为14.3N/mm²,即14.3MPa。

由于《混凝土结构设计规范》(GB 50010—2010)(2015年版)属于结构方面的规范,但也在考试大纲之列,岩土工程技术人员应不陌生,所以此题也算是一道送分题。C30混凝土轴心抗压强度的标准值为 $f_{ck}=20.1\text{N/mm}^2$,由于结构工程都是采用可靠度设计,标准值需要乘以(或除以)分项系数才是设计值,即 $f_c=14.3\text{N/mm}^2$。

例题9 2018年上午知识题37

某公路路堤高度10m,在进行抗震稳定性验算时,下列说法中哪个选项是正确的?

(A)应考虑垂直路线走向的水平地震作用和竖向地震作用

(B)应考虑平行路线走向的水平地震作用和竖向地震作用

(C)只考虑垂直路线走向的水平地震作用

(D)只考虑竖向地震作用

答案 C

评析

根据《公路工程抗震规范》(JTG B02—2013)第8.2.3条,"当路堤高度大于20m且位于设计基本地震动峰值加速度大于或等于0.20g地区时,路基抗震稳定性验算应考虑垂直线路走向的水平地震作用和竖向地震作用;其余情况只考虑垂直线路走向的水平地震作用。"

由于题目是"公路路堤与抗震稳定",从大纲可知适用于《公路工程抗震规范》(JTG B02—2013)。路堤高度为10m,属于"其余情况",对于单选题,查到选项C就无须再关注其他选项了。

例题10 2018年下午知识题1

某建筑场地,原始地貌地表标高为24m,建筑物建成后,室外地坪标高为22m,室内地面标高为23m,基础底面标高为20m,计算该建筑基础沉降时,基底附加压力公式 $p_0=p-\gamma d$ 中,d 应取下列何值?

(A)2m (B)2.5m (C)3m (D)4m

答案 D

评析

计算基底附加应力 p_0 时,土的自重应力是地面下某深度处土原有的天然自重应力,无论何种情况,均从原天然地面算起,本题基底标高20m,自然地面标高24m,即 $d=24-20=4\text{m}$。

在《建筑地基基础设计规范》(GB 50007—2011)的式(5.3.5)中,E_{si} 是第 i 层土的压缩模量,应取土的原位固结自重压力至自重压力与附加压力之和的压力段计算,即 p_1 与 p_2 压力段的模量,对于基础底面,$p_1=\gamma d$,$p_2=p$,则基底附加压力 $p_0=p_2-p_1=p-\gamma d$。其中 p 为在作用准永久组合下的基底压力。

例题 11　2018 年下午知识题 21

土石坝渗流计算时，按《碾压式土石坝设计规范》(DL/T 5395—2007)相关要求，下列选项对水位组合情况描述不正确的是？

(A)上游正常蓄水位与下游相应的最低水位

(B)上游设计洪水位与下游相应的水位

(C)上游校核洪水位与下游的最低水位

(D)库水位降落时对上游坝坡稳定最不利的情况

答案　C

评析

根据《碾压式土石坝设计规范》(DL/T 5395—2007)第 10.1.2 条。

此题的水位组合是针对坝体稳定分析中的渗流计算，一是要合理；二是要危险。上游正常蓄水位主要是在枯水期，因为要准备下游灌溉，整个枯水期下游可为最低水位；而上游已经达到“校核洪水位”，在此前应尽量腾空库容，达到校核洪水位后必须放水泄洪，不可能为最低水位。作为岩土工程技术人员，应当具有这种基本的水利工程知识。

例题 12　2018 年下午案例题 12

某工程采用直径 800mm 碎石桩和直径 400mm CFG 桩多桩型复合地基处理，碎石桩置换率为 0.087，桩土应力比为 5.0，处理后桩间土承载力特征值为 120kPa，桩间土承载力发挥系数为 0.95，CFG 桩置换率为 0.023，CFG 桩单桩承载力特征值 $R_a=275\text{kN}$，单桩承载力发挥系数为 0.90，处理后复合地基承载力特征值最接近下面哪个选项？

(A)168kPa　　(B)196kPa　　(C)237kPa　　(D)286kPa

答案　B

解答

根据《建筑地基处理技术规范》(JGJ 79—2012)第 7.0.6 条与第 7.9,7 条，对于多桩复合地基：

$$f_{spk}=m_1\frac{\lambda_1 R_{a1}}{A_{p1}}+\beta[1-m_1+m_2(n-1)]f_{sk}$$

$$=0.023\times\frac{0.9\times275}{3.14\times0.2^2}+[1-0.023+0.087\times(5-1)]\times120=196.4\text{kPa}$$

评析

这是一道很令人感动的案例题，命题专家大发善心，计算量不大，并且给出了两种桩的置换率。以前地基处理这一章是考生们最爱的一章，除了预压渗流固结外，内容集中，计算简单，概念也简单清楚。所以 2018 年前其选择率和正确率都常常高达 90%以上。此题由于涉及多桩复合地基，有公式(7.9.6-2)，直接带入即可。

这道题也可先计算碎石桩复合地基承载力，再将其作为CFG桩的桩间土承载力标准值，然后计算CFG桩的复合地基承载力，结果是一样的。

例题13 2019年上午案例题25

某建筑工程对10m深度处砂土进行了深层平板载荷试验，试验曲线如图1-1所示，已知承压板直径为800mm，该砂层变形模量最接近下列哪个选项？

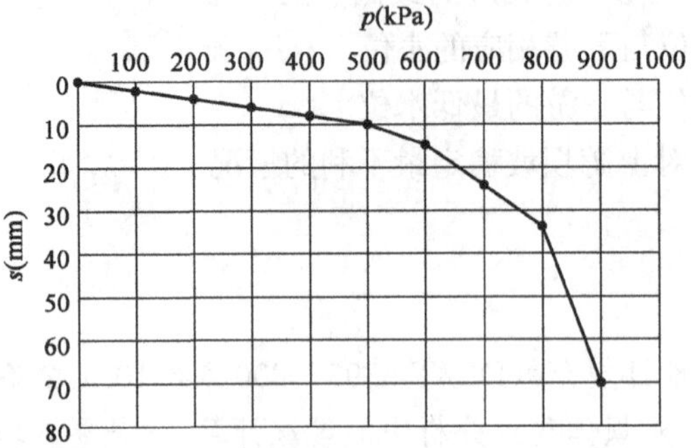

图 1-1

(A)5MPa　　(B)8MPa　　(C)18MPa　　(D)23MPa

答案 C

解答

根据《岩土工程勘察规范》(GB 50021—2001)(2009年版)第10.2.5条，按照题目数据，100～500kPa范围曲线为近似直线段。

$$\frac{d}{z}=\frac{0.8}{10}=0.08$$

查表10.2.5，对应于$d/z=0.08$，系数$\omega=0.4424$，则

$$E_0=\omega\frac{pd}{s}=0.4424\times\frac{500\times0.8}{10}=17.7\text{MPa}$$

评析

通过平板载荷试验可以确定地基承载力和地基的变形模量，这在一般的教材和文献中都可找到。《岩土工程勘察规范》(GB 50021—2001)(2009年版)的第10章是原位测试，深层平板载荷试验成果的判释较为复杂，规范规定公式$E_0=\omega\frac{pd}{s}$。关键问题在于系数ω的确定。在第10.2.5条条文说明中，它是可以根据土的泊松比计算出来的，但计算过程较为复杂，同时此题没有给出泊松比。而查表10.2.5要简单得多，这就成为一道相对简单的案例题了。

例题14 2019年下午案例题6

某条形基础埋深2m，地下水埋深4m，相应于作用标准组合时，上部结构传至基础顶面的轴心荷载为480kN/m，土层分布及参数如图1-2所示，软弱下卧层顶面埋深6m，地基承载力特征值为85kPa，地基压力扩散角为23°，根据《建筑地基基础设计规范》(GB 50007—2011)，满足软弱下卧层承载力要求的最小基础宽度最接近下列哪个选项？(基础及其上土的平均重度

取 20kN/m³，水的重度 γ_w＝10kN/m³）

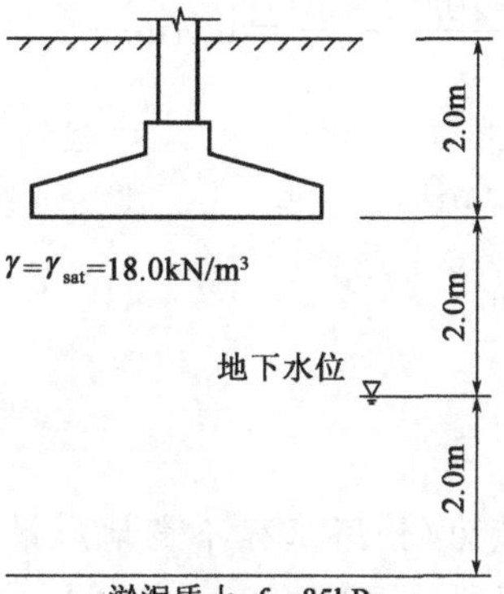

图 1-2

(A)2.0m　　(B)3.0m　　(C)4.0m　　(D)5.0m

答案　B

解答

根据《建筑地基基础设计规范》(GB 50007—2011)第 5.2.7 条。

基础底面处土的自重压力：$p_c=18\times2=36$kPa

软弱下卧层顶面处土的自重应力：$p_{cz}=18\times4+(18-10)\times2=88$kPa

$f_{az}=f_{ak}+\eta_d\gamma_m(d-0.5)=85+1.0\times[18\times4+8\times2]/6\times(6-0.5)=165.7$kPa

$\frac{480+4b}{b+2\times4\tan23^\circ}+88\leqslant165.7$，得 $b=2.93$m

评析

一般来讲，地基软弱下卧层都是"验算"问题，对于条形基础，根据工程已知的条件，在设计中确定基础埋深和宽度，如果有软弱下卧层则进行验算，如果不满足其承载力，也可增大基础宽度。而此题实际上是一种"反算"。近年来为了不炒冷饭，原来按照正常程序计算回答的一些案例题改为这种反算，这是应当注意和适应的。好在题目事先给出了扩散角，避免给出较多的参数，也避免了可能的迭代。

例题 15　2008 下午案例题 26

根据泥石流痕迹调查测绘结果，在一弯道处的外侧泥位高程为 1028m，内侧泥位高程为 1025m，泥面宽度为 22m，弯道中心线曲率半径为 30m。按《铁路工程不良地质勘察规范》(TB 10027—2001)公式计算，该弯道处近似的泥石流流速最接近下列哪一个选项？

(A)8.2m/s　　(B)7.3m/s　　(C)6.4m/s　　(D)5.5m/s

答案　C

解答

根据泥痕坡度，即根据弯道处泥位的高差，可求得该弯道处近似泥石流流速。计算公式为：

$$v_c=\sqrt{\frac{R_0\sigma g}{B}}=\sqrt{\frac{30\times(1028-1025)\times10}{6}}=6.4\text{m/s}$$

式中：v_c——泥石流流速(m/s)；

R_0——弯道中心线曲率半径(m)；

σ——两岸泥位高差(m)；

g——重力加速度(m/s²)；

B——泥面宽度(m)。*

评析

在此题命题期间，现行的规范为《铁路工程不良地质勘察规范》(TB 10027—2001)，后来更新为《铁路工程不良地质勘察规程》(TB 10027—2012)。

这个公式在 2001 版规范的条文说明中以及 2012 版规范的第 7.3.3 条条文说明中都指出，它是引自《泥石流防治工程技术》(1996)。

这种题如果不是以前见过，在考试期间是很难找到这个公式。首先它基本是一个半经验公式，自己难以推导出来；其次它位于条文说明中，按照规矩，条文说明不应有多于条文的内容。所以对于这样的考题，如果没有做过，最好放弃，当然，下一次再见到，就不算偏题了。这也是岩土工程案例考试一直坚持留有部分选做题目的原因。因为各行业之间差别很大，尽管强调"大岩土"，但还是很难做到行行精通。

例题 16 2019 下午案例题 22

某拟建铁路选线需跨一条高频黏性泥石流沟(图 1-3)。调查发现，在流通区弯道的沟坡上存在泥痕，其中断面③北岸的曲率半径为 10m，泥面宽度为 6m，沟壁泥位高度南北侧分别为 6m、4m(泥位高度指泥痕距沟底的垂直高度，重力加速度 $g=10\text{m/s}^2$，假定泥石流固体物质颗粒相对密度 2.7，水的重度 10kN/m^3)。依据《铁路工程不良地质勘察规程》(TB 100027—2012)，断面③处近似泥石流流速最接近下列哪个选项？

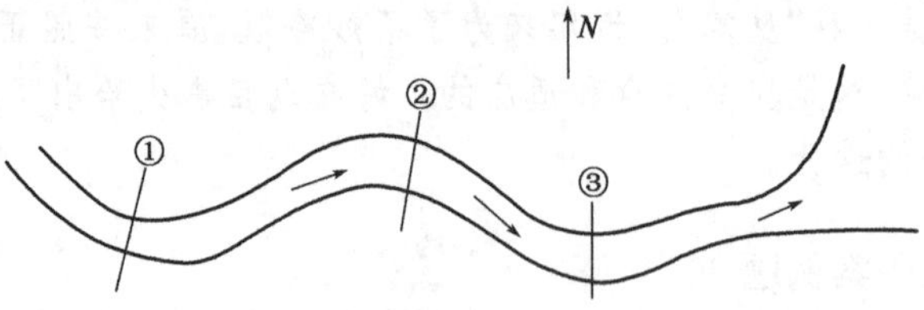

图 1-3

(A)4.8m/s (B)5.8m/s (C)6.6m/s (D)7.3m/s

答案 C

解答

根据《铁路工程不良地质勘察规程》(TB 100027—2012)第 7.3.3 条条文说明。

断面③处：

$R_0=10+6/2=13\text{m}$（曲率半径）

$\sigma=6-4=2\text{m}$（两岸泥位高差）

泥石流流速：$v_c=\sqrt{\dfrac{R_0\sigma g}{B}}=\sqrt{\dfrac{13\times2\times10}{6}}=6.6\text{m/s}$

评析

在2008年（例题15）已经考过几乎完全一样的考题，尽管规范更新，但此公式未变。因而此题就成为很容易的案例题了。其计算量很小，如果对历年考题较熟悉，则会在3~5分钟内轻松得到2分。

在注册考试的11章中，第八章特殊条件下的岩土工程约占知识题的15%，案例题的12%。但在建筑行业内，除了湿陷性黄土、膨胀土和盐渍土有专门的规范外，其他部分如岩溶、泥石流、采空区、天然滑坡与崩塌等多发生在荒郊野岭地区的问题或者是在公路、铁路和水利水电等行业规范中，或者是在一些岩土手册中。这一章也是命题专家比较犯难的一章，尤其是案例题，常需绞尽脑汁，因而某些案例题重复是难免的。

例题17 2018年上午案例题11

某公路桥拟采用钻孔灌注桩基础，桩径1.0m，桩长26m，桩顶以下的地层情况如图1-4所示，施工控制桩端沉渣厚度不超过45mm，按照《公路桥涵地基与基础设计规范》(JTG D63—2007)，估算单桩轴向受压承载力容许值最接近下列哪个选项？

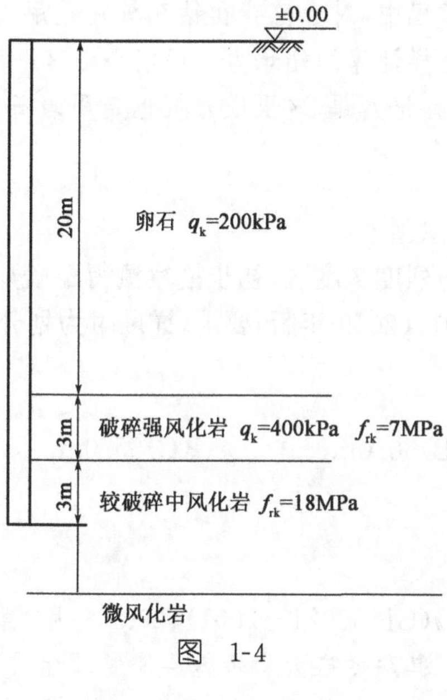

图 1-4

(A)9357kN (B)12390kN (C)15160kN (D)15800kN

答案 B

解答

根据《公路桥涵地基与基础设计规范》(JTG D63—2007)第5.3.4条,嵌入基岩的单桩承载力公式为:

$$[R_a]=c_1A_pf_{rk}+u\sum_{i=1}^{m}c_{2i}h_if_{rki}+\frac{1}{2}\zeta_s u\sum_{i=1}^{n}l_iq_{ik}$$

其中,$u=3.14$m。

(1)对于钻孔桩,沉渣厚度满足要求,持力层为较破碎中风化岩层:$c_1=0.5\times0.75\times0.8=0.3$,$c_2=0.04\times0.75\times0.8=0.024$;$f_{rk}=18$MPa。

(2)对于破碎风化岩:$\zeta_s=0.5$;$q_{s1}=400$kPa。

(3)对于卵石层:$\zeta_s=0.5$,$q_{1k}=200$kPa。

$$[R_a]=c_1A_pf_{rk}+u\sum_{i=1}^{m}c_{2i}h_if_{rki}+\frac{1}{2}\zeta_s u\sum_{i=1}^{n}l_iq_{ik}$$
$$=0.3\times3.14\times0.5^2\times18\times10^3+3.14\times1.0\times0.024\times3.0\times18\times10^3+\frac{1}{2}\times0.5\times3.14\times1.0\times(20\times200+3\times400)=12390.44\text{kN}$$

评析

关于单桩设计承载力 R_a,在不同行业间的计算有很大区别。在建筑行业大家都很熟悉,取极限值的一半。它是以大量的实测经验数据为基础,对于不同土类、桩型、施工条件给出极限端承力和侧阻力的表格,一般也是比较合理的。对于嵌岩桩,则是用岩石的单轴抗压强度确定端承力。而在铁路与公路工程中,对于挖孔和钻孔桩则是用浅基础的容许承载力,用(不同深度)系数修正计算端承力,这样计算的端承力一般偏小。这一章的命题专家似乎不欣赏这种计算方法,所以多年来几乎没有此类题;这里嵌岩桩也是用岩石的单桩的抗压强度计算,与建筑规范差别不大。

例题18 2020年上午知识题1

某高层建筑位于抗震设防烈度7度区,初步勘察测得覆盖层厚度为50.0m,根据《岩土工程勘察规范》(GB 50021—2001)(2009年版)要求,详勘时为划分场地类别布置的勘探孔深,下列哪个选项最为合适?

(A)20.0m　(B)50.0m　(C)55.0m　(D)80.0m

答案 C

评析

根据《岩土工程勘察规范》(GB 50021—2001)(2009年版)第5.7.4条,“为划分场地类别布置的勘探孔,当缺乏资料时,其深度应大于覆盖层厚度。”选项C最为合适。

此题初看似乎很容易在该条直接找到勘探孔深。但从初勘测得覆盖层厚度为50.0m可知初勘的控制性钻孔深度>30m,应属于一级建筑物的高层建筑;位于抗震设防烈度7度区,从第4.1.12条可知“对抗震设防烈度大于或等于6度的场地,勘察工作应按本规范5.7节执行”。然后去查找第5.7节,第5.7.4条中的“为划分场地类别布置的勘探孔”应属于“详勘”。

从此题可见,目前一些知识题已经不像以前那么直来直去,似乎是层层扒皮:先是从该规范的第 4.1.7 条确定一级建筑物，随后从第 4.1.12 条根据设防烈度去查第 5.7 节。这样的题目就与直接查条目所用的时间不可同日而语了。

例题 19　2020 年上午知识题 3

根据《盐渍土地区建筑技术规范》(GB/T 50942—2014)及《土工试验方法标准》(GB/T 50123—2019)，土工试验时有关温度的说法，下列哪个选项是错误的？

(A)测定盐渍土各种盐类溶解度的水温为 20℃
(B)测定易溶盐含量时，浸出液烘干温度为 105℃
(C)测定有机质土含水率的试验温度为 100℃
(D)测定土的渗透系数室内试验标准水温为 20℃

答案　C

解答

根据《盐渍土地区建筑技术规范》(GB/T 50942—2014)第 2.1.11 条～第 2.1.13 条，选项 A 正确。

根据《盐渍土地区建筑技术规范》附录 B 和《土工试验方法标准》(GB/T 50123—2019)第 5.2.2 条第 2、3 款，选项 B 正确。

根据《土工试验方法标准》(GB/T 50123—2019)第 5.2.2 条第 2 款，对于有机质含量为 5%～10%的土，应将烘干温度控制在 65～70℃的恒温下烘至恒量，选项 C 错误。

根据第 16.1.4 条，选项 D 正确。

评析

此题是以有关土的测定温度为主题，但是涉及两个规范的不同章节，对于用时 1 分 48 秒的单选题查两本规范的 6 条正文，是不甚合理的。并且选项 B 的查找很难确定。

例题 20　2020 年上午知识题 13

某场地岩土工程勘察时，地下 5m 处的卵石层(最大粒径大于 100mm)中超重型动力触探试验 N120 的实测数为 13 击，地面以上动力触探杆长为 1.0m，根据《岩土工程勘察规范》(GB 50021—2001)(2009 年版)，该卵石层的密实度为下列哪个选项？

(A)松散　　(B)稍密　　(C)中密　　(D)密实

答案　C

解答

根据《岩土工程勘察规范》(GB 50021—2001)(2009 年版)第 3.3.8 条、附录 B.0.2，修正系数：

$$\alpha_2=\frac{1}{2}\times\left\{\left[0.77+\frac{0.76-0.77}{15-10}\times(13-10)\right]+\left[0.72+\frac{0.71-0.72}{15-10}\times(13-10)\right]\right\}=0.739$$

修正后的超重型圆锥动力触探锤击数为：$N_{120}=\alpha_2\cdot N'_{120}=0.739\times13\approx10$ 击，根据表 3.3.8-2，该卵石层的密实程度为中密。

评析

此题在于提醒考生对于动力触探击数应进行修正,因为修正前后的击数对应为不同密实度的卵石土,并需要杆长和实测击数两项修正,否则击数就偏大了。这种内插的计算在时间紧的情况下很容易出错,而这种没有技术含量的计算对考查岩土工程技术人员并无必要,对于单选知识题,计算量也偏大。

例题 21 2007 年下午案例题 14

某砂土地基,土体天然孔隙比 $e_0=0.902$,最大孔隙比 $e_{max}=0.978$,最小孔隙比 $e_{min}=0.742$。该地基拟采用挤密碎石桩加固,按等边三角形布桩,挤密后要求砂土相对密实度 $D_{r1}=0.886$,为满足此要求,碎石桩桩距应接近下列哪个数值?(修正系数取 1.0,碎石桩直径取0.40m)

(A)1.2m (B)1.4m (C)1.6m (D)1.8m

答案 B

解答

根据《建筑地基处理技术规范》(JGJ 79—2002)式(8.2.2-3)先求要求加固后应达到的孔隙比 e_1,依据式(8.2.2-1):

$$e_1 = e_{max} - D_{r1}(e_{max} - e_{min}) = 0.978 - 0.886(0.978 - 0.742) = 0.769$$

$$s = 0.95\xi d\sqrt{\frac{1+e_0}{e_0-e_1}} = 0.95\times 1.0\times 0.4\sqrt{\frac{1+0.902}{0.902-0.769}} = 1.44\text{m}$$

评析

这是一道案例题,其选择率为 96%,正确率为 94%,可谓是"送分题",所以地基处理这一章一直很受欢迎。

例题 22 2019 年上午知识题 22

某砂土地基采用 1m 直径振冲碎石桩处理,已知砂土初始孔隙比 $e_0=1.0$,最大孔隙比 $e_{max}=1.1$,最小孔隙比 $e_{min}=0.7$,挤密后砂土的相对密实度达到 0.83,则采用正方形布桩时合理桩间距最接近下列哪个选项?(不考虑振动下沉挤密作用)

(A)1.8m (B)2.2m (C)2.6m (D)3.0m

答案 C

解答

根据《建筑地基处理技术规范》(JGJ 79—2012)第 7.2.2 条第 4 款:

$$e_1 = e_{max} - D_{r1}(e_{max} - e_{min}) = 1.1 - 0.83(1.1 - 0.7) = 0.768$$

根据《建筑地基处理技术规范》(JGJ 79—2012)第 7.2.2 条第 4 款:

$$s = 0.89\xi d\sqrt{\frac{1+e_0}{e_0-e_1}} = 0.89\times 1.0\times 1\times\sqrt{\frac{1+1}{1-0.768}} = 2.68\text{m}$$

评析

与例题 21 相比除了桩径和布桩之外,是完全相同的考题,只是从案例题变为了知识题。

在2007年此题的选择率为96%，正确率为94%，说明考生对于此类题是没有什么技术障碍的，那么注册岩土考试的目的和意义是什么呢？难道注册考试的本意是与运动会的径赛一样比速度吗？

例题23　2020年上午知识题22

塑料阀管注浆加固施工过程包括：①插入塑料单向阀管；②注浆；③插入双向密封注浆芯管；④灌入封闭泥浆；⑤钻孔。下列施工顺序正确的是哪个选项？

(A)⑤④①③②　　(B)⑤④③①②　　(C)⑤②①④③　　(D)⑤③④①②

答案　A

评析

根据《既有建筑地基基础加固技术规范》(JGJ 123—2012)第11.7.4条第5款，塑料阀管注浆施工，可按下列步骤进行：(1)钻机与灌浆设备就位；(2)钻孔⑤；(3)当钻孔钻到设计深度后，从钻杆内灌入封闭泥浆，或直接采用封闭泥浆钻孔④；(4)插入塑料单向阀管到设计深度①，当注浆孔较深时，阀管中应加入水，以减小阀管插入土层时的弯曲；(5)待封闭泥浆凝固后，在塑料阀管中插入双向密封注浆芯管，再进行注浆③，注浆时应在设计注浆深度范围内自下而上(或自上而下)移动注浆芯管；(6)当使用同一塑料阀管进行反复注浆时②，每次注浆完毕后，应用清水冲洗塑料阀管中的残留浆液。对于不宜采用清水冲洗的场地，宜用陶土浆灌满阀管内。显然选项A正确。

上述的注浆加固施工分为6步，不计第一步(就位)，则为题目中的5个过程，需要从繁复的叙述中清理出5步。多数人没有亲自操作的经验，对于如此复杂的施工，查找中既费时，也难以清晰地分辨。像这种不完全照抄规范条款原文，要经过判别后回答的考题也增加了很大的难度。

例题24　2020年上午知识题46

根据《岩土工程勘察规范》(GB 50021—2001)(2009年版)，场地复杂程度可分为三个等级，下列哪些选项符合复杂场地的分类？

(A)高耸孤立的山丘及陡坡地段

(B)场地不良地质作用强烈发育

(C)工程建设对地质环境破坏强烈

(D)岩土种类多且性质变化大，要专门处理

答案　BC

评析

根据《岩土工程勘察规范》(GB 50021—2001)(2009年版)第3.1.2条第1款，选项B、C正确；根据《建筑抗震设计规范》(GB 50011—2010)(2016年版)第4.1.1条，选项A、D属于抗震不利地段，属于中等复杂场地。

这道知识题有一定难度，因为题目指出“根据《岩土工程勘察规范》(GB 50021—2001)(2009年版)”从其第3.1.2条第1款可以查到选项B的原文，还有一条是“地质环境已经或可

能受到强烈破坏”,要与选项C对照分析;多选题最多可有3个选项,则选项A和选项D要排除一个或两个。第2、3款中没有这两个选项。这样看第2款“对建筑物抗震危险的地段”,就要查《建筑抗震设计规范》(GB 50011—2010)(2016年版),这就像寻宝一样,根据这一线索去打开另一扇门,结果发现选项A与选项D为“抗震不利地段”,属于中等复杂场地。

像这种剥皮似的题目,可能涉及多个和多种规范或规程,大大提高了题目的难度。

例题25 2020年上午知识题65

按照《公路工程抗震规范》(JTG B02—2013)的规定,在发震断层及其临近地段进行布设路线和选择隧址时,下列哪些做法是正确的?

(A)路线宜布置在破碎带较窄的部位

(B)路线宜布设在断层的上盘

(C)路线设计宜采用低填浅挖方案

(D)在液化土地区,路线宜选择在上覆层较厚处通过,并宜设置高路堤

答案 AC

评析

根据《公路工程抗震规范》(JTG B02—2013)第3.6.2条,路线布置在破碎带较窄的部位,选项A正确;

路线平行发震断裂布置时,宜布设在断裂带的下盘,选项B错误;

根据第3.6.4条,选项C正确;

根据第3.6.10条,宜设置低路堤,选项D错误。

近年来关于抗震这一章的命题已经不限于《建筑抗震设计规范》(GB 50011—2010)(2016年版),也涉及水利水电、公路等抗震规范。由于这些工程常常是以土工结构物为主,与建筑抗震有较大区别。这道题从第3.6节找选项范围不大,但选项并不是规范中的原文,需要理解、分析与判断。例如第3.6.4条原文为“路线设计应避免造成较多的高陡临空面,不宜采用高挡土墙、深长路堑等对抗震不理的方案”,而选项C为“路线设计宜采用低填浅挖方案”,二者之间需要分析判断。

例题26 2020年上午案例题18

某建筑基坑深10.5m,安全等级为二级,地层条件如图1-5所示,地下水埋深超过20m,上部2.5m填土采用退台放坡,放坡坡度45°,下部采用桩撑支护,详见图1-5。则按《建筑基坑支护技术规程》(JGJ 120—2012),计算填土在桩顶下4m位置的支护结构上产生的主动土压力强度标准值最接近下列哪个选?

(A)0kPa (B)5.5kPa (C)8.0kPa (D)10.2kPa

答案 B

解答

根据《建筑基坑支护技术规程》(JGJ 120—2012)第3.4.8条。

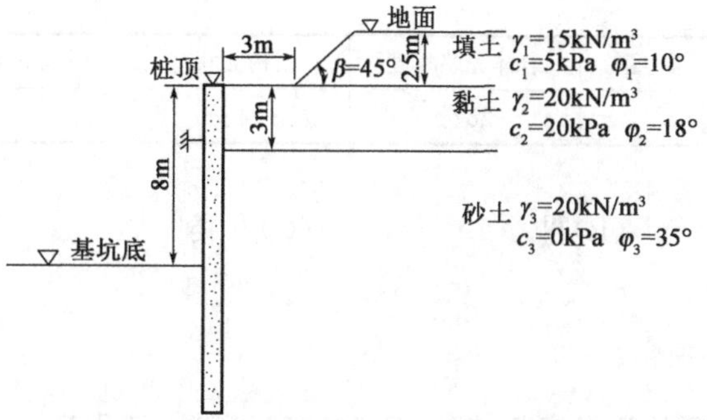

图　1-5

(1)计算桩顶放坡部分在支护桩后土层中引起的附加荷载：

$a=3\text{m}, a+b_1=3+2.5=5.5\text{m}$；

$$3\text{m}<z_a=4\text{m}<5.5\text{m}, K_{a1}=\tan^2\left(45°-\frac{10°}{2}\right)=0.704$$

$$零土压力区：z_{01}=\frac{2c_1}{\gamma_1\sqrt{K_{a1}}}=0.8\text{m}<2.5\text{m}$$

$$E_{ak1}=\frac{1}{2}\gamma_1 h_1^2 K_{a1}-2c_1 h_1\sqrt{K_{a1}}+\frac{2c_1^2}{\gamma_1}=\frac{1}{2}\gamma_1(h_1-z_{01})^2\cdot K_{a1}$$

$$=\frac{1}{2}\times15\times(2.5-0.8)^2\times0.704=15.25\text{kN/m}$$

$$\Delta\sigma_k=\frac{\gamma_1 h_1}{b_1}(z_a-a)+\frac{E_{ak1}(a+b_1-z_a)}{K_{a1}b_1^2}$$

$$=\frac{15\times2.5}{2.5}\times(4-3)+\frac{15.25\times(3+2.5-4)}{0.704\times2.5^2}=20.2\text{kPa}$$

(2)附加荷载引起的附加土压力，桩顶下4m处位于砂土层，采用该层的土压力系数，则

$$K_{a3}=\tan^2\left(45°-\frac{35°}{2}\right)=0.271$$

$$p_{aq}=\Delta\sigma_{k1}K_{a3}=20.2\times0.271=5.47\text{kPa}$$

评析

《建筑基坑支护技术规程》(JGJ 120—2012)第3.4.8条及其公式，是半经验的公式，其中E_{ak1}的意义及其如何传递到支挡结构上不是很清楚，历年都没考过。此题的条件又比较复杂，墙后有三层土，在计算中第二层黏土只起传递竖向荷载的作用，其参数没用到。题目计算量也较大，是一道难度较大的考题。

例题 27　2007年下午案例题23

某电站引水隧洞，围岩为流纹斑岩，其各项评分见表1-1，实测岩体纵波波速平均值为3320m/s，岩块的波速为4176m/s。岩石的饱和单轴抗压强度$R_b=55.8\text{MPa}$，围岩最大主应力为11.5MPa，试按《水利水电工程地质勘察规范》(GB 50287—1999)的要求进行围岩分类，下列选项正确的是？

表1-1

项目	岩石强度	岩体完整程度	结构面状态	地下水状态	主要结构面产状
评分	20分	28分	24分	−3分	−2分

(A)Ⅳ类　(B)Ⅲ　(C)Ⅱ类　(D)Ⅰ类

答案　B

解答

根据《水利水电工程地质勘察规范》(GB 50287—1999)附录P。

(1)围岩总评分:

$T=20+28+24-3-2=67<85$

(2)围岩强度应力比:

$k_v=\left(\frac{3320}{4176}\right)^2=0.63$;$S=\frac{R_b k_v}{\sigma_m}=\frac{55.8\times0.63}{11.5}=3.1<4.0$

(3)按表P.0.1判断为Ⅲ类围岩(相应降低一级)。

评析

这是2007年根据当时的《水利水电工程地质勘察规范》(GB 50287—1999)所出的一道案例题,其中5项的评分都给出,所要计算的是一道加法;考点在于根据围岩强度应力比围岩级别降低一级。

例题28　2020年下午案例题3

某水电工程的地下洞室,轴线走向NE40°,跨度10m,进洞后20～120m段,围岩为巨厚层石英砂岩,岩层产状NE50°/SE∠20°,层面紧密起伏粗糙,其他结构面不发育。测得岩石和岩体弹性波纵波速度分别为4000m/s、3500m/s,岩石饱和单轴抗压强度为101MPa。洞内有地下水渗出,测得该段范围内总出水量约200L/min,洞室所在地段,区域最大主应力22MPa。根据《水利水电工程地质勘察规范》(GB 50487—2008),该段洞室围岩详细分类和岩爆分级应为下列哪个选项?并说明理由。

(A)围岩Ⅰ类,岩爆Ⅰ级　(B)围岩Ⅱ类、岩爆Ⅱ级

(C)围岩Ⅲ类、岩爆Ⅰ级　(D)围岩Ⅲ类、岩爆Ⅱ级

答案　C

解答

根据《水利水电工程地质勘察规范》(GB 50487—2008)附录N、Q。

(1)围岩类别判定:

$R_a=101\text{MPa}$,属于硬质岩,强度评分:$A=30$;

$K_v=\left(\frac{v_{pm}}{v_{pr}}\right)^2=\left(\frac{3500}{4000}\right)^2=0.77$,完整性评分取下限值:$B=30$;

层面紧密$W<0.5\text{mm}$,起伏粗糙,结构面状态评分:$C=27$;

洞段长 100m，出水量 $Q=\frac{200}{120-20}\times10=20L/min\cdot10m$，地下水评分：$D=0$；

结构面走向与洞轴线夹角 10°，结构面倾角 20°，结构面产状评分按不利原则取洞顶进行评分，$E=-12$；

$T=A+B+C+D+E=30+30+27+0-12=75$，Ⅱ级围岩。

由于围岩强度应力比 $S=\frac{R_b\cdot K_v}{\sigma_m}=\frac{101\times0.77}{22}=3.53<4$，围岩级别降低一级为Ⅲ级。

(2)岩爆等级判定

$S=\frac{R_b}{\sigma_m}=\frac{101}{22}=4.59$，属于Ⅰ级岩爆。

评析

由于《水利水电工程地质勘察规范》(GB 50487—2008)对于围岩的分类最为详细，按照总评分法，最后再根据应力比进行调整，此前曾经有过几次类似的考题，但是鉴于项目太多，通常是一部分评分甚至全部评分预先给定。而此题要求 A、B、C、D、E 全部计算判断，而且还增加了岩爆的等级判断，与例题 27 相比，工作量、计算量明显增大，尽管两题的规范版本不同，但原理、方法与公式没变。虽然类似的考题已经出现过，考生因为熟悉回答会快一些，但计算和查找的工作量增加太多，这说明为压低通过率，专家已经技穷了，只好无限增加"繁度"来考做题速度了。

例题 29 2020 年下午案例题 18

某铁路单线浅埋隧道，围岩等级Ⅳ级，地面坡度 1∶2，坑道跨度 5.5m，坑道结构高度 9.25m，隧道外侧拱肩至地面的垂直距离 7.0m，围岩重度 22.5kN/m³，计算摩擦角 48°(图 1-6)，顶板土柱两侧摩擦角为 0.8 倍计算摩擦角，根据《铁路隧道设计规范》(TB 10003—2016)，隧道内侧在荷载作用下的水平侧压力合力最接近下列哪个选项？

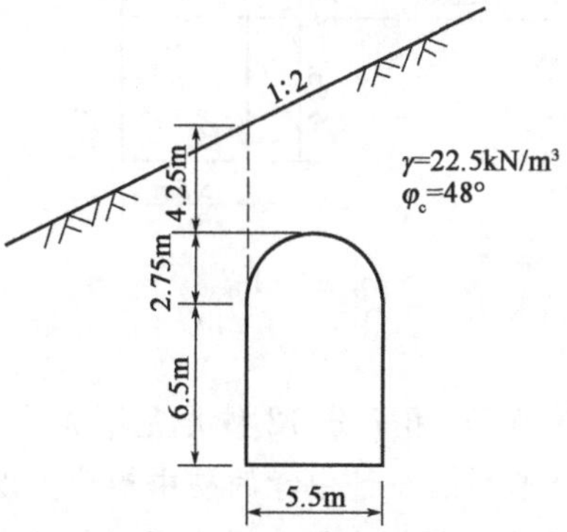

图 1-6

(A)320kN/m (B)448kN/m (C)557kN/m (D)646kN/m

答案 C

解答

根据《铁路隧道设计规范》(TB 10003—2016)第 5.1.7 条条文说明、附录 E。

(1)偏压判别

$\alpha=\arctan(1/2)=26.6°$,$t=4.75\text{m}$

查第 5.1.7 条条文说明表 5.1.7-1,$t=4.75\text{m}>4\text{m}$,不考虑偏压,按一般隧道计算。

(2)水平荷载计算

$\theta=0.8\times48°=38.4°$

$$\tan\beta=\tan\varphi_c+\sqrt{\frac{(\tan^2\varphi_c+1)\tan\varphi_c}{\tan\varphi_c-\tan\theta}}=\tan48°+\sqrt{\frac{(\tan^2 48°+1)\times\tan48°}{\tan48°-\tan38.4°}}=3.9$$

$$\lambda=\frac{\tan\beta-\tan\varphi_c}{\tan\beta[1+\tan\beta(\tan\varphi_c-\tan\theta)+\tan\varphi_c\tan\theta]}$$

$$=\frac{3.9-\tan48°}{3.9\times[1+3.9\times(\tan48°-\tan38.4°)+\tan48°\tan38.4°]}$$

$$=0.229$$

$h_2=7+2.75+6.5=16.25\text{m}$,$e_1=\gamma h_1\lambda=22.5\times7\times0.229=36.1\text{kPa}$

$h_1=4.25+5.5\times\tan26.6°=7\text{m}$,$e_2=\gamma h_2\lambda=22.5\times16.25\times0.229=83.7\text{kPa}$

$$E_a=\frac{36.1+83.7}{2}\times9.25=554\text{kN/m}$$

附注:t 的计算方法,如图 1-7 所示。

$AO=(4.25+2.75)\times2+2.75=16.75\text{m}$,$EO=16.75\times\sin26.6°=7.5\text{m}$,$t=EF=7.5-2.75=4.75\text{m}$,$t$ 是隧道的覆盖厚度,它大于偏压隧道拱肩的最大覆盖厚度,所以不考虑偏压。

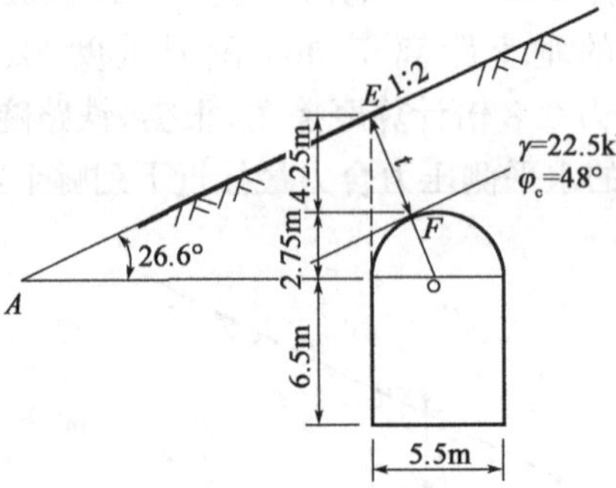

图 1-7

评析

此题的计算量太大,一般情况下,用 7 分 12 秒是完不成的,可能超过 20 分钟。能把覆盖厚度 t 在 5 分钟内计算出来,除了刚刚通过中考的初中毕业生以外,多数岩土工程师恐怕是做不到的。如果都是这种考题,那些大师们大概率是考不过技术员的。在铁路、公路关于隧道的规范中,一些土压力、围岩压力的计算相当复杂,并且常常需要判断深埋、浅埋,是否考虑偏压等。遇到这种情况可以直接放弃,否则会被陷进去。

例题 30　2019 年上午知识题 30

下列关于锚喷衬砌中锚杆对隧道围岩稳定性作用错误的选项是哪个？

(A)悬吊作用　　(B)组合拱作用
(C)挤压加固作用　　(D)注浆加固作用

答案　D

评析

《公路隧道设计规范　第一册　土建工程》(JTG 3370.1—2018)第 8.2 条条文说明，“利用锚杆的悬吊作用、组合拱作用、减跨作用、挤压加固作用，将围岩中的节理、裂隙串成一体提高围岩的整体性”。

这道题并没有指明规范，因而有两种途径，一是查找规范，建筑行业的考生对于岩石和隧道大多不熟悉，是很难找到的；凭自己掌握的知识判断，很大程度上是靠运气。如果找到了《公路隧道设计规范　第一册　土建工程》(JTG 3370.1—2018)，前三个选项都有明确的指示，就可排除选项 D。但是严格地讲“将围岩中的节理、裂隙串成一体提高围岩的整体性”也不能完全排除“D 注浆加固作用”，因为是单选题，在规范确定选项 A、B、C 不错误之后，只好选 D 了。在知识题中有不少这样的内容含混和逻辑不清的情况。

例题 31　2019 年下午知识题 48

近年来，铁路建设中采用挖井基础形式，下列关于铁路挖井基础和沉井基础特点的说法，哪些是正确的？

(A)沉井基础和挖井基础施工过程中都需要利用井身混凝土自重作用克服井壁与土的摩阻力和刃脚底面上的阻力
(B)沉井基础施工是垂直下沉，不需要放坡，挖井基础可根据场地条件放坡施工
(C)沉井基础适用于水下或地下水丰富的场地和地层条件，挖井基础适用于无地下水的场地和地层条件
(D)沉井基础和挖井基础设计时，井壁与土体之间的摩阻力都可根据沉井和挖井地点土层已有测试资料和参考以往类似沉井和挖井设计中的侧摩阻力

答案　CD

评析

根据《铁路桥涵地基和基础设计规范》(TB 10093—2017)术语部分第 2.1.8 条，挖井基础为“由垂直开挖地基，灌注混凝土形成的基础”。而沉井基础是先在地面浇筑(或在别处预制)沉井，从井内挖土、依靠沉井自身重力克服井壁摩阻力后下沉到设计高程，然后采用混凝土封底并填塞井孔，使其成为桥梁墩台或其他结构物的基础。

挖井基础指用人工或机械按照设计文件垂直开挖基坑(井)后再浇筑混凝土的基础，是明挖基础的延伸，选项 A 错误。

根据《铁路桥涵地基和基础设计规范》(TB 10093—2017)第 8.1.4 条，挖井基础不应放坡开挖，选项 B 错误。

根据第7.1.1条，可知沉井基础适用于水下或地下水丰富的场地和地层条件；根据第8.1.1条，挖井基础适用于无地下水的场地和地层条件，选项C正确。

根据第7.1.2条、第8.2.3条，选项D正确，沉井的摩阻力一方面应在开挖时被克服，另一方面也是承载力的一部分；挖井基础的井壁与土体之间的摩阻力是主要承载力。

由于这是铁路规范中的特有术语，应当在第二章术语与符号中明确。其实在建筑行业的浅基础中也有垂直开挖地槽、灌注混凝土的情况，由于开挖较浅一般不计其对承载力的影响。

例题32 2018年下午案例题7

如图1-8所示，某边坡其坡角为35°，坡高为6.0m，地下水位埋藏较深，坡体为均质黏性土层，重度为20kN/m³，地基承载力特征值 f_{ak} 为160kPa，综合考虑持力层承载力修正系数 $\eta_b=0.3$、$\eta_d=1.6$。坡顶矩形基础底面尺寸为2.5m×2.0m，基础底面外边缘距坡肩水平距离3.5m，上部结构传至基础的荷载情况如图1-8所示(基础及其上土的平均重度按20kN/m³考虑)。按照《建筑地基基础设计规范》(GB 50007—2011)规定，该矩形基础最小埋深接近下列哪个选项？

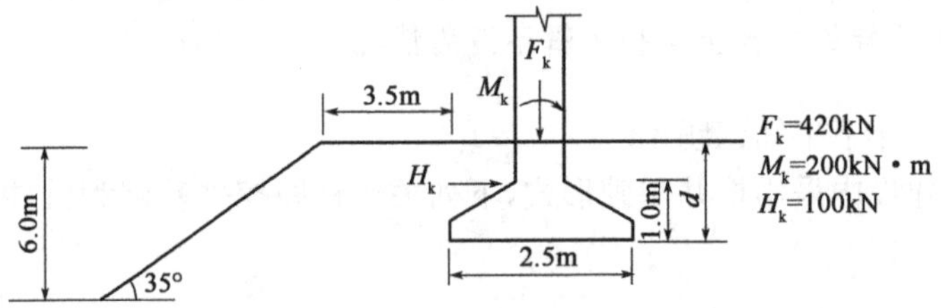

图 1-8

(A)2.0m (B)2.5m (C)3.0m (D)3.5m

答案 C

解答

根据《建筑地基基础设计规范》(GB 50007—2011)第5.4.2条。

(1)根据地基承载力确定基础埋深 d

假设为小偏心，平均基底压力和最大基底压力为：

$$p_k=\frac{F_k}{A}+\gamma_G d=\frac{420}{2.5\times2}+20d=84+20d$$

$$p_{kmax}=p_k+\frac{M_k}{W}=84+20d+\frac{200+100\times1}{2\times2.5^2/6}=228+20d$$

地基承载力：

$$f_a=f_{ak}+\eta_b(b-3)+\eta_d\gamma_m(d-0.5)=160+0+1.6\times20\times(d-0.5)=144+32d$$

根据 $p_k\leqslant f_a$，即 $84+20d\leqslant144+32d$，解得 $d\geqslant-5$m(0m)。

$p_{kmax}\leqslant1.2f_a$，即 $228+20d\leqslant1.2\times(144+32d)$，解得 $d\geqslant3.0$m

$e=\frac{M_k}{F_k+G_k}=\frac{300}{420+2\times2.5\times20\times3}=0.42\text{m}=\frac{2.5}{6}\text{m}$，满足小偏心。

(2)根据坡顶建筑物稳定性确定基础埋深

$a\geqslant2.5b-\frac{d}{\tan\beta}$，即 $3.5\geqslant2.5\times2.5-\frac{d}{\tan35°}$，解得 $d\geqslant1.93\text{m}$

取大值 $d\geqslant3\text{m}$。

评析

如前所述，以前的案例题通常是“验算”或“正算”，亦即给定条件，验算是否满足承载力(稳定、变形)要求。在近年的案例题中，出现较多的“反算”型题，往往比验算更麻烦一些。其实所谓“设计”往往是反复地迭代与试算。

此题的反算基础埋深要同时满足两个承载力条件与坡顶建筑物稳定条件，可以得到两个埋深后取大值；亦可计算一个埋深后，验算另一个。按照以前类似的考题，它可以分解为两道案例题。

例题 33　2018 年下午知识题 66

下列关于工程总承包的说法中，哪些是正确的？

(A)工程总承包是指从事工程总承包的企业按照与建设单位签订的合同，对工程项目的设计、采购、施工等实行全过程的承包，并对工程的质量、安全、工期和造价等全面负责的承包方式

(B)工程总承包企业应当具有与工程规模相适应的工程设计资质或施工资质，以及相应的财务、风险承担能力，同时具有相应的组织机构、项目管理体系、项目管理专业人员和工程业绩

(C)工程总承包项目经理应当取得工程建设类注册执业资格或者高级专业技术职称，担任过工程总承包项目经理、设计项目负责人或者施工项目经理，熟悉工程建设相关法律和标准，同时具有相应工程业绩

(D)工程总承包企业应当加强对分包的管理，不得将工程总承包项目转包，也不得将工程总承包项目中设计和施工业务一并或者分别分包给其他单位。工程总承包企业自行实施设计的，不得将工程总承包项目工程设计业务分包给其他单位

答案　ABC

评析

根据《住房和城乡建设部关于进一步推进工程总承包发展的若干意见》(建市〔2016〕93号)第一部分第二条，选项 A 正确；

根据第二部分第七条，选项 B 正确；

根据第二部分第八条，选项 C 正确；

根据第二部分第十条，选项 D 错误。

第 11 章政策法规的知识题是其中很有特点的考题，比如这道题的选项就多达 360 字，读

下来要费一些时间。这种题的难点还在于它往往并不指出哪一个政策法规,大纲中,与此题有关的招标的政策法规文件就有3部,这就要考生了解和熟悉它们;另外,如果选项将原文照抄下来,尽管文字较长,但是容易找到和选择,有的选项不是文献的原文,而是经提炼、总结成另外的语言文字,并且意思、语言、逻辑不是很清楚,这就要费时间去猜测。

第二讲 天行有常

第一讲评析了依据大纲中规定的规范与法规命题的一些考题，其要求的最高境界是以最快的速度查找到相应的条款。但规范是由人所编写刊定的，规定了多大的安全系数、多大的压实系数、多大的排水坡度，采用什么强度指标、什么计算公式等，各个规范可能不同，各个版本也会不同。同一道考试，由于规范的更新，今年与明年的答案与解答也会迥然不同。

荀子在《天论》中讲到："天行有常，不为尧存，不为桀亡。应之以治则吉，应之以乱则凶"。也就是说大自然是有其固有规律的，不会因请来了尧、舜这些"高人"编写了规范，这些规律就出现；而请了桀、纣这些"混混"编写了规范，这些规律就消亡。正如大诗人杜甫所云："尔曹身与名俱灭，不废江河万古流"。

在历年的注册岩土工程师考试中，有一部分考题就与规范无关，主要是考岩土力学的概念与原理，或者岩土工程的基本概念与原则。这类考题最能反映考生的专业素质与业务能力，立判大师与技术员的差距。我有时在考虑是否采用"闭卷"考试，或者面试，不用借助任何文献即可判定高下。记得1978年我报考清华大学水利系研究生时，笔试后是面试，首先给了一张画有土坝断面以及边界条件的纸，让我在20分钟内画出其流网。多年后，我在对研究生面试时，请他写出莫尔—库仑强度准则的任意一个表达式，可惜他不会，我对此印象颇深。

考试大纲第一章中的土工试验成果、第六章中的边坡与挡土墙、第八章中的滑坡等部分，还有一些土中渗流、固结、强度与变形等问题都有这一类考题，可以考查考生的知识面与理论概念是否清楚。对于真正的"高手"，这类考题可阅后即答，不用花很长时间；而概念不清楚者，会百思而不得其解，到处查规范、手册和教材，浪费了很多宝贵的时间，还不一定能够正确解答。这一讲有一些题也可通过查规范解决，但具有土力学基本常识的考生，完全可以不查规范而直接解答。

注册岩土工程师考试已经进行了近20年，一些主要章节的题型、规范中常见的问题都已经考过若干次，加上社会上大量的辅导材料，将这些内容归纳、总结、分析、模拟，使考生耳熟能详，使命题专家们也已技穷。命题逐年向建筑行业之外的领域和专业扩张已成惯例。考试参考的规范、标准、法规数目明显增加，一些建筑行业工程技术人员很难涉及的知识也纳入了考试范围。命题过分依赖规范，使这种脱离规范的考题逐年减少，例如这类考题2004年约占总考题的34%，而2020年则只占总考题的23%。

注册岩土工程师考试的案例题，在2005年以前共有35道题，要求最多选做25道题；后来变为30道题选做25道题，留有至少5道题选择的余地，这样使命题专家和考生都有一定的回旋余地。2018年后，这种选择没有了，原来靠勘察、深基础、浅基础、地基处理这4章考题即可通过(占66分)，现在这3章考题全部拿下也只有54分，其中浅基础就减少了4道题共8分。

第六章土工结构与边坡防护、第八章特殊条件下的岩土工程的案例题，此前的选择率很低。这两章的内容庞杂，涉及土力学中较深的概念和理论，例如土中水与渗流等问题，往往会有真正的“难题”；并且多数题没有规范、标准给定的公式，而是靠土力学的原理与概念。

2012 年以后的一段时间，第六章成了错题的高发区，并且错得很离谱。因而这一章的选择率进一步降低，以求避灾。近 3 年的这部分案例题的一个突出的特点就是计算量减少了，题干给出的参数也都很亲民，避免了那些冗长的、无意义的计算，使考点集中于岩土工程的知识与概念上。因而加强有关部分的知识，选择通过边坡与挡土墙等考题来弥补前四章减少的分数，是明智的选择。

例题1 2018年上午知识题9

下列关于土的变形模量和压缩模量的试验条件的描述,哪个选项是正确的?

(A)变形模量是在侧向无限变形条件下试验得出的
(B)压缩模量是在单向应力条件下试验得出的
(C)变形模量是在单向应变条件下试验得出的
(D)压缩模量是在侧向变形等于零的条件下试验得出的

答案 D

评析

压缩模量 E_s,亦称侧限压缩模量,是在无侧向变形(试样横截面积不变)试验条件下得出的竖向应力增量与竖向应变增量之比,试样受到三向应力,发生单向应变。

变形模量 E_0 是侧向自由变形时,土的竖向应力(增量)与竖向应变(增量)之比,试样受到三向应力(一般只有单向应力增量),发生三向应变。

有的文献中定义变形模量为"在无侧限压缩试验中,竖向应力与竖向应力之比"。因为土作为一种碎散的材料,很多情况下是无法在无侧限(无约束)情况下成型的,更遑论承受"单向应力";另外对于土这种非线性材料,其模量一般不是全量之比,只能是割线模量或切向模量,如在常规三轴压缩试验中,侧向应力不变,$d\sigma_2=d\sigma_3=0$,根据增量广义胡克定律,轴(竖)向应力增加,$E_t=d\sigma_1/d\varepsilon_1$,有时,可取应力—应变曲线的近似线性段测(或推算)其变形模量。

例题2 2018年上午知识题17

某饱和软土地基采用预压法处理。若在某一时刻,该软土层的有效应力图形面积是孔隙水压力图形面积的3倍,则此时该软土层的平均固结度最接近下列何值?

(A)50% (B)67% (C)75% (D)100%

答案 C

评析

土层的平均固结度为其有效应力的面积与初始超静孔压面积之比。即 U_t=土层在时间 t 时的有效应力面积/起始超静孔隙水压力面积。

所以:$U_t=3/(3+1)=0.75$。

这道考题,土力学知识扎实的考生,给出选项只需30秒。

例题3 2018年上午知识题20

已知某大面积堆载预压工程地基竖向排水平均固结度为20%,径向排水平均固结度为40%,则该地基总的平均固结度为下列哪个选项?

(A)45% (B)52% (C)60% (D)80%

答案 B

评析

在有关的《基础工程》教材中讲到：砂井预压固结是一个三维固结问题，但 Carrillo 证明可以将其分解为一个竖向固结和一个平面轴对称固结两种微分方程，平均固结度表示为：$U_{rz}=1-(1-U_z)(1-U_r)=1-(1-0.2)\times(1-0.4)=0.52$，如图 2-1 所示。这也是《建筑地基处理技术规范》(JGJ 79—2012)所采用的原则。

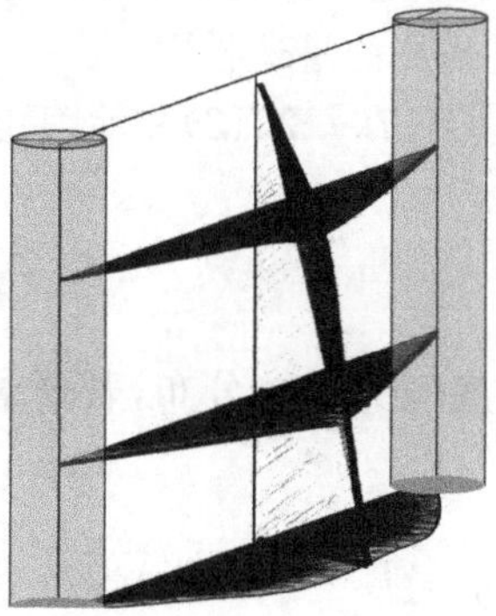

图 2-1

这是一道水平较高的知识题，首先它考查了预压渗流固结中固结度的计算和原理；其次此题通过心算即可得到 0.52，知识题应具有合理的难度和繁度，其计算采用心算即可，无需动用计算器。比如查表内插，最好在中值，取平均值。那些无意义的考查数学计算的速度不应成为注册岩土工程师的门槛。

例题 4 2018 年上午知识题 22

某非饱和砂性土地基，土的孔隙比为 1.0，现拟采用注浆法加固地基，要求浆液充填率达到 50%，则平均每立方米土体的浆液注入量最接近哪个选项？

(A)$0.1m^3$ (B)$0.25m^3$ (C)$0.4m^3$ (D)$0.5m^3$

答案 B

评析

通过三相换算，$e=V_v/V_s=1.0$，令 $V=V_s+V_v=1m^3$，则土体中孔隙体积为 $V_v=0.5m^3$，浆液充填 $0.5m^3$ 孔隙体积的 50%，则 $1m^3$ 土体浆液注入量为 $0.25m^3$。

像这种三相的换算是土力学中最基本的训练，通过心算即可选项。

例题 5 2018 年上午知识题 53

换填法中用土工合成材料作为加筋垫层时，下列关于加筋垫层的工作机理的说法中，正确的选项是哪些？

(A)增大地基土的稳定性 (B)调整垫层渗透性
(C)扩散应力 (D)调整不均匀沉降

答案 ACD

评析

换填加筋垫层是将土工格栅等筋材竖向间隔30～50cm铺设在砂石垫层中形成的，作为岩土工程基础知识，垫层可以扩散应力、增加地基稳定性，而加筋垫层其扩散和调整应力能力更强，减小不均匀沉降。某些垫层可能有调整渗透性的作用，但"用土工合成材料作为加筋垫层"，加筋本身并不能调整垫层的渗透性。

对于多选题，既然已经确定了3个选项，则选项B肯定被淘汰了，不必费心思琢磨词句的严密性(严密的说法应是"筋材调整垫层的渗透性")。

在《建筑地基处理技术规范》(JGJ 79—2012)中也可查到类似的结果。不查规范肯定会节省时间。

例题6 2018年下午知识题3

直径为d的圆形基础，假设基底压力线性分布，若要求基底边缘压力不小于0，则基底压力合力的偏心距的最大值为多少？

(A)$d/4$ (B)$d/6$ (C)$d/8$ (D)$d/12$

答案 C

评析

圆形基础的抵抗矩为：

$$W=\frac{\pi d^3}{32}$$

基底边缘最小压力为：

$$p_{\min}=\frac{F_k+G_k}{A}-\frac{M_k}{W}=\frac{F_k+G_k}{\pi d^2/4}-\frac{M_k}{\pi d^3/32}$$

令$p_{\min}=0$，则

$$(F_k+G_k)\frac{d}{8}=M_k$$

由于 $e=\dfrac{M_k}{F_k+G_k}, e=\dfrac{d}{8}$

这是一道有一定难度的考题，能够考查考生的数理基础。考生能够记住$W=\pi d^2/32$就不容易，且公式一时也难以查找。这类题少量尚可，不宜提倡。年纪大些有丰富工程经验的岩土工程师就不一定能够准确地记住圆形基础的抵抗矩，并在1分48秒完成这样规模的计算。

例题7 2018年下午知识题22

在建筑边坡稳定性分析中，下列哪个选项的叙述不成立？

(A)纯净的砂土填筑路堤，无地下水作用时路堤的稳定性可采用$K=\tan\varphi/\tan\alpha$进行分析(K为稳定性系数；φ为土体的内摩擦角；α为路堤坡面与水平面夹角)

(B)任意情况下，无黏性土坡的滑动面均可假定为直线滑动面

(C)有结构面的岩质边坡，可能形成沿结构面的直线或折线滑动面

(D)在有软弱夹层的情况下，土质边坡可能形成沿结构面的直线、折线滑动面或其他任

意形状的滑动面

答案　B

评析

此单选题要求的是判断选项“叙述不成立”，按照岩土工程的基本常识，选项A、C、D肯定是对的，则选项B就一定是“不成立”的。

部分浸水的砂土坡，一般在水面处滑动面会转折，成为折线滑动面，如图2-2所示。可能的原因有：上下部重度突变；水下内摩擦角有所降低；水面变化处风浪作用等。由于在高围压下无黏性土的内摩擦角随着围压增大而减少，所以高堆石坝也用圆弧条分法进行稳定分析。

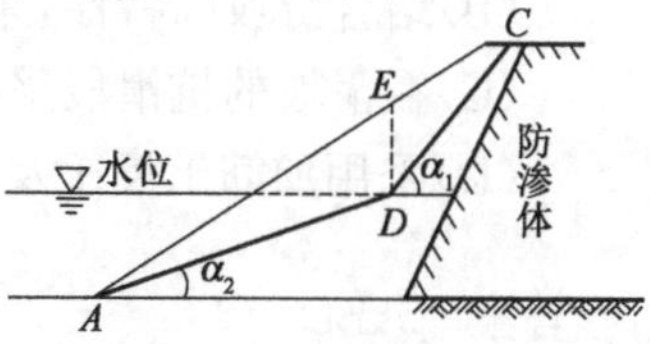

图2-2　部分浸水砂土坡

例题8　2018年下午知识题59

对于滑坡防治，下列哪些选项是正确的？

(A)滑坡地段应设置排水系统

(B)根据滑坡推力的大小、方向及作用点选择抗滑结构

(C)在保证卸荷区上方及两侧岩土稳定的情况下，可在滑体被动区取土

(D)可在滑体的阻滑区段增加竖向荷载

答案　ABD

评析

选项A：对坡体排水，可以降低浸润线，减少土体的浸水软化；减少水向外渗流引起的渗透力，亦即减少了滑动力，并使抗滑力基本不变；

选项B：亦即正确地设置抗滑结构，增加抗滑力(矩)；

选项C：以圆弧滑动面为例，如图2-3所示，“滑体被动区”可理解为圆心角$\theta_i \leqslant 0°$的区域，其自重产生抗滑力(矩)$W_i\cos\theta_i$，而滑动力$W_i\sin\theta_i \leqslant 0$，亦即减小了滑动力，在此区取土即所谓“自挖墙脚”，“自毁长城”。

反之选项D“在阻滑区段”增加竖向荷载(图2-4)，应当是θ_i较小部分，其$\dfrac{c_i l_i + W_i\cos\theta_i\tan\varphi_i}{W_i\sin\theta_i} > F_s$，其中$F_s$为设计容许的安全系数，在此区增加竖向荷载，增加的阻滑力(矩)大，增加的滑动力(矩)很小或者为负值，会加大整体的安全系数。

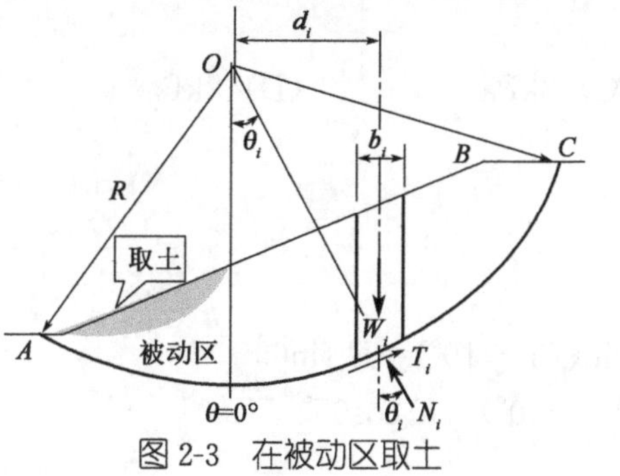

图2-3　在被动区取土

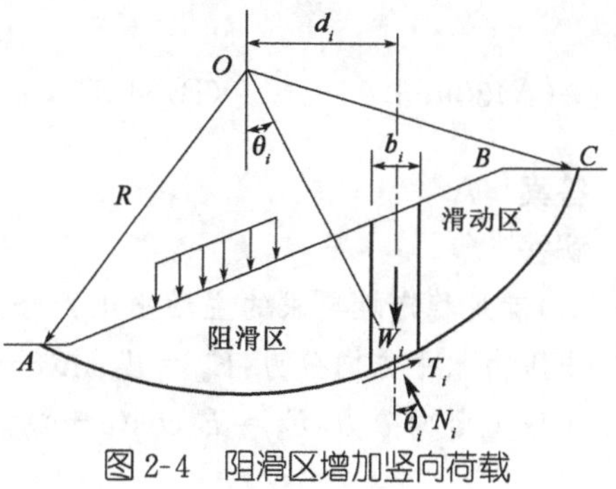

图2-4　阻滑区增加竖向荷载

例题9 2019年下午知识题56

工程滑坡防治应针对性地选择一种或多种有效措施,制订合理的方案。下列哪些措施是正确的?

(A)采取有效的地表截排水和地下排水措施
(B)结合滑坡的特性,采取合理的支挡结构
(C)在滑坡的抗滑段采取刷方减载
(D)采用加筋土反压及加强反压区地下水引排

答案 ABD

评析

此题与例题8基本相同。只是选项D稍有差异,看来命题专家确实是"技穷"了。

例题10 2018下午案例题16

如图2-5所示,某建筑旁有一稳定的岩质山坡,坡面 AE 的倾角 $\theta=50°$。依山建的挡土墙墙高 $H=5.5$m,墙背面 AB 与填土间的摩擦角 $\delta=10°$,倾角 $\alpha=75°$。墙后砂土填料重度 $20kN/m^3$,内摩擦角 $\varphi=30°$,墙体自重340kN/m。为确保挡墙抗滑安全系数不小于1.3,根据《建筑边坡工程技术规范》(GB 50330—2013),在水平填土面上施加的均布荷载 q 最大值接近下列哪个选项?(墙底 AD 与地基间的摩擦系数取0.6,无地下水)

注:《建筑边坡工程技术规范》(GB 50330—2013)公式为:

$$K_a=\frac{\sin(\alpha+\beta)}{\sin^2\alpha\sin^2(\alpha+\beta-\varphi-\delta)}\{k_q[\sin(\alpha+\beta)\sin(\alpha-\delta)+\sin(\varphi+\delta)\sin(\varphi-\beta)]+2\eta\sin\alpha\cos\varphi\cos(\alpha+\beta-\varphi-\delta)-2[(k_q\sin(\alpha+\beta)\sin(\alpha-\beta)+\eta\sin\alpha\cos\varphi)(k_q\sin(\alpha-\delta)\sin(\varphi+\delta)+\eta\sin\alpha\cos\varphi)]^{1/2}\}$$

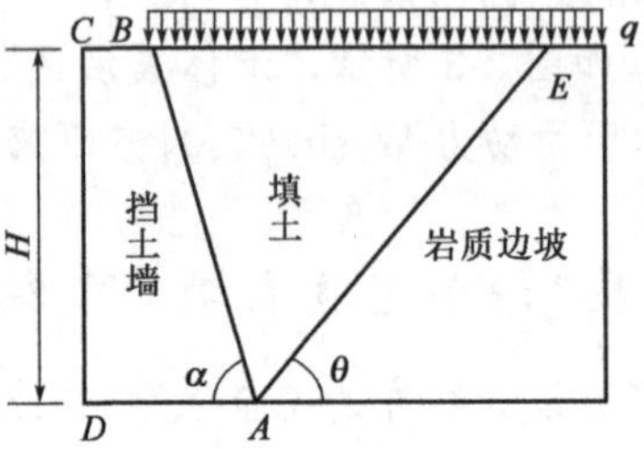

图 2-5

(A)30kPa (B)34kPa (C)38kPa (D)42kPa

答案 A

解答

(1)满足稳定性要求的主动土压力合力的计算

土压力水平方向分力:$E_{ax}=E_a\sin(\alpha-\delta)=E_a\sin(75°-10°)=E_a\sin65°$

土压力竖向分力:$E_{ay}=E_a\cos(\alpha-\delta)=E_a\cos(75°-10°)=E_a\cos65°$

$$F_s=\frac{\mu(G+E_{ay})}{E_{ax}}=\frac{0.6\times(340+E_a\cos65^\circ)}{E_a\sin65^\circ}\geqslant1.3$$

解得：$E_a\leqslant220.63\text{kN/m}$

(2)根据库仑土压力理论的总主动土压力系数的计算

$$K_a=\frac{\cos^2(\varphi-\alpha)}{\cos^2\alpha\cos(\alpha+\delta)\left[1+\sqrt{\dfrac{\sin(\varphi-\beta)\sin(\varphi+\delta)}{\cos(\alpha-\beta)\cos(\alpha+\delta)}}\right]^2}$$

$$=\frac{\cos^2(30^\circ-15^\circ)}{\cos^2 15^\circ\cos(15^\circ+10^\circ)\left[1+\sqrt{\dfrac{\sin(30^\circ-0^\circ)\sin(30^\circ+10^\circ)}{\cos(15^\circ-0^\circ)\cos(15^\circ+10^\circ)}}\right]^2}=0.4278$$

(3)根据清华大学《土力学》有均布荷载的总主动土压力的计算

$$E_a=\psi\left[\frac{1}{2}K_a\gamma H^2+K_aqH\frac{\cos\alpha}{\cos(\alpha-\beta)}\right]$$

$$=1.1\times\left[\frac{1}{2}\times0.4278\times20\times5.5^2+0.4278\times5.5q\right]=142.35+2.588q\leqslant220.63$$

$q\leqslant30.25\text{kPa}$

评析

此题有一些可商榷之处，首先它是在墙后岩质边坡与挡土墙后墙面之间为填土，尽管 $\theta<45^\circ+\varphi/2$，但是如果填土与岩坡间的摩擦角 $\delta_r<\varphi$，滑动面也可能会沿着岩土界面；另外题目给出《建筑边坡工程技术规范》(GB 50330—2013)中极为复杂并且有误的公式(6.2.3)，无论如何不可能在合理的时间内完成，这就有些过分了。

清华大学《土力学》教材给出了有上覆荷载 q 情况下的计算式，可以简化计算(图 2-6)。

$E_a=\dfrac{1}{2}K_a\gamma H^2+K_aqH\dfrac{\cos\alpha\cos\beta}{\cos(\alpha-\beta)}$，这样计算已经足够烦琐了。

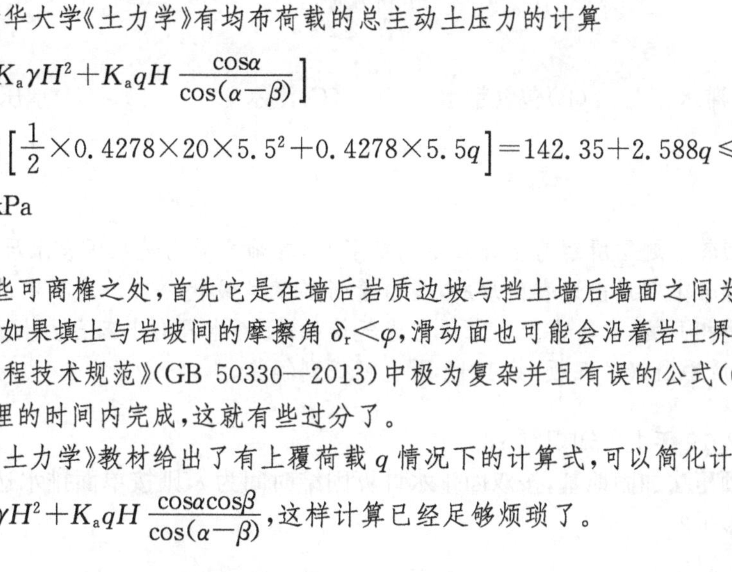

图　2-6

一些旧版本的《土力学》教材都有根据参数查找库仑主动土压力系数 K_a 的表格，会更省事一些。

另外，这种规定《建筑地基基础设计规范》(GB 5001—2011)和《建筑边坡工程技术规范》(GB 50330—2013)的重力式挡土墙土压力问题，如果注明没有“不计增大系数”，都要考虑土压力增大系数 ψ。

关于角度 α，《建筑边坡工程技术规范》(GB 50330—2013)标注为墙后坡的倾角，而一般教材和文献通常为后墙面与竖向的夹角，计算和公式中应予以注意。

例题11 2019年上午知识题7

如图2-7所示,泉水出露处的地下水属于下列哪一类?

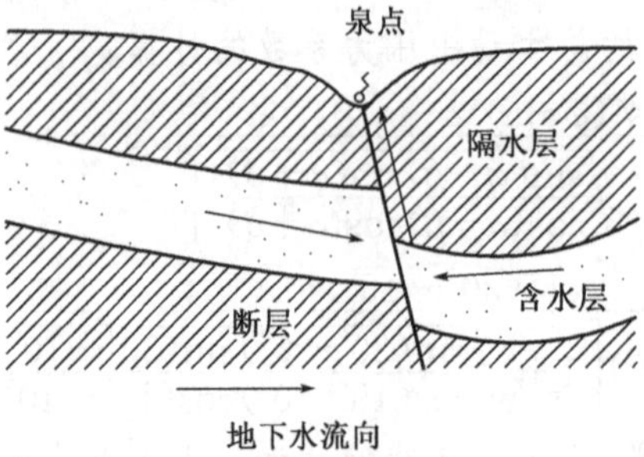

图 2-7

(A)上层滞水　　(B)包气带水　　(C)潜水　　(D)承压水

答案 D

评析

此题不难回答。题图所示为上升泉中的断层泉,其地质成因是承压含水层被断层所切,地下水沿断层破碎带上升涌出地表而形成,多沿着断层带呈线状分布。选项中的上层滞水和包气带水实质上是相同的,它具有上下水面与大气接触;而潜水具有上部自由水面。

在《工程地质手册》(第五版)第1212页也可找到解答。

例题12 2019年上午知识题18

采用堆载预压法加固地基,按双面排水计算固结时间为t,则按单面排水达到相同固结度需要的时间是多少?

(A)$4t$　　(B)$2t$　　(C)$t/2$　　(D)$t/4$

答案 A

评析

根据一维固结理论,固结度是时间的函数。时间因数T_v与固结度U_t之间是一一对应的关系。单面排水时$T_v=\frac{C_v}{H^2}t_1$,双面排水水下渗流路径分别为$H/2$,$T_v=\frac{C_v}{(H/2)^2}t_2=\frac{C_v}{H^2}4t_2$。

由于达到相同固结度时,单、双面排水时T_v相等,单面排水所用时间为双面排水的4倍:$t_1=4t_2$。

例题13 2019年上午知识题26

某基坑采用悬臂桩支护,下列选项中桩身承受的弯矩最大的部位是?

(A)坑底处　　(B)坑底以上某部位

(C)坑底下某部位　　(D)不确定,需看土质

答案 C

评析

悬臂式支挡桩可以当作一个梁,桩身最大弯矩出现在剪力为零处,即主动土压力合力 E_a=被动土压力合力 E_p 的点处,如图 2-8 中的 BE 之间。亦即该点必然在坑底 B 下某位置。

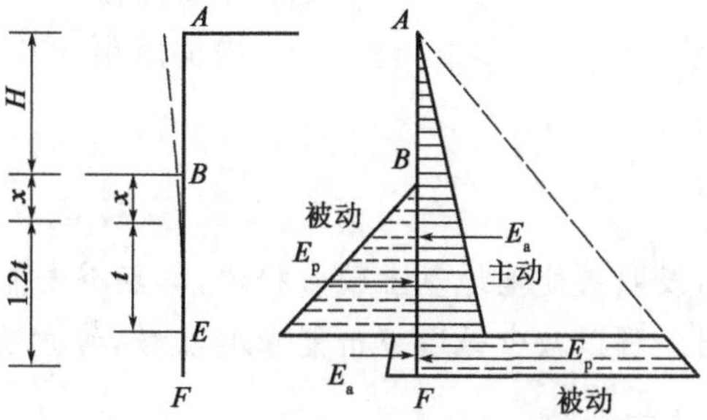

图　2-8

例题 14　2019 年上午知识题 29

某场地地势低洼,铺设钢筋混凝土排水管道后将地面填筑到设计高程,如图 2-9 所示。如只考虑填土自重,管道在投入使用后其所受土的竖向压力与上覆土自重相比,以下哪种说法是正确的?

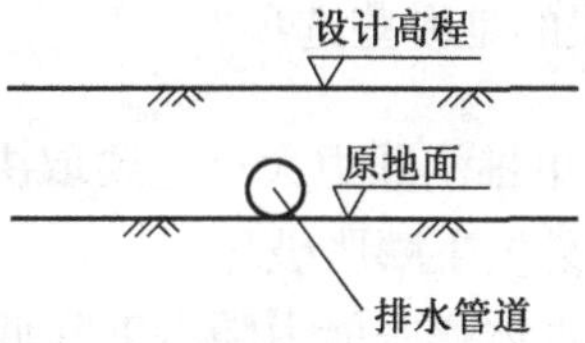

图　2-9

(A)大于上覆土重　　(B)小于上覆土重

(C)等于上覆土重　　(D)不确定,需看填土厚度

答案　A

评析

这种在原地面的上埋式管道,由于填土总是比原状土松软,并且遇水会湿陷,在逐层填筑过程中,在上部填土自重作用下会沉降。管道两侧的土层的厚度大、沉降大,由于管道本身的压缩量很小,其上部土层沉降小,两侧的沉降差会产生向下的摩擦力增加管道上的压力,使其压力大于管道上覆土重,如图 2-10 所示。

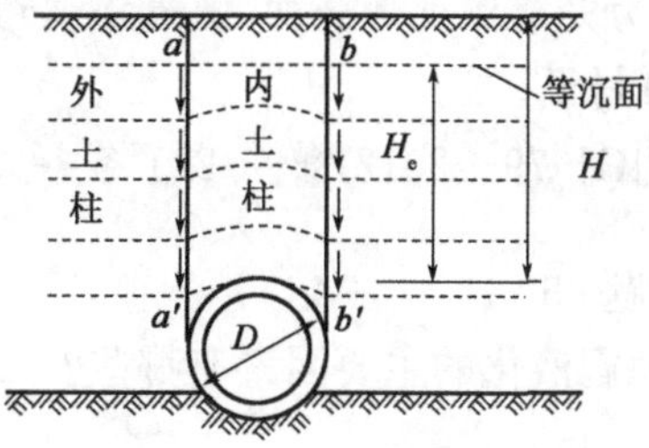

图　2-10

例题15 2019年上午知识题55

强夯处理地基时,单点夯击沉降量过大,下列选项中处理办法正确的是?

(A)少击多遍 (B)加填砂石

(C)减少夯击点间距 (D)增加落距

答案 AB

评析

单点夯击沉降量过大,表明被处理地基土较为松软,单点夯击能量过大。甚至有时夯锤入土过深,无法找到和被提出。可以减少每遍夯击能量和次数,增加夯击遍数,使地基土逐渐夯实,得到需要的密度,选项A正确。

添加砂石料作为垫层,可扩散夯击应力,提高地基排水性能,加快地基土的固结,提高待处理地基的强度,选项B正确。

减少夯击点间距,如果每夯击点夯击次数与落距不变,并不能改变单点夯击沉降量,选项C不合适;增加落距,会增大单击夯击能量,使单击沉降量更大,适得其反,选项D不合适。

例题16 2019年上午知识题56

下列关于砂石桩特性说法错误的是哪些选项?

(A)饱和软土中置换砂石桩单桩承载力大小主要取决于桩周土的侧限力

(B)砂石桩在饱和软土中容易发生膨胀破坏

(C)均匀地层中桩间土抵抗桩体膨胀能力随深度降低

(D)砂石桩易在地基深部局部软土处发生剪切破坏

答案 CD

评析

碎石桩的桩体材料为散体,可忽略其黏聚力,无围压约束即无强度。依靠桩周土的约束作用才能形成桩体承载力,所以其承载力与桩周土约束能力密切相关,围压越大,桩体传递竖向荷载的能力越强,因此砂石桩单桩承载力主要取决于桩周土的水平侧限压力,选项A正确。

如果桩周土提供的约束力过小($c_u<20\text{kPa}$),桩体碎石在竖向荷载作用下,由于其剪胀而发生桩顶的鼓胀破坏,其被动土压力超过围压,而导致复合地基破坏,选项B正确。

根据土力学知识,地基土的水平侧压力$\sigma_3=K_0\gamma z$,可见其小主应力(围压)是随深度增大的,因此桩间土抵抗桩体膨胀能力是随深度增强的,随着深度增加,桩上的轴力减少,桩体不会在深部发生剪切破坏,选项C、D错误。

《建筑地基处理技术规范》(JGJ 79—2012)第7.2.1条条文说明中也有类似的解释。

例题17 2019年上午知识题65

下列选项中影响饱和粉土地震液化的主要因素有哪些?

(A)土的灵敏度 (B)地震烈度的大小

(C)土的黏粒含量　　　　(D)土的承载力

答案　BC

评析

黏粒含量越高,越不容易液化,地震烈度越大,液化可能性越大。

承载力和灵敏度与液化无直接关系,土的灵敏度主要是指黏性土,它们一般不会液化;饱和粉土的承载力高,表明它比较密实,饱和含水量较小,标贯击数也大,不易于液化,但不如黏粒含量的影响直接、明显。所以此命题不够严谨,容易引起歧义。特别是对于多选题,选项D的取舍颇费踌躇。

例题18　2019年下午知识题12

下列哪种桩型的挤土效应最小?

(A)实芯预制方桩　　　　(B)敞口预制管桩

(C)闭口钢管桩　　　　(D)沉管灌注桩

答案　B

评析

实芯预制方桩、闭口钢管桩属于挤土成桩;敞口预制管桩为部分挤土成桩;沉管灌注桩的施工工艺为挤土成桩。这里有一定的工程常识即可直接回答。其中沉管灌注桩的施工是首先将底部有封口活门的钢管沉入指定深度,然后把混凝土灌入管内,将底部活门打开拔出钢管,可见在沉管过程中是挤土的。

可参考《建筑桩基技术规范》(JGJ 94—2008)附录A中表A.0.1。

例题19　2019年下午知识题15

挡土墙甲、乙的墙背分别为俯斜和仰斜,在墙高相同和墙后岩土体相同的情况下,关于挡土墙所受主动土压力的大小,下列哪个选项的说法是正确的?

(A)挡土墙甲所受主动土压力大于挡土墙乙的

(B)挡土墙乙所受主动土压力大于挡土墙甲的

(C)不确定,需看土的强度参数

(D)如俯斜、仰斜角度的数值大小相同,则两墙所受主动土压力相等

答案　A

评析

这里讲"墙背"仰斜与俯斜是不对的,应当是"墙后的岩土体"仰斜或俯斜。在墙高相同和墙后岩土体相同的情况下,从库仑主动土压力系数公式可以看出:

$$K_a = \frac{\cos^2(\varphi-\alpha)}{\cos^2\alpha\cos(\alpha+\delta)\left[1+\sqrt{\dfrac{\sin(\varphi-\beta)\sin(\varphi+\delta)}{\cos(\alpha-\beta)\cos(\alpha+\delta)}}\right]^2}$$

对于余弦,墙后俯斜时$\alpha>0$,仰斜时$\alpha<0$,$\cos\alpha=\cos(-\alpha)$,如图2-11所示。

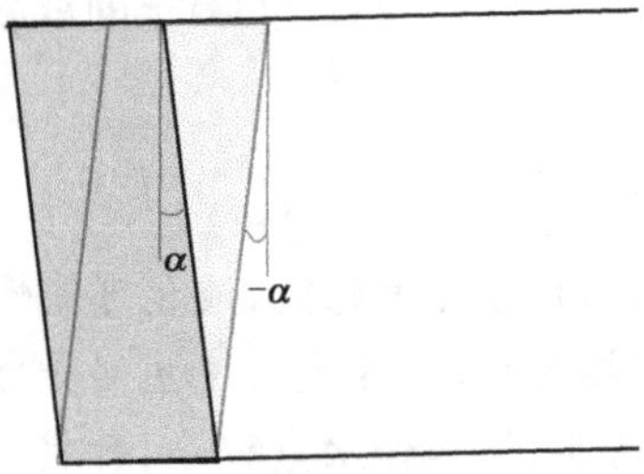

图 2-11

俯斜时,分子中 $\cos(\varphi-\alpha)$ 的值要大:分母中 $\cos(\alpha+\delta)$ 值较小,$\cos(\alpha+\delta)\cos(\alpha-\beta)$ 基本不变,所以这时的 K_a 较大。

如果令 $\beta=\delta=0°$,公式变为下式,则俯斜墙背的分子 $\cos(\varphi-\alpha)$ 的值要大。

$$K_a=\frac{\cos^2(\varphi-\alpha)}{\cos^3\alpha\left[1+\frac{\sin\varphi}{\cos\alpha}\right]^2}$$

例题 20 2019 年下午知识题 16

甲、乙两相同性质的砂土斜坡几何尺寸相同,甲在干燥环境中,乙完全处于静水中,关于其稳定性系数的大小,下列哪个选项的说法是正确的?

(A)甲斜坡的稳定性系数大于乙斜坡的

(B)两者的稳定性系数相等

(C)乙斜坡的稳定性系数大于甲斜坡的

(D)不确定,需看坡高

答案 B

评析

松散砂土的安全(稳定)系数可定义为:$F_s=\tan\varphi/\tan\alpha$,在不考虑砂土干燥状态和静水中的内摩擦角差异的情况下,斜坡几何尺寸相同,即其坡角 α 相同,两者的稳定性系数相等。

这里的题干缺少一句关键的话,即内摩擦角不变。其实在浸水(静水位下)情况下砂土的内摩擦角普遍会降低。即使是纯的石英砂也会降低 1°~2°,但在工程中常常予以忽略。所以此题的叙述不严密,$F_s=\tan\varphi/\tan\alpha$ 这个公式是《土力学》教材中的公式。教材中的土是一种理想化的重塑土,勉强可用于沙漠中的移动沙丘,不适用于原状、有结构性的砂土。刚毕业的大学生一到工地就会发现《土力学》教材中的东西往往与实际相差甚远,比如一个粉细砂的基坑可以垂直开挖几米而不塌滑。

例题 21 2019 年下午知识题 20

砌筑材料相同的两个挡土墙高度分别是 6m 和 4m,无地下水,墙背直立光滑,墙后水平回填相同的砂土,则对墙底的倾覆力矩 M_1 和 M_2 的比值最接近下列哪个选项?

(A)1.50　(B)2.25　(C)3.37　(D)5.06

答案 C

评析

主动土压力满足朗肯理论条件，主动土压力系数与合力分别为：$K_a=\tan^2(45°-\varphi/2)$；$E_a=K_a\gamma H^2/2$。

则$$\frac{M_1}{M_2}=\frac{\frac{1}{2}K_a\gamma H_1^2\times\frac{1}{3}H_1}{\frac{1}{2}K_a\gamma H_2^2\times\frac{1}{3}H_2}=\frac{H_1^3}{H_2^3}=\frac{216}{64}=3.38$$

由于这是一道知识题，不用计算过程，可以通过已掌握的知识，M 与 H 成 3 次方关系，直接给出选项；由于没有告知是否为重力式挡土墙，也没有明确规范，可不考虑土压力增大系数。此题一不小心会由于认为墙高与力矩成平方关系而选择选项 B。

例题 22 2019 年下午知识题 21

下列关于重力式挡土墙土压力的说法中，哪个选项是正确的？

(A)当墙背与土体的摩擦角增加时，主动土压力下降，被动土压力也下降

(B)当土的重度增加时，主动土压力增加，被动土压力下降

(C)当内摩擦角增加时，主动土压力增加，被动土压力减小

(D)当黏聚力增加时，主动土压力减小，被动土压力增加

答案 D

评析

此题属于单选题，当看到选项 D 后，其他选项都无须关注。

墙背与土体内摩擦角 δ 增大，K_a减小，K_p增加，这也就是为什么朗肯土压力理论忽略墙背与土体内摩擦角计算出来的主动土压力偏大，被动土压力偏小的原因。选项 A 错误。从能量的角度可以理解为：当墙体前移，发生主动滑动时，土与墙面间的摩阻力消耗一部分滑动土体的能量，减少了主动土压力；当在外力的推动下，墙体后移时，发生被动破坏，还要额外克服土与墙面间的摩阻力，需要更大的推力。

选项 A，可从图 2-12 看出 δ 与主动、被动土压力的关系。主动土压力，水平的 E_a是最大的；被动土压力，水平的 E_p是最小的(其中，E_{a0}、E_{p0}为 $\delta=0°$时的主、被动土压力)。

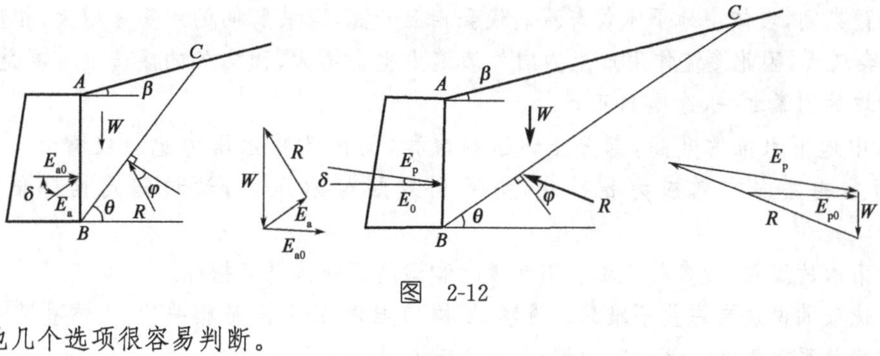

图 2-12

其他几个选项很容易判断。

例题23 2020年下午知识题56

下列关于土压力的说法中，哪些是正确的？

(A)当内摩擦角减小时，主动土压力增大，被动土压力减小
(B)当土的重度减小时，主动土压力减小，被动土压力减小
(C)当黏聚力减小时，主动土压力减小，被动土压力减小
(D)当考虑挡土墙墙背与土体之间的摩擦时，主动土压力增大

答案 AB

评析

因为这是一道多选题，要认真分析每一个选项。根据朗肯土压力理论：

$p_a=\tan^2(45°-\varphi/2)\gamma z-2c\tan(45°-\varphi/2)$

$p_p=\tan^2(45°+\varphi/2)\gamma z+2c\tan(45°+\varphi/2)$

φ减小，K_a增大，K_p减小，则主动土压力增大，被动土压力减小，选项A正确。

γ减小时，主动土压力、被动土压力均减小，选项B正确。

c减小，主动土压力增大，被动土压力减小，选项C错误。

考虑墙背与土体摩擦时，主动土压力减小，被动土压力增大，选项D错误，见上面的例题23及图2-12。

例题24 2019年下午知识题57

土质边坡在暴雨期间或过后易发生滑坡，下列选项中与暴雨诱发滑坡有关的因素有？

(A)土体基质吸力增加　　(B)坡体内渗透力增大
(C)土体孔隙水压力升高　　(D)土体抗剪强度降低

答案 BCD

评析

非饱和土体中含水量越高，基质吸力越小，在暴雨期间，土体含水量迅速增加，乃至达到饱和状态，基质吸力也相应地迅速降低直至减小到零(饱和时基质吸力为零)，引发滑坡等地质灾害，选项A错误。

在暴雨期间，坡体中地下水位与浸润线会相应升高，与坡脚间的水头差增大，相应的水力坡度i也会增大，因此渗流作用产生的向外渗透力也会增大，而向外的渗透力主要是滑动力，是诱发滑坡的因素之一，选项B正确。

坡体中地下水位的升高，部分土体达到饱和，其内孔隙水压力也相应增大，相应的作用在滑面上的法向有效应力σ'减小，并可引发超静水压力，边坡稳定性降低，选项C正确。

由于雨水的渗入，大多数土都会引起软化和湿陷而降低强度指标。

此题选项的说法有一些不准确。选项A和D、B和C之间是相关的；土体孔隙水压力升高与滑坡间关系较复杂。例如砂土坡，静水压就与滑坡没什么关系。

例题 25 2019 年上午案例题 1

灌砂法检测压实填土的质量。已知标准砂的密度为 1.5g/cm³，试验时，试坑中挖出的填土质量为 1.75kg，其含水率为 17.4%，试坑填满标准砂的质量为 1.20kg，试验室击实试验测得压实填土的最大干密度为 1.96g/cm³，试按《土工试验方法标准》(GB/T 50123—2019)计算填土的压实系数最接近下列哪个值？

(A)0.87　　(B)0.90　　(C)0.95　　(D)0.97

答案 C

解答

按土力学三相关系计算。

从填砂量计算试坑的体积：$V=m_s/\rho_s=1200/1.5=800\text{cm}^3$

试坑中填土的天然密度：$\rho=m/V=1750/800=2.19\text{g/cm}^3$

从图 2-13 可见：

填土的干密度：$\rho_d=\rho/(1+w)=2.19/(1+0.174)=1.87\text{g/cm}^3$

压实系数：$\lambda=\rho_d/\rho_{d\max}=1.87/1.96=0.95$

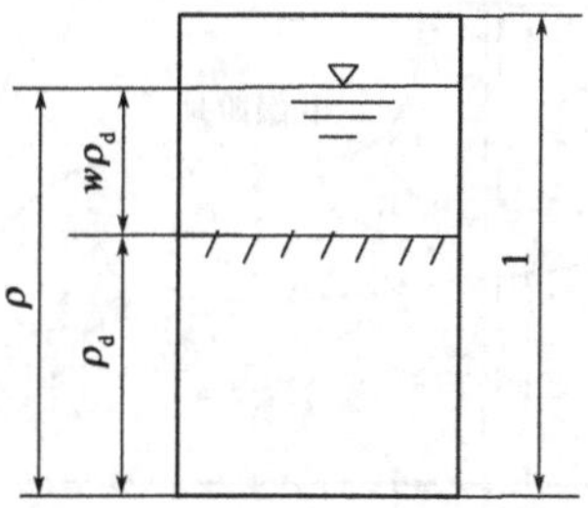

图 2-13

评析

此题给出了《土工试验方法标准》(GB/T 50123—2019)，但此题主要是简单的三相换算，无须查找标准，直接计算可节省几分钟的时间。此题作为案例题有些过于简单。

灌砂法多用于大颗粒的堆石等压实检验，可以用灌水法，底部可铺塑料膜。对于细粒土的检验，精度不如环刀法高。

例题 26 2019 年上午案例题 20

某溶洞在平面上的形状近似为矩形，长 5m、宽 4m，顶板岩体厚 5m，重度为 3kN/m³，岩体计算抗剪强度为 0.2MPa，顶板岩体上覆土层厚度为 5.0m，重度为 18kN/m³，为防止在地面荷载作用下该溶洞可能沿洞壁发生剪切破坏，溶洞平面范围内允许的最大地面荷载最接近于下列哪个选项？(地下水位埋深 12.0m，不计上覆土层的抗剪力)

(A)13900kN　　(B)15700kN　　(C)16200kN　　(D)18000kN

答案 A

解答

(1)溶洞顶板的总抗剪力 $T=5\times200\times2\times(5+4)=18000\text{kN}$。

(2)溶洞顶板的总荷载 $P=5\times4\times(5\times23+5\times18)+F=4100+F$。

(3)附加荷载 $T\geqslant P$,$18000\geqslant4100+F$,解得:$F\leqslant13900\text{kN}$。

评析

这是最简单的力学问题,道理和计算都极为简单,不一定要到《工程地质手册》(第五版)去查根据。但是此题也有一处容易忽视,即总荷载中包括顶板岩石的自重:$5\times4\times5\times23$。否则就会选择选项C。这也是一个陷阱。

例题 27 2019 年下午案例题 3

某河流发育三级阶地,其剖面示意图如图 2-14 所示。三级阶地均为砂层,各自颗粒组成不同,含水层之间界线未知。Ⅲ级阶地上有两个相距 50m 的钻孔,测得孔内潜水水位高度分别为 20m、15m,含水砂层①的渗透系数 $k=20\text{m/d}$。假定沿河方向各阶地长度、厚度稳定;地下水除稳定的侧向径流外,无其他源汇项,含水层接触处未见地下水出露。拟在Ⅰ级阶地上修建工程,如需估算流入含水层③的地下水单宽流量,则下列哪个选项是正确的?

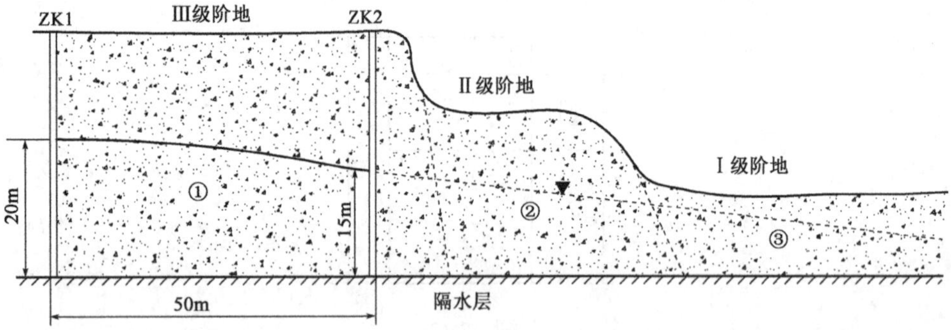

图 2-14

(A)不能估算,最少需要布置 4 个钻孔,确定含水层①与②、②与③界线和含水层②、③的渗透系数

(B)不能估算,最少需要布置 3 个钻孔,确定含水层②与③界线和含水层②、③的渗透系数

(C)可以估算流入含水层③的地下水单宽流量,估算值为 $35\text{m}^3/\text{d}$

(D)可以估算流入含水层③的地下水单宽流量,估算值为 $30\text{m}^3/\text{d}$

答案 C

解答

(1)含水层①中水力梯度:$i=(h_1-h_2)/l=(20-15)/50=0.1$

(2)平均单宽过流断面面积:$A=(h_1+h_2)/2=17.5\text{m}^2$

(3)单宽流量:$q=kiA=20\times0.1\times17.5=35.0\text{m}^3/\text{d}$

评析

此题比较简单，尤其是作为案例题。

选项A与B纯属画蛇添足，一般考生不会选它们，因为不经任何计算，也无需任何解释的案例选项近20年还从来没出现过，这两个选项也无法计算。有些知识题的难度与计算量都超过此题。所以审题非常重要，此题看其题干和附图，会被其迷惑，冷静地审题后就会看到其空前的简单。

例题28 2019年下午案例题14

一重力式毛石挡墙高3m，其后填土顶面水平，无地下水，粗糙墙背与其后填土(间)的摩擦角近似等于土的内摩擦角，其他参数如图2-15所示。设挡墙与其下地基土的摩擦系数为0.5，那么该挡墙的抗水平滑移稳定性系数最接近下列哪个选项？

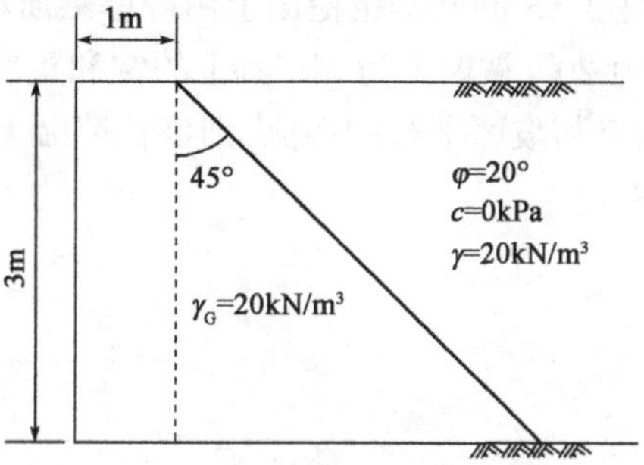

图 2-15

(A)2.5 (B)2.6

(C)2.7 (D)2.8

答案 C

解答

从墙背的倾角=45°就可知道它可能是坦墙。其中"粗糙墙背与其后填土的摩擦角近似等于土的内摩擦角"很重要，因为如果墙背光滑，需要判断是否存在第二滑动面。

$\alpha_{cr}=45°-\varphi/2=45°-20°/2=35°<\alpha=45°$，满足坦墙条件。

以过墙踵处竖直面为计算面，该面土压力按朗肯理论计算：

$E_a=K_a\gamma H^2/2=\tan^2(45°-20°/2)\times 20\times 3^2/2=44.1\text{kN/m}$

挡土墙自重 $W=(1+4)/2\times 3\times 20=150\text{kN/m}$

墙背后直角三角形土体自重 $W'=3\times 3/2\times 20=90\text{kN/m}$

$K_{sl}=(W+W')\mu/E_a=(150+90)\times 0.5/44.1=2.72$

评析

首先应判断是否是坦墙。对于这种坦墙，用朗肯土压力计算水平 E_a 后，按照假想的矩形挡土墙验算抗滑稳定最为简便。也可如图2-16所示根据库仑土压力理论，按照第二滑动面为假想的墙背，但计算要复杂得多。

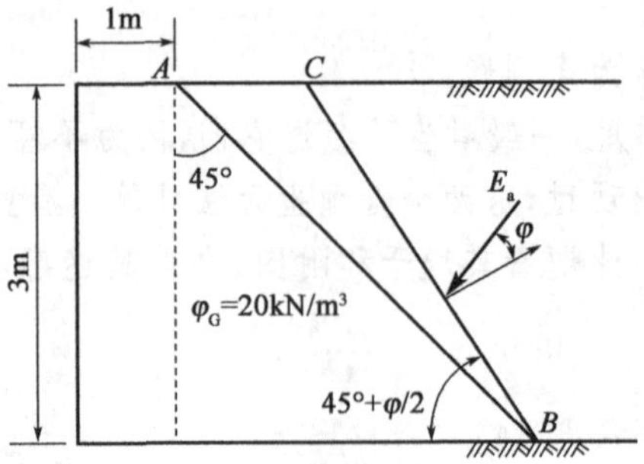

图 2-16

例题 29 2019下午案例题15

如图2-17所示,一倾斜角度15°的岩基粗糙面上由等厚黏质粉土构成的长坡,土岩界面的有效抗剪强度指标内摩擦角为20°,黏聚力为5kPa,土的饱和重度20kN/m³,该斜坡可看成无限长,图中H=1.5m,土层内有与坡面平行的渗流,则该长坡沿土岩界面的稳定性系数最接近下列哪个选项?

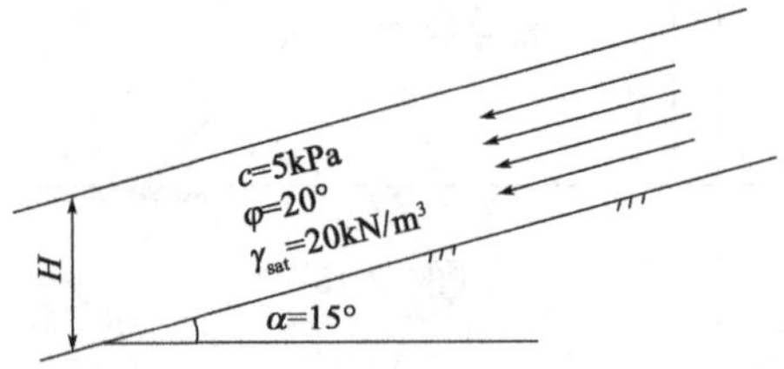

图 2-17

(A)0.68 (B)1.35 (C)2.10 (D)2.50

答案 B

解答

取土柱骨架宽度为1.0m

水力坡降 $i=\sin\alpha=0.259$

微单元体积 $V=1.5\text{m}^3/\text{m}$

底面积 $A=1/\cos\alpha=1.035\text{m}^2/\text{m}$

自重 $W'=15\text{kN/m}$

总渗透力 $J=1.5\times0.259\times10=3.89\text{kN/m}$

安全系数 $K=\dfrac{W\cos\alpha\tan\varphi+Ac}{W\sin\alpha+J}=\dfrac{15\times\cos15°\tan20°+1.035\times5}{15\sin15°+3.89}=1.344$

评析

这种沿坡渗流的无限长黏质粉土土坡,与砂土坡比较多了一项黏聚力。这里给出了"界面的有效抗剪强度指标内摩擦角为20°,黏聚力为5kPa"。在图2-18中,取土骨架为隔离体,以浮重度计算自重,加上渗透力,计算抗滑稳定安全系数。这经常发生在岩体山上有较薄的风化层、有较长时间降雨的情况，实际上也往往是沿着岩土界面最容易滑坡，黏质粉土的内摩擦角与黏聚力不会小于界面的值。

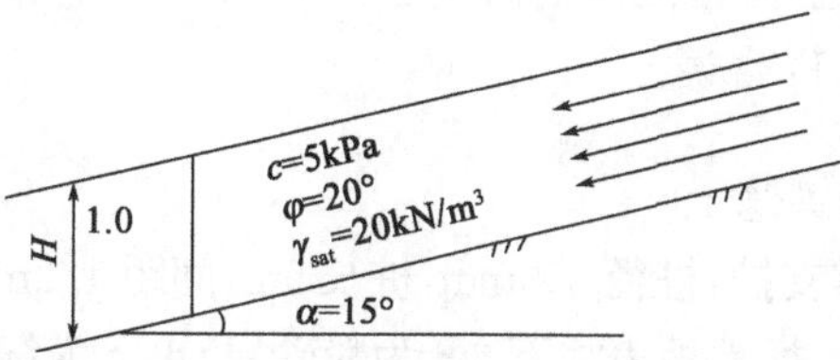

图　2-18

例题 30　2020 年下午知识题 11

采用泥浆护壁钻进工艺进行桩基成孔时，下列哪种地层条件下泥浆损耗最大？

(A)地下水位以上的粉土地层　　(B)地下水位以下的黏性土地层

(C)地下水位以下的中粗砂地层　　(D)地下水位以上的砂卵石地层

答案　D

评析

此题是很简单的常识题，泥浆护壁中的泥浆应高于地下水位 1.0～1.5m，与透水性一样；地层颗粒越大，越容易漏浆，浆液损耗越大，地下水位以上为砂卵石泥浆损耗最大。对于地下水以下钻孔桩，施工中应在孔中灌入泥浆，高于地下水位 1.0～1.5m，一方面使孔壁处的渗透系数减小，水力坡降增加，向外的渗透力可以支撑孔壁不塌。对于中细砂情况，黏土细粒一般堵在其孔隙中，会向外渗出一些水，而对于砂卵石底层，由于孔隙大，泥浆也会渗漏。

例题 31　2020 年下午知识题 45

关于土体固结沉降的说法，下列哪些选项是正确的？

(A)地基土沉降速率取决于孔隙水的排出速率

(B)土体的次固结沉降速率与孔隙水排出的速率无关

(C)瞬时沉降包括剪应变，无体积应变

(D)土体的瞬时沉降、固结沉降、次固结沉降是在不同时间内依次分开发生的

答案　ABC

评析

地基最终沉降量由瞬时沉降、主固结沉降和次固结沉降三部分组成。

瞬时沉降为在基底压力作用下，地基土在瞬时不排水和体积不变的情况下，立即产生剪切变形造成侧胀而发生的沉降。粗粒土在加载很快时，也会压缩引起瞬时沉降。

固结沉降则是饱和与接近饱和的黏性土在基础荷载作用下，随着超静孔隙水压力消散，土骨架中孔隙水逐渐排出、土体压密所产生的沉降，固结沉降速率取决于孔隙水的排出速率。

次固结沉降则是地基土在长期持续的荷载作用下，土粒骨架发生蠕变造成的沉降，这种变

形的速率和孔隙水排出的速率无关。关于次固结沉降的机理认识还不够深入，一般的《土力学》教材认为选项B也是正确的。

一般认为，次固结沉降在主固结沉降期间就已经开始了。这三部分沉降实际上并非在不同时刻截然分开发生的，选项D错误。

例题32 2020年上午案例题19

某基坑深6m，拟采用桩撑支护，桩径600mm，桩长9m，间距1.2m，桩间摆喷与支护桩共同形成厚600mm的悬挂止水帷幕。场地地表往下6m为粉砂层，再下为细砂层，两砂层的渗透系数以及细砂层的强度指标与重度如图2-19所示。坑内外水位如图2-19所示，考虑渗流作用时，单根支护桩被动侧的水压力与被动土压力计算值之和最接近下列哪个选项？（水的重度取10kN/m³）

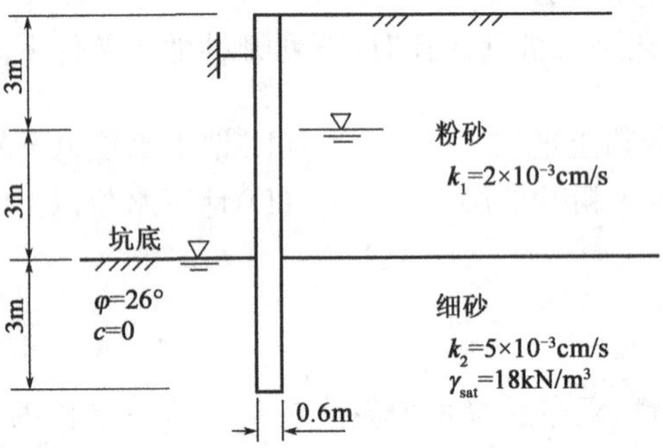

图 2-19

(A)147kN　　(B)165kN　　(C)176kN　　(D)206kN

答案 A

解答

(1)下层细砂层的水力坡降计算

根据渗流连续性原理，认为通过整个土层的单位断面积($A=1$)渗流量与各土层的单位断面积渗流量相同$q=kiA$，$k_1i_1=k_2i_2$。即$2\times10^{-3}\times i_1=5\times10^{-3}\times i_2$，得到$i_1=2.5i_2$。

渗流时，通过土层渗流的总水头损失等于各土层水头损失之和：

$\Delta h=\Delta h_1+\Delta h_2$，$\Delta h_1=i_1\Delta l_1$，$\Delta h_2=i_2\Delta l_2$

得到$3i_1+6.6i_2=3$（注意在计算细砂层的渗径时，要加上止水帷幕的宽度0.6m）

联合解得$i_2=0.22$。

(2)被动土压力计算

被动区渗透力向上，减少了土的有效竖向应力，有

$$K_p=\tan^2\left(45°+\frac{26°}{2}\right)=2.561$$

$$E_p=\frac{1}{2}(\gamma'-j)H^2K_p=\frac{1}{2}\times(8-0.22\times10)\times3^2\times2.561=66.84\text{kN/m}$$

(3)被动侧水压力计算

$p_w=\gamma_w\times3+i_2\gamma_w\times3=10\times3+0.22\times10\times3=36.6\text{kPa}$

$E_w = \frac{1}{2} \times 36.6 \times 3 = 54.9\text{kN/m}$

(4)被动侧水、土压力合力计算

$(66.84 + 54.9) \times 1.2 = 146\text{kN/m}$

评析

在考虑基坑支护结构内外地下水渗流的情况下，准确地计算应当绘制流网，根据流网计算水压力、水力坡降及对土骨架的渗透力及其引起的土压力，如图 2-20 所示。但在工程中常常近似以支护结构的外轮廓为渗径计算渗流。

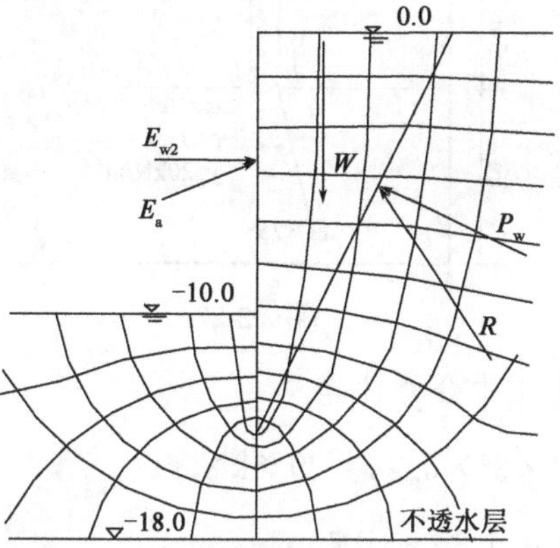

图　2-20

在此题的计算中，假设沿着外轮廓的单位断面积流量相等，在两个土层中的水力坡降也都是常数，分别计算 i_1 与 i_2，由于被动区都是细砂，相对水、土压力计算量较小，所以选项要求只计算被动侧。

最后计算总的被动侧水平压力，如果忘记间距 1.2m，计算的值为 123kN/m，好在没有这一选项，可以提醒考生漏项，如果选项中有 123kN/m，则是一个小小的陷阱。

例题 33　2020 年下午案例题 14

如图 2-21 所示某重力式挡墙，墙背为折线形。墙后填土为无黏性土，地面倾角 20°，填土内摩擦角 30°，重度可近似取 20kN/m³，墙背摩擦角为 0°。水位在墙底之下，每延米墙重约 650kN，墙底与地基的摩擦系数约为 0.45，墙背 AB 段主动土压力系数为 0.44，BC 段主动土压力系数为 0.313，用延长墙背法计算该挡墙每延长米所受土压力时，该挡墙的抗滑移稳定系数最接近下列哪个选项？(不考虑主动土压力增大系数)

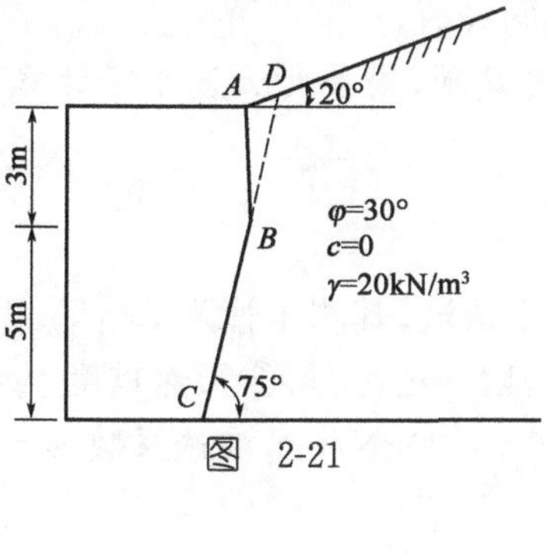

图　2-21

(A)1.04　　(B)1.26　　(C)1.32　　(D)1.52

答案　B

解答

如图 2-22 所示，在三角形 ABD 中：$AB=3\text{m}$，按照正弦定理：$BD=3.441\text{m}$；$DE=3.324\text{m}$。

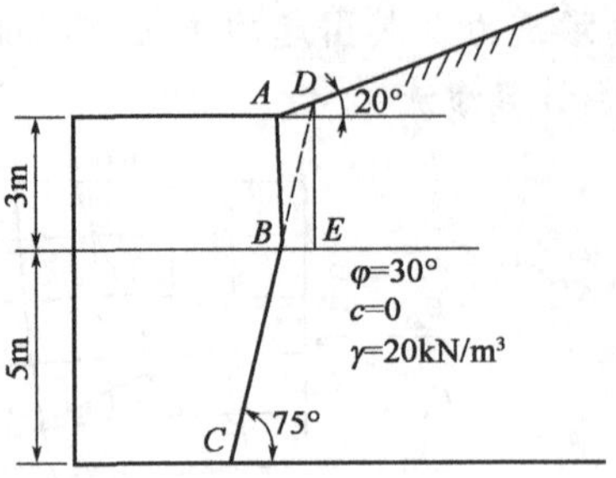

图　2-22

(1)上墙段 AB 的主动土压力合力计算

$$E_{a1}=\frac{1}{2}\gamma h^2K_{a1}=\frac{1}{2}\times 20\times 3^2\times 0.44=39.6\text{kN/m}$$

(2)下墙段 BC 的主动土压力合力计算

采用延长墙背法计算(虚线)，延长 BC 与填土面交于 D 点，则

B 点下界面：$h_1=3.324\text{m}$，$p_{a1}=\gamma h_1K_{a2}=20\times 3.324\times 0.313=20.81\text{kPa}$

C 点：$h_2=3.324+5=8.324\text{m}$，$p_{a2}=\gamma h_2K_{a2}=20\times 8.324\times 0.313=52.11\text{kPa}$

BC 段总土压力：$E_{a2}=\frac{1}{2}\times(20.81+52.11)\times 5=182.3\text{kN/m}$(垂直于墙背)

水平分力：$E_{ax}=39.6+182.3\times\cos 15°=215.69\text{kN/m}$

竖向分力(向上)：$E_{ay}=182.3\times\sin 15°=47.18\text{kN/m}$

(3)抗滑移稳定系数

$$F_s=\frac{(G+E_{ay})\mu}{E_{ax}}=\frac{(650-47.18)\times 0.45}{215.69}=1.26$$

评析

此题墙背为折线，可以按两段挡土墙分别计算，由于题目已经给出了“墙背 AB 段主动土压力系数为 0.44，BC 段主动土压力系数为 0.313”这两个系数，使计算相对简化，但是上段 $h_1=DE$ 的几何计算还是费一些功夫的。

此题的计算相对比较复杂与烦琐，需要行云流水般计算下来，才勉强可在 10 分钟左右完成。

例题 34　2020 下午案例题 15

某边坡工程，地层中存在稳定渗流，其测压管测试结果、土层分布如图 2-23 所示，土层参数如下：土层①天然重度 $\gamma_1=17\text{kN/m}^3$；土层②天然重度 $\gamma_2=16\text{kN/m}^3$，饱和重度为 $\gamma_{2sat}=19\text{kN/m}^3$；土层③饱和重度为 $\gamma_{3sat}=20\text{kN/m}^3$，渗透系数 $k_3=5\times 10^{-5}\text{m/s}$，土层④饱和重度

$\gamma_{4sat}=20kN/m^3$，渗透系数 $k_4=1\times10^{-4}m/s$，土层③顶上部存在1m的饱和毛细水。试计算图中土层③层底 D 点处土的竖向有效应力最接近下列哪个选项？($\gamma_w=10kN/m^3$)

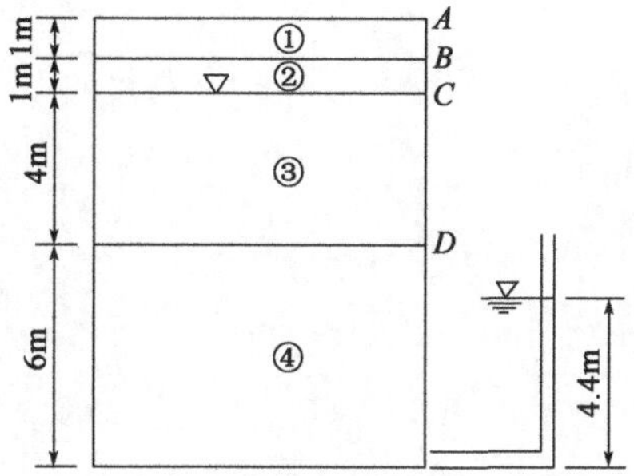

图　2-23

(A)76kPa　　(B)105kPa　　(C)108kPa　　(D)120kPa

答案　C

解答

(1)竖向通过各土层渗流时，通过土层的总水头损失等于各土层的水头损失之和：

$\Delta h=\Delta h_3+\Delta h_4=4+6-4.4=5.6m$

(2)根据渗流连续性原理，通过整个土层的单位面积的渗流量与各土层的渗流量相同，即 $q=v=ki=k\dfrac{h}{l}$，则 $k_3\dfrac{\Delta h_3}{L_3}=k_4\dfrac{\Delta h_4}{L_4}$，$\Delta h_4=0.75\Delta h_3$，代入上式可得：$\Delta h_3=3.2m$。

(3)上层1m毛细水不会发生渗流，其有自重效应力按照饱和重度计算。

D 点总应力：$\sigma=17\times1+19\times1+20\times4=116kPa$

D 孔隙水压力：$u=(4-3.2)\times10=8kPa$

D 点有效应力：$\sigma'=\sigma-u=116-8=108kPa$

评析

在存在渗流的情况下，要求计算某一点的有效应力，有两种计算方法。一种如上所述，计算饱和土体的总应力和孔隙水压力，按照有效应力原理 $\sigma'=\sigma-u$ 计算有效应力。一般情况下比较简单直观。第二种方法是计算作用于土骨架上的自重应力与渗透力，取二者向量之和。

(1)D 点的总有效自重应力：$\sigma_s'=17\times1+19\times1+10\times4=76kPa$

(2)渗透力：$j_3=i_3\gamma_w=\dfrac{\Delta h_3}{4}\times10=8\ kN/m^3$，$\sigma_j=h_3j_3=4\times8=32kN/m^2$

(3)总竖向有效应力：$\sigma_z'=76+32=108kPa$

第三讲

曲径通幽

唐朝的诗人们常常写一些颇具“禅意”的诗,诗人常建要去拜访一位世外高僧,被告知“曲径通幽处,禅房花木深”,结果找到了禅房没有见到高僧。贾岛就调侃他“只在此山中,云深不知处”。

注册岩土工程师考试的一些考题也很有些禅意,除了“曲径”以外,还有些通过“逆径”“歧路”“捷径”等才能找到目标和答案。

有的题目似乎是“山重水复疑无路”,但只要用心找到路径就会豁然开朗,发现“柳暗花明又一村”,所以不要轻易放弃。有些题难而不繁,计算量不大,一旦想明白了,解答所用时间会少于平均用时,省下的时间可用于其他考题。

由于历年的考题已经使考生们都熟知了命题套路,比如给定边界条件与参数,计算承载力、安全系数、固结度、最终沉降等。这与规范中的顺序一致,找到相应公式即可开工计算。近年来命题专家“突然开窍”了,改为计算基础宽度、埋置深度、桩长桩距等,常常需要逆算、试算、迭代。

在上一讲“天行有常”中有些考题也有类似的情况,即需要土力学基本概念、原理和知识的灵活应用。这一讲的考题显著提高了注册考试的难度,考查考生们灵活处理工程问题的能力,也可促进考生的创新意识。

例题 1　2020 年上午知识题 10

下列对岩溶钻孔见洞隙率表述最确切的是哪个选项？

(A)分子为见洞隙钻孔数量，分母为全部钻孔总数
(B)分子为见洞隙钻孔数量，分母为见可溶岩钻孔总数
(C)分子为见洞隙钻孔进尺之和，分母为全部钻孔进尺之和
(D)分子为见洞隙钻孔进尺之和，分母为可溶岩钻孔进尺之和

答案　A

评析

“岩溶钻孔见洞隙率”是一个不常见、不常用的参数，很多人并不熟悉。并且题干中并没有指明规范，这就增加了难度。不少人会首先去翻《岩土工程勘察规范》(2009 年版)(GB 50021—2001)第 5.1 节岩溶部分，但没有见到“岩溶钻孔见洞隙率”；这会损失约一分钟的时间。在《建筑地基基础设计规范》(GB 50007—2011)中，第 6.6 节为岩溶与土洞，其表 6.6.2 有“钻孔见洞隙率大于 30％或线岩溶隙率大于 20％”，然后查第 6.6.2 条条文说明有“钻孔见洞隙率＝(见洞隙钻孔数量/钻孔总数)”，还有“线岩溶隙率”的定义。

尽管直接查到第 6.6.2 条条文说明即可回答此题，但很少有人会那么幸运。此题需要正确地打开几扇门，走一条曲径：正如诗人常建去拜访一位得道的高僧，首先要找对了《建筑地基基础设计规范》(GB 5007—2011)这扇“庙门”，然后进入第 6.6 节岩溶这道“二门”，又推开表 6.6.2 这扇“小门”，最后敲开了第 6.6.2 条条文说明这个“后门”，才见到“岩溶钻孔见洞隙率”这个“高僧”。

例题 2　2005 年上午知识题 25

有一墙背垂直的重力式挡土墙，墙后填土由上下两层土组成，如图 3-1 所示，γ、c、φ 分别表示土的重度、黏聚力和内摩擦角。如果 $c_1=0$、$c_2>0$，问只有在下列哪一选项的情况下，用朗肯土压力理论计算得到的墙后主动土压力分布才有可能从上而下为一条连续的直线？

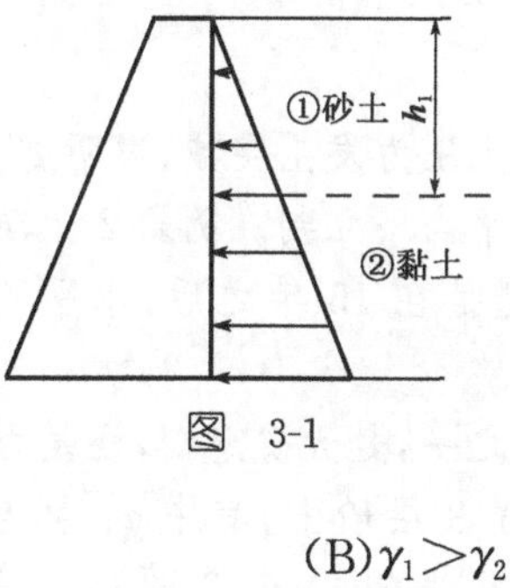

图　3-1

(A) $\gamma_1>\gamma_2$，$\varphi_1>\varphi_2$　　(B) $\gamma_1>\gamma_2$，$\varphi_1<\varphi_2$
(C) $\gamma_1<\gamma_2$，$\varphi_1>\varphi_2$　　(D) $\gamma_1<\gamma_2$，$\varphi_1<\varphi_2$

答案　A

评析

$$p_a=K_a\gamma z-2c\sqrt{K_a}=\tan^2(45°-\varphi/2)\gamma z-2c\tan(45°-\varphi/2) \tag{3-1}$$

$$\frac{dp_a}{dz}=K_a\gamma=\tan^2(45°-\varphi/2)\gamma \tag{3-2}$$

由式(3-1)可知，在墙后多层填土的界面处，由于 γz 相同，土压力强度 p_a 的突变，是由于两层土 c 和 $\varphi(K_a)$ 的变化；而其分布线的斜率变化则是由 φ 和 γ 决定的，见式(3-2)。

题中上层土 $c_1=0$，而下层土 $c_2>0$，在界面处理应出现内错的台阶(即界面下的 p_{a2} 要小)，根据式(3-1)，为了使两层土在界面处的 p_a 相等而无台阶，就需要 $\varphi_2<\varphi_1$；但 $\varphi_2<\varphi_1$ 会在界面处引起斜率变缓，根据式(3-2)，为了斜率不变，则需要 $\gamma_2<\gamma_1$。

最后再进行校对，黏土内摩擦角和重度小于砂土也属于正常。此题还有一个投机取巧的判断途径：对于一个合格的命题专家，黏土内摩擦角肯定小于砂土，为使斜率不变，其重度也应小于砂土，故选项A正确。

例题3　2020上午知识题30

某基坑坑壁主要有三种不同的砂土，根据朗肯理论计算的支护结构上的主动土压力分布形式如图3-2a)所示，关于土层参数 φ_1 和 φ_2 的关系，下列哪个选项是正确的?

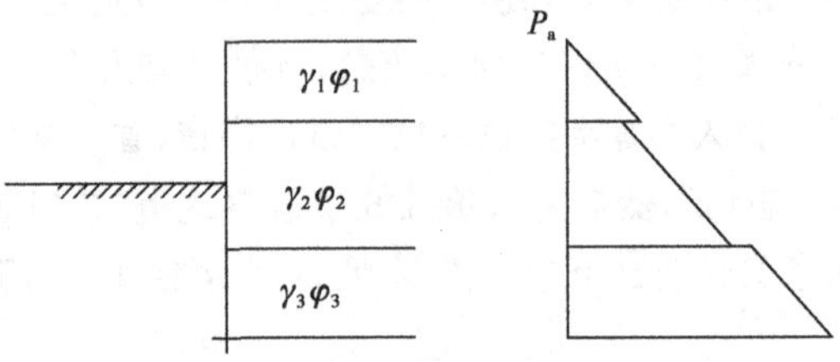

图　3-2

(A)$\varphi_1=\varphi_2$　　(B)$\varphi_1>\varphi_2$　　(C)$\varphi_1<\varphi_2$　　(D)不确定

答案　C

评析

第一、二层土界面上下砂主动土压力发生突减，说明 $K_{a2}<K_{a1}$，按朗肯理论则有 $\varphi_1<\varphi_2$。

与例题2比较，两题的命题水平高下立判。例题2干净、明确、合理，知识难度高。即使选错了，也使考生心服口服。而此题是在15年之后，水平不可同日而语，看来命题专家廉颇老矣。

(1)其难度不足例题2的三分之一，是大发慈心，还是力有不逮?

(2)题面模糊，拖泥带水：给了3层砂土，其中 φ_3、γ_3 与选项没有什么关系，也不知其用意是什么；同时三段斜线的斜率几乎相同，1、3两层砂土间是什么关系？会使考生迷惑不解。

例题4　2009年上午案例题18

有一码头的挡土墙，墙高5m，墙背垂直、光滑，墙后为冲填的松砂。填土表面水平，地下水位与墙顶齐平。已知砂的孔隙比 $e=0.9$，饱和重度 $\gamma_{sat}=18.7kN/m^3$，内摩擦角 $\varphi=30°$。强震使饱和松砂完全液化，震后松砂沉积变密实，孔隙比变为 $e=0.65$，内摩擦角变为 $\varphi=35°$。震后墙后水位不变。试问墙后每延长米上的主动土压力和水压力的总和最接近于下列哪个选项的数值？

(A)68kN (B)120kN (C)150kN (D)160kN

答案 C

(1)计算震后的砂填土厚度

竖向应变 $\varepsilon_z=\dfrac{\Delta e}{1+e_1}=\dfrac{0.9-0.65}{1+0.90}=0.1316$

$\Delta H=5\times0.1316=0.66\text{m}$，$H_2=4.34\text{m}$，如图 3-3 所示。

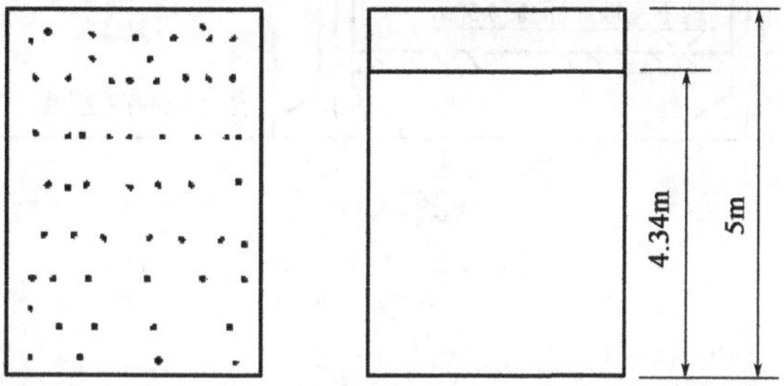

图 3-3

(2)计算震后砂土的饱和重度

$5\times18.7=4.34\times\gamma_2+0.66\times10$

$\gamma_2=20\text{kN/m}^3$

$K_a=\tan^2(45°-35°/2)=0.271$

(3)计算水土总压力

土压力 $E_a=\dfrac{1}{2}0.271\times10\times4.34^2=25.5\text{kN}$

水压力 $E_w=\dfrac{1}{2}10\times5^2=125\text{kN}$

总压力 $E_a+E_w=125+25.5=150.5\text{kN}$

评析

这是一道相当难，也相当绕的考题，地震前后墙后的砂与水数量未变，但砂变密，体积缩小，重度与内摩擦角都增加了，并出现一段静水压区。不少人一时无从下手，是典型的“曲径通幽”的题型。能正确解答的考生不多。

例题 5 2009 年下午知识题 44

建筑物的局部剖面如图 3-4 所示，室外地坪填土在结构封顶以后进行。在下列计算中，哪些选项所取用的 d 是正确的？

(A)外墙基础沉降计算时，附加应力＝总应力$-\gamma_m d$ 中，d 取用 5.0m

(B)外墙地基承载力修正的埋深项，$\eta_d\gamma_m(d-0.5)$中，d 取用 1.0m

(C)中柱基础沉降计算时，附加应力=总应力$-\gamma_m d$中，d取用3.0m

(D)中柱地基承载力修正的埋深项，$\eta_d\gamma_m(d-0.5)$中，d取用3.0m

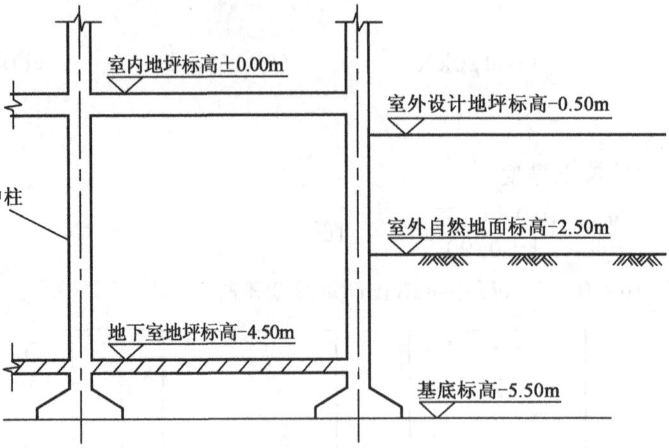

图 3-4

答案 BC

评析

作为多选题，这道题是有较大难度的，埋深d在浅基础中会经常遇到，涉及沉降计算、承载力计算和基础内力计算等，是一个很复杂的问题，所以一定要清楚埋深d的概念和规定。

(1)承载力的深度修正或承载力深度计算

$$f_a = M_b\gamma b + M_d\gamma_m d + M_c c_k \tag{3-3}$$

清楚b和d不同情况下的取值。《建筑地基基础设计规范》(GB 50007—2011)第5.2.4条规定，d为基础埋置深度(m)，一般自室外地面标高算起。在填方整平地区，可自填土地面标高算起，但填土在上部结构施工后完成时，应从天然地面标高算起。对于地下室，如采用箱形基础或筏基时，基础埋置深度自室外地面标高算起；当采用独立基础或条形基础时，应从室内地面标高算起。对这段注释应当牢记。

(2)计算沉降中的附加压力p_0

$p_0=p-\gamma d$(p相应于作用准永久组合时的基底压力)

(3)计算荷载中的$\bar{\gamma}d$

$p_k=(F_k+G_k)/A, G_k=\bar{\gamma}Ad$($p_k$相应于作用标准组合时的基底压力)

(4)计算净反力中的$\bar{\gamma}d$

$p_j=1.35p_k-G/A, G=\bar{\gamma}Ad$($1.35p_k$相应于作用基本组合时的基底压力)

各选项的分析：

选项A，附加应力p_0，应从原地面起算，即$d=3.0$m；

选项B，应从室内地面起算，即$d=1.0$m；

选项C，p_0应从原地面起算，即$d=3.0$m；

选项D，应从室内地面起算，即$d=1.0$m。

无论在什么条件下，计算基底的附加应力p_0时，都是从基底的总压力减去从原地面算起的地基土自重应力。

讨论

关于在有地下室情况下中柱地基计算沉降的附加压力 p_0，有值得讨论的地方。以选项C为例，由于还应考虑开挖产生的“负荷载”的影响。或者考虑基坑开挖回弹—再压缩的影响，情况比较复杂，如图 3-5 所示。这时如果考虑回弹—再压缩，则 $d=1\text{m}$，不考虑回弹，$d=3\text{m}$。

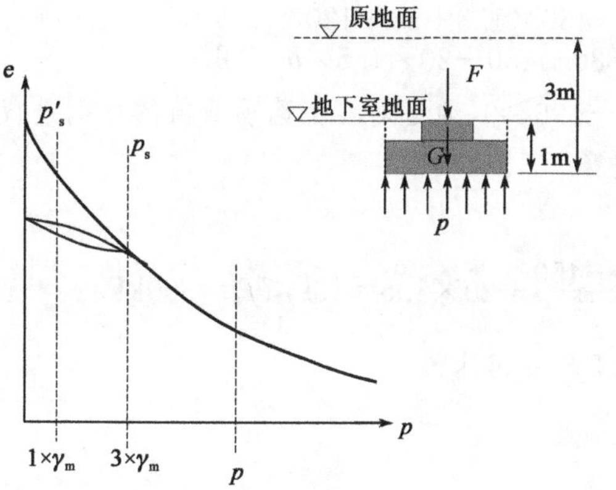

图　3-5

例题 6　2018 年下午案例题 5

作用于某厂房柱对称轴平面的荷载（相应于作用的标准组合）如图 3-6 所示。$F_1=880\text{kN}$，$M_1=50\text{kN}\cdot\text{m}$；$F_2=450\text{kN}$，$M_2=120\text{kN}\cdot\text{m}$，忽略柱自重。该柱基础拟采用正方形，基底埋深 1.5m，基础及其上土的平均重度为 20kN/m^3，持力层经修正后的地基承载力特征值 f_a 为 300kPa，地下水位在基底以下。若要求相应于作用的标准组合时基础底面不出现零应力区，且地基承载力满足要求，则基础边长的最小值接近下列何值？

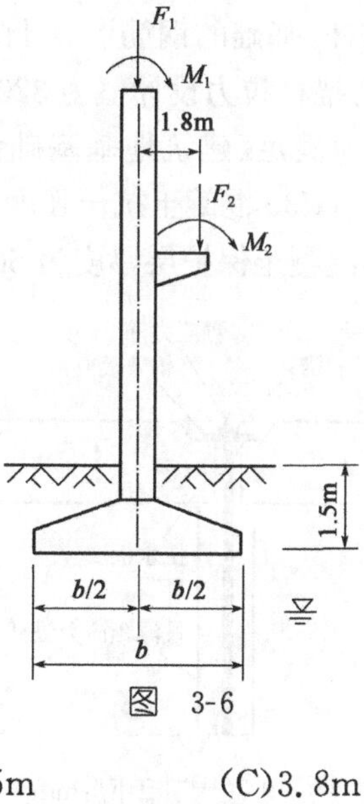

图　3-6

(A)3.2m　　(B)3.5m　　(C)3.8m　　(D)4.4m

答案 B

解答

根据《建筑地基基础设计规范》(GB 50007—2011)第5.2.2条。

(1)根据偏心距要求计算基础尺寸

基础面积不出现零应力区,则

$$e=\frac{M_k}{F_k+G_k}\leqslant\frac{b}{6}，即\frac{450\times1.8+50+120}{880+450+20\times1.5\times b^2}\leqslant\frac{b}{6}$$

整理得:$b^3+44.33b-196\geqslant0$,通过对4个选项数值的分别迭代试算,解得$b\geqslant3.5$m。

(2)持力层承载力验算

取$b=3.5$m,有

$$p_k=\frac{F_k}{A}+\gamma_G d=\frac{880+450}{3.5^2}+20\times1.5=139<f_a=300\text{kPa}$$

$$p_{max}\approx2p_k=278<1.2f_a=360\text{kPa}$$

持力层满足要求。

评析

如果以承载力验算和正算为顺行,这种反算就是"逆径而行"了。有时难度明显增加。以此题为例,基础b要同时满足$e\leqslant b/6$、$p_k\leqslant f_a$和$p_{max}\leqslant1.2f_a$三个条件,按其中一个条件反算b,还要对其他两个条件进行验算。如果验算不满足,还要反复迭代。幸好选择$e\leqslant b/6$计算的$b=3.5$m,其他两个条件验算都满足。但此题需要解三次方程,也就是要面对4个选项的4条岔路,倒霉时可能要三撞南墙后才能通过。

三次方程的解需要迭代,如果要得到小数点后两位的精度,至少要迭代4~5次,所以高效的方法是从选项B和C的数据中选一个,无需太精准,一般1~2次即可。

例题7 2020下午案例题6

某地下结构抗浮采用预应力锚杆,基础的钢筋混凝土抗水板厚度为300mm,混凝土强度等级为C35,其上设置的抗浮预应力锚杆拉力设计值为320kN。锚杆与抗水板的连接如图3-7所示。图中锚垫板为正方形钢板,为满足《建筑地基基础设计规范》(GB 50007—2011)的要求,该钢板的边长至少为下列何值?(C35混凝土抗压强度设计值为16.7N/mm²,抗拉强度设计值为1.57N/mm²,抗水板钢筋的混凝土保护层厚度为50mm,钢板厚度满足要求)

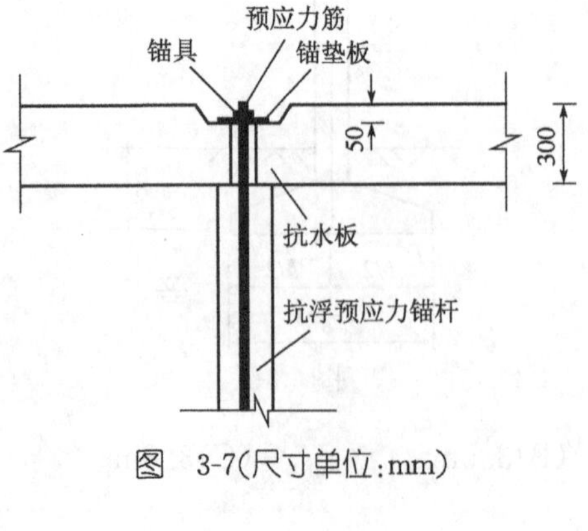

图 3-7(尺寸单位:mm)

(A)100mm　　(B)150mm　　(C)200mm　　(D)250mm

答案　C

解答

根据《建筑地基基础设计规范》(GB 50007—2011)第 8.2.8 条。

按受冲切计算：

$h_0=300-50-50=200\text{mm}, h=300\text{mm}<800\text{mm}$,

所以 $\beta_{hp}=1.0, a_m=(a_t+a_b)/2=(a_t+a_t+2\times200)/2=a_t+200$

冲切验算：$F_l\leqslant0.7\beta_{hp}f_t4\alpha_m h_0$, $320\leqslant0.7\times1\times1.57\times(a_t+200)\times200\times4\times10^{-3}$

解得 $a_t\geqslant164\text{mm}$。

评析

此题只要求"满足《建筑地基基础设计规范》(GB 50007—2011)的要求"，没有明确提出验算"冲切"，这就需要正确判断。通常筏板基础的冲切都是柱向下的压力，或者基底向上的净压力。此题是在计算筏板上向上的浮力，而锚杆是通过筏板的顶部钢板向下拉的，冲切计算的公式是相同的，施力方向相反，也没有"净压力"之说。此题尽管计算量和计算方法都不难，但比较新颖，需要头脑灵活一些。

例题 8　2020 下午案例题 7

某轻钢结构广告牌(图 3-8)，结构自重忽略不计。作用在该结构上的最大力矩为 200kN·m，该构筑物拟采用正方形的钢筋混凝土独立基础，基础高度 1.6m，基础埋深 1.6m。基底持力层土深宽修正后的地基承载力特征值为 60kPa。不允许基础的基底出现零应力区，且地基承载力满足规范要求，根据《建筑地基基础设计规范》(GB 50007—2011)，基础边长的最小值应取下列何值？(钢筋混凝土重度 25kN/m^3)

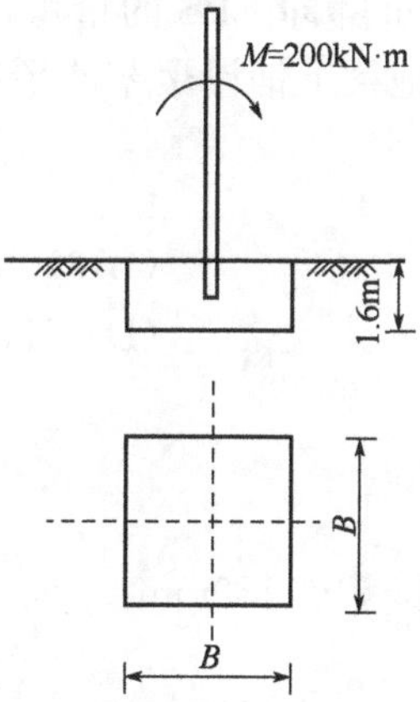

图　3-8

(A)2.7m　　(B)3.0m　　(C)3.2m　　(D)3.4m

答案　D

解答

根据《建筑地基基础设计规范》(GB 50007—2011)第 5.2 节：

$G_k=25\times B^2\times 1.6=40B^2, F_k=0$；

$p_k=\frac{F_k+G_k}{A}=\frac{0+40B^2}{B^2}=40\text{kPa}<f_a=60\text{kPa}$

基底不允许基底出现零应力区时：

$p_{kmin}=p_k-\frac{M_k}{W}=40-\frac{200\times 6}{B^3}>0$，解得 $B>3.1\text{m}$

$p_{kmax}=p_k+\frac{M_k}{W}=40+\frac{200\times 6}{B^3}\leqslant 1.2f_a=72\text{kPa}$，解得 $B\geqslant 3.35\text{m}$

评析

此题同样是反算基础宽度，同样是解 3 次方程，但相对比例题 6 简单。它的新颖之处在于不是通常的建筑物基础，而是广告牌，竖向荷载为零，只考虑力矩(主要是风荷载引起)。计算是用 p_k、p_{kmax}、p_{kmin} 三项反算宽度。

由于 $p_k=\gamma_c d=40<f_a=60$，根据“不允许基础的基底出现零应力区”，有

$e=\frac{M_k}{G_k}<\frac{b}{6}, \frac{200}{b^2\times 1.6\times 25}\leqslant\frac{b}{6}$

$b^3>30, b=3.1\text{m}$

但它并不能满足 $p_{kmax}<1.2f_a=72\text{kPa}$ 的条件，所以这种反算的各个环节都应验算。

例题 9 2009 年上午案例题 20

某填方高度为 8m 的公路路基垂直通过一作废的混凝土预制场，在地面高程原建有 30 道钢筋混凝土地梁，梁下有 53m 深的灌注桩，为了避免路面的不均匀沉降，在地梁上铺设聚苯乙烯(泡沫)板块(EPS)。路基填土重度为 18.4kN/m^3，根据计算，地基土在 8m 填方的荷载下，沉降量为 150mm，忽略地梁本身的沉降即 EPS 的重量，已知 EPS 的平均压缩模量为 $E_s=500\text{kPa}$，为消除地基不均匀沉降，在地梁上铺设聚苯乙烯(泡沫)厚度 h 最接近下列哪个选项的数值？

(A)150mm (B)350mm

(C)550mm (D)750mm

答案 C

解答

忽略 EPS 自重，令 EPS 处的沉降等于 150mm：

$\sigma_z=18.4(8-h)$

$\varepsilon_z=\sigma_z/E_s=18.4(8-h)/500$

$s=0.15=\varepsilon_z h$

$18.4(8-h)h=500\times 0.15$

$h^2-8h+4.08=0$

$h=0.546\text{m}$

评析

当年此题的放弃率高达到94%，是历年来放弃率最高的一道题。正确率占选做数的55%。其实此题的概念和计算非常容易，用时不会超过5分钟。但是EPS对于岩土工程师还是太陌生了，多数人还是十分警惕地回避了。EPS作为一种土工合成材料在一些国家应用很普遍，例如在日本，它可作为防冻、抗震、轻质填料、调节不均匀沉降等的材料而被广泛地应用。

如图3-9所示，填方路基如果横跨这些桩基的吊车梁轨道，由于填方地基的荷载会引起地基的沉降，而桩基处的沉降可以忽略，会使路面呈波浪形。为此工程的甲方拟投入4000万元在梁间土中设置大量的CFG桩加固，以减少不均匀沉降。有人根据在水库土坝下埋管，为了避免不均匀沉降使管上填土开裂，采用在管顶部铺设适当厚度的EPS，效果很好。如果图3-9的梁上铺设0.55m厚的EPS，其费用只有几十万元。

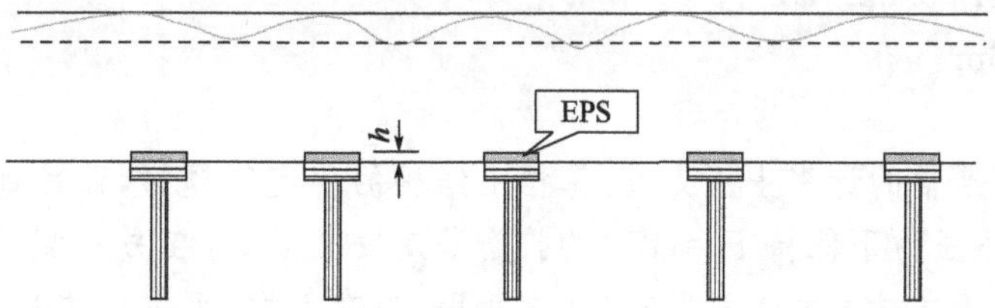

图　3-9

所以岩土工作者不应眼界狭窄、墨守成规，在注册考试卷中也应宣扬创新，接受与推广新技术、新材料。

例题10　2019年下午案例题18

某地下泵房长33m，宽8m，筏板基础，基底埋深9m，基底压力65kPa，结构顶部与地面齐平，基底与地基土的摩擦系数为0.25（图3-10）。欲在其一侧加建同长度，宽4m，基底埋深9m的地下泵房，拟建场地地层为均质粉土，$\gamma=18\text{kN/m}^3$，$c=15\text{kPa}$，$\varphi=20°$。加建部位基坑拟采用放坡开挖。假定地下泵房周边侧壁光滑，无地下水影响，为保证基坑开挖后现有地下泵房的抗滑移稳定系数不小于1.2，其另一侧影响范围内应至少卸去土的深度最接近下列哪个选项？

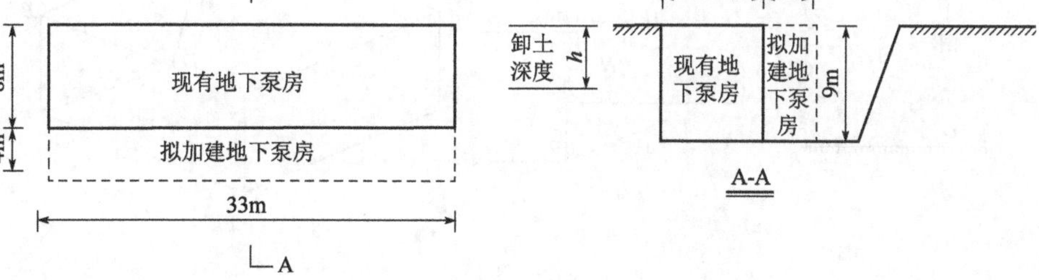

图　3-10

(A)7.3m　　(B)5.0m　　(C)4.0m　　(D)1.7m

答案　D

解答

(1)现有泵房左侧土压力计算

设开挖深度为h,已知地下泵房周边侧壁光滑,符合朗肯条件,则

$K_a=\tan^2(45°-\varphi/2)=0.49$

拉力区高度:$z_0=\dfrac{2c}{\gamma\sqrt{K_a}}=\dfrac{2\times15}{18\sqrt{0.49}}=2.38\text{m}$

$E_{ak}=\gamma H^2K_a/2=18\times(9-h-2.38)^2\times0.49/2=4.41\times(6.62-h)^2$

(2)现有地下泵房抗滑稳定性验算

现有地下泵房单位长度自重$G=8\times1\times65=520\text{kN/m}$

$F_s=\dfrac{G\mu}{E_{ak}}=\dfrac{520\times0.25}{4.41(6.62-h)^2}\geqslant1.2$

解得:$h\geqslant1.66\text{m}$

评析

此题也不同于通常的计算土压力、验算挡土结构的稳定等题目,而是地下结构扩建,一侧开挖,为了在主动土压力下保持$F_s=1.2$的抗滑稳定安全系数,在另一侧挖土卸载,计算挖土深度。此题是一个很接地气的工程问题,活学活用,很有创意,可以促进岩土工程师灵活解决具体的工程问题。

例题11 2020下午案例题21

拟开挖形成ABC段岩质边坡,如图3-11a)所示,边坡直立,高度$BF=5\text{m}$。J1为滑动面,产状135°∠30°,滑面泥化,抗剪强度参数$c=12\text{kPa}$,$\varphi=10°$;J1与AB边坡交于D点,$DB=12.25\text{m}$,FD与水平面交角22.2°;J1与BC边坡交于E点,$BE=12.25\text{m}$,FE与水平面交角22.2°。拟在边坡顶部施加集中荷载N,$N=200\text{kN}$,问ABC段边坡施加集中荷载N后的稳定系数最接近下列哪一项?(岩体重度24kN/m^3,不计水压力作用,"三棱锥体积为$V=\dfrac{1}{3}\times$底面积×高")

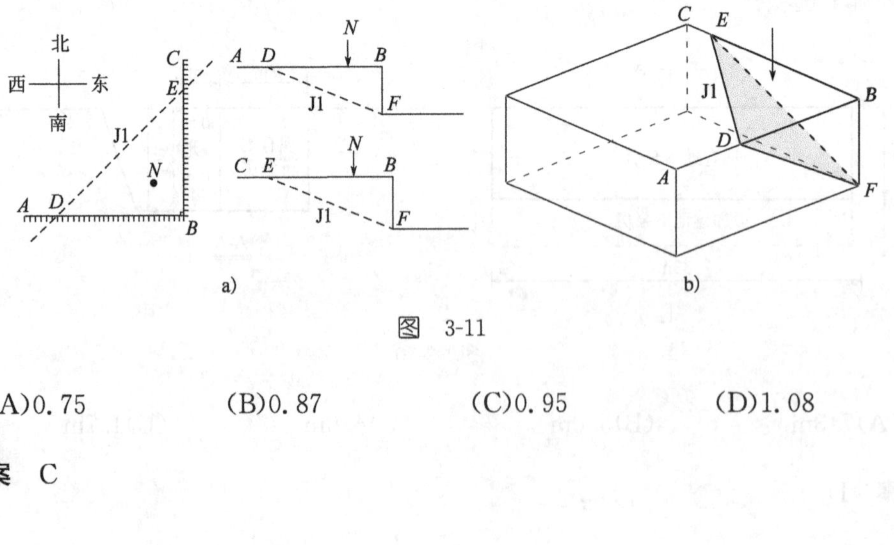

图 3-11

(A)0.75　　(B)0.87　　(C)0.95　　(D)1.08

答案 C

解答

根据《建筑地基基础设计规范》(GB 50007—2011)第 6.8.3 条条文说明。

如图 3-11b)所示，三棱锥体积：$V=\frac{1}{3}\times\frac{1}{2}\times12.25\times12.25\times5=125.05\text{m}^3$

滑体的自重：$G=\gamma V=24\times125.05=3001.2\text{kN}$

由于三角形 BFD 与 BEF 面积相等，故下图的倾斜面(即滑动面 DEF)的倾角为 30°，面积为：

$$S_{\Delta DEF}=\frac{S_{\Delta BDE}}{\cos\theta}=\frac{12.25^2/2}{\cos30^\circ}=86.64\text{m}^2$$

施加集中荷载 N 后的稳定系数为：

$$K=\frac{cS_{\Delta DEF}+(G+N)\cos\theta\tan\varphi}{(G+N)\sin\theta}$$

$$=\frac{12\times86.64+(3001.2+200)\times\cos30^\circ\times\tan10^\circ}{(3001.2+200)\times\sin30^\circ}=0.955$$

评析

以往的岩土边坡稳定计算都是二维的平面问题，通常取单位宽度计算滑动力和抗滑力，验算抗滑稳定性。而现实发生的滑坡都是三维的，尤其是岩坡，由于其多组结构面，滑坡呈十分复杂的形式。此题的岩体滑动体与滑动面是一种相对简单的三维形式，但也需应用一些立体几何的知识。由于题目给出了“三棱锥体积为 $V=\frac{1}{3}\times$底面积×高”的提示，是很必要与合理的，但其中的一些计算还是很有讲究的，一旦走了弯路，会浪费很多时间。

其中题中所给出的 135°∠30°是工程地质中的符号，表示坡向∠坡倾角，所以已经给出坡角为 30°。

例题 12　2018 年上午知识题 18

某黏性土场地，地基强度较低，采用振冲法处理，面积置换率为 35%，处理前黏性土的压缩模量为 6MPa。按《建筑地基处理技术规范》(JGJ 79—2012)处理后复合土层的压缩模量最接近下列哪个选项？(假设桩土应力比 n 取 4，处理前后桩间土与天然地基承载力不变)

(A)8.1　　(B)10.2　　(C)12.3　　(D)14.4

答案　C

评析

《建筑地基处理技术规范》(JGJ 79—2012)第 7.1.5 条、第 7.1.7 条：

$\xi=1+m(n-1)=1+0.35\times(4-1)=2.05$

复合地基压缩模量：$\xi E_s=6\times2.05=12.3$。

评析

从此题的题干看似乎是一道知识与案例的杂交题，这种案例题通常是计算复合地基承载力。但由于置换率 m 和桩土应力比 n 都已经给出，复合地基与天然(浅基础)地基承载力之比 $\xi=1+m(n-1)=2.05$ 很容易计算，可根据 ξ 和 E_s 计算复合地基的压缩模量。此题是一道考查关于复合地基的知识与灵活应用的考题，有一定难度，但是能够考查复合地基的知识和熟练程度。

例题 13 2018 年上午案例题 6

桥梁墩台基础底面尺寸为 5m×6m,埋深 5.2m。地面以下均为一般黏性土,按不透水考虑,天然含水率 $w=24.7\%$,天然重度 $\gamma=19.0\text{kN/m}^3$,土粒相对密度 $G=2.72$,液性指数 $I_L=0.6$,饱和重度为 19.44kN/m^3,平均常水位在地面上 0.3m,一般冲刷线深度 0.7m,水的重度取 $\gamma_w=9.8\text{kN/m}^3$。按《公路桥涵地基与基础设计规范》(JTG D63—2007)确定修正后的地基承载力容许值 $[f_a]$,其值最接近以下哪个选项?

(A)275kPa　　(B)285kPa　　(C)294kPa　　(D)303kPa

答案 D

解答

《公路桥涵地基与基础设计规范》(JTG D63—2007)第 3.3.4 条。

(1)承载力基本容许值确定。

$$e=\frac{G_s\gamma_w(1+w)}{\gamma}-1=\frac{2.72\times9.8\times(1+0.247)}{19}-1=0.75$$

查规范表 3.3.3-6,承载力基本容许值:$[f_{a0}]=(270+230)/2=250\text{kPa}$

(2)计算修正后的承载力容许值。查规范表 3.3.4,$k_1=0$,$k_2=1.5$,则

$[f_a]=[f_{a0}]+k_1\gamma_1(b-2)+k_2\gamma_2(h-3)=250+0+1.5\times19.44\times(5.2-0.7-3)=293.74\text{kPa}$

(3)平均常水位至一般冲刷线的距离为 $0.7+0.3=1.0\text{m}$,则

$[f_a]=293.74+1.0\times9.8=303.72\text{kPa}$

评析

不同行业的地基基础中的浅基础承载力有其共同之处,通常可按照持力层的物理性质指标查出其标准值(基本容许值)然后再进行深度与宽度修正,得出特征值或容许值。具体的修正系数不同。

与建筑地基不同,公路、铁路桥涵地基基础与水的关系更密切,除了地下水以外,还可能在基础之上有地上的河湖江海之明水;在天然河道修桥,会约束过水断面,增加流速,会使天然河底被冲刷,所以设计的深度修正中往往要考虑冲刷深度。

与建筑规范不同,《公路桥涵地基与基础设计规范》(JTG D63—2007)的深度修正中规定"其中持力层在水下,并且不透水时,不论基底以上土的透水性如何,γ_2 都取饱和重度";另外在不透水土层中"平均常水位至一般冲刷线距离"h 处水的重度也增加地基承载力 $\gamma_w h$。这些规定与建筑地基规范不同,也不符合土力学的基本原理。

按照有效应力原理,如果地基承载力按照有效应力指标或者固结不排水强度指标计算,受承载力的基础埋深影响,饱和土应按浮重度计算,地表水对地基承载力没有影响。因为这些静水根本不属于"固结应力"。但是该规范就是这样规定,尽管明知是"歧路",也只能将错就错了,这就是行业间的不同。

另外题目交代"水的重度取 $\gamma_w=9.8\text{kN/m}^3$",一方面《公路桥涵地基与基础设计规范》(JTG D63—2007)中也规定 $\gamma_w=10\text{kN/m}^3$,另一方面 0.2kN/m^3 的误差根本不会影响选项(命题规定选项间数值的差距不应小于计算误差),所以这种规定纯属无事生非。

例题 14　2018 年上午案例题 18

已知某建筑基坑开挖深度 8m，采用板式结构结合一道内支撑围护，均一土层参数按 $\gamma=18\text{kN/m}^3$、$c=30\text{kPa}$、$\varphi=15°$、$m=5\text{MN/m}^4$ 考虑，不考虑地下水及地面超载作用，实测支撑架设前（开挖 1m）及开挖到坑底后围护结构侧向变形如图 3-12 所示，按弹性支点法计算围护结构在两工况（开挖至 1m 及开挖到底）间地面下 10m 处围护结构分布土反力增量绝对值最接近下列哪个选项？（假定按位移计算的嵌固段土反力标准值小于其被动土压力标准值）

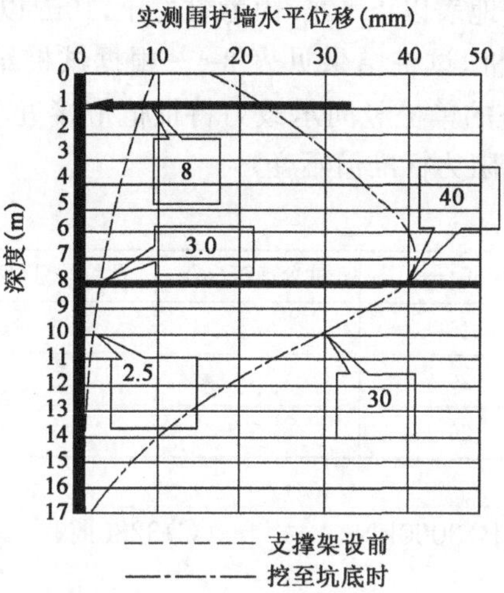

图　3-12

(A)69kPa　　　　(B)113kPa

(C)163kPa　　　　(D)201kPa

答案　B

解答

根据《建筑基坑支护技术规程》(JGJ 120—2012)第 4.1.4 条、4.1.5 条：

$K_a=\tan^2(45°-15°/2)=0.589$

(1)基坑开挖 1m 深度时 10m 处水平反力系数：

$k_{s1}=m(z-h_1)=5.00\times10^3\times(10-1)=45000\text{kN/m}^3$

初始分布土反力强度：$p_{s01}=K_a\gamma h=18\times9\times0.589=95.42\text{kPa}$

分布土反力强度：$p_{s1}=k_{s1}v_1+p_{s01}=45000\times2.5\times10^{-3}+95.42=207.92\text{kPa}$

(2)基坑开挖 8m 深度时 10m 处水平反力系数：

$k_{s2}=m(z-h_2)=5.00\times10^3\times(10-8)=10000\text{kN/m}^3$

初始分布土反力强度：$p_{s02}=K_a\gamma h=18\times2\times0.589=21.20\text{kPa}$

分布土反力强度：$p_{s2}=k_{s2}v_2+p_{s02}=10000\times30\times10^{-3}+21.20=321.20\text{kPa}$

(3)计算土反力增量。围护结构在两工况（开挖至 1m 及开挖到底）间，地面下 10m 处围护结构分布土反力增量为：

$\Delta p_s=p_{s2}-p_{s1}=321.20-207.92=113.28\text{kPa}$

评析

基坑工程的案例题一直都是集中在各种稳定分析,即极限承载能力状态的设计问题。这道题是通过基坑的变形量测,计算分析围护结构上的土反力。采用“弹性支点法计算围护结构”,是近年来少见的考题,其计算量尚在合理范围,但此前很少遇到类似的题目,因而能够流畅、正确地完成计算也是相当不容易的。

例题15 2018年下午案例题10

某建筑场地地层条件为:地表以下10m内为黏性土,10m以下为深厚均质砂层。场地内进行了三组相同施工工艺试桩,试桩结果见表3-1。根据试桩结果估算,在其他条件均相同时,直径800mm、长度16m桩的单桩竖向承载力特征值最接近下列哪个选项?(假定同一土层内,极限侧阻力标准值及端阻力标准值不变)

表3-1

组别	桩径(mm)	桩长(m)	桩顶埋深(m)	试桩数量(根)	单桩极限承载力标准值(kN)
第一组	600	15	5	5	2402
第二组	600	20	5	5	3156
第三组	800	20	5	3	4396

(A)1790kN (B)3060kN (C)3280kN (D)3590kN

答案 A

解答

根据《建筑桩基技术规范》(JGJ 94—2008)第5.2.2条。

(1)砂层极限侧摩阻力计算

第一组、第二组试桩桩径相同,桩长不同,设总的极限端阻力相同,则第二组试桩单桩极限承载力标准值的变化是由5m厚砂层侧阻力引起,根据$Q_{uk}=Q_{sk}+Q_{pk}$,则:

$3156-2402=uq_{sk}l=3.14\times0.6\times q_{sik}\times5$

解得$q_{sik}=80kPa$。

(2)直径800mm、桩长16m的极限承载力标准值计算

直径800mm、桩长16m时,与第三组试桩桩径相同,桩长不同,设总的极限端阻力相同。直径800mm、桩长16m的单桩极限承载力可由第三组试桩单桩极限承载力标准值减去4m厚砂层侧阻力,则:

$Q_{uk}=4396-uq_{sk}l=4396-3.14\times0.8\times80\times4=3592.16kN$

(3)单桩竖向承载力特征值计算

$R_a=Q_{uk}/2=3592.16/2=1796.08kN$

评析

从此题可以发现近年的命题风格变化,一般不是简单地套用规范或教材中的公式,按部就班、墨守成规地按照传统的方向解题,而是增加了灵活性和多途径。这是在具体工程实践中解决特殊问题的重要的经验积累。

以前我们曾经在原地面进行单桩的承载力压桩试验，为了给出桩顶埋深10m的工程单桩承载力，我们另外做了一根长10m的同直径的桩，桩底放置聚苯乙烯泡沫，量测其极限承载力（即总极限摩阻力），从前一桩中减去它就可得到桩顶埋深10m的工程单桩承载力。

例题16　2018年下午案例题6

圆形基础上作用于地面处的竖向力 $N_k=1200kN$，基础直径3m，基础埋深2.5m，地下水位埋深4.5m，基底以下的土层依次为：厚度4m的可塑黏性土、厚度5m的淤泥质黏土。基底以上土层的天然重度为 $17kN/m^3$，基础及其上土的平均重度为 $20kN/m^3$。已知可塑黏性土的地基压力扩散线与垂直线的夹角为23°，则淤泥质黏土层顶面处的附加压力最接近于下列何值？

(A)20kPa　　(B)39kPa　　(C)63kPa　　(D)88kPa

答案　B

解答

根据《建筑地基基础设计规范》(GB 50007—2011)第5.2.2条、5.2.7条。

(1)基底附加压力计算

基础底面及原位土的自重压力：$p_c=2.5\times17=42.5kPa$

基底压力：$p_k=N_k/A+\gamma_G d=1200/(3.14\times1.5^2)+20\times2.5=219.9kPa$

基底附加压力：$p_0=p_k-p_c=219.9-42.5=177.4kPa$

(2)淤泥质黏土层顶面处的附加压力

附加压力扩散至软弱下卧层顶面的面积：

$A'=\pi(d+2z\tan\theta)^2/4=3.14\times(3+2\times4\times\tan23°)^2/4=32.11m^2$，$p_0A=p_zA'$

$p_z=p_0A/A'=177.4\times3.14\times1.5^2/32.11=39.03kPa$

评析

在规范中及以往考题关于软弱下卧层验算，都是矩形基础和条形基础，此题考的是圆形基础下卧层验算，这也是实际工程可能会遇到的情况，应当很容易地理解所谓“扩散”就是上部较小面积上的压力，全方位地作用于下部较大面积上（即直径扩大），计算扩散后的应力，如图3-13所示。

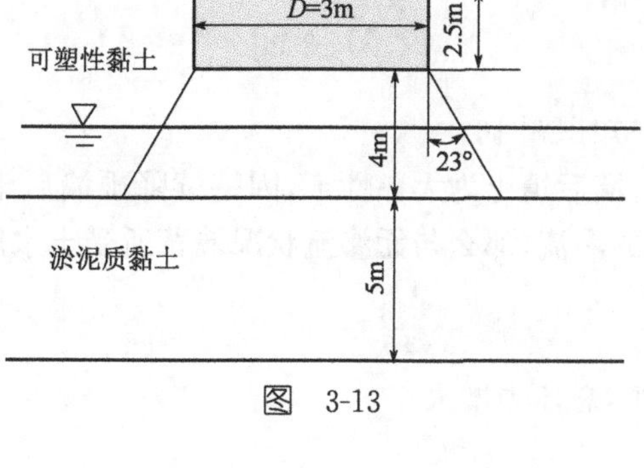

图　3-13

此题还给了"地下水位埋深4.5m"这个无关的条件,因为问的是"附加压力",可能是想要故设迷阵,其实没有什么作用,还使题目很不明快。

例题 17　2020 下午知识题 4

若假设路堤基础为完全柔性基础,则在路堤荷载作用下,关于基底压力分布和沉降情况描述正确的是哪个选项?

(A)基底压力分布均匀,基底沉降中间大,边缘小
(B)基底压力分布与上部荷载分布相同,基底沉降中间大,边缘小
(C)基底压力分布与上部荷载分布相反,基底沉降中间大,边缘小
(D)基底压力分布与上部荷载分布相同,基底沉降均匀

答案　B

评析

路基与堤坝等就是在原地面进行清理以后,直接铺设填土压实的土工构筑物,它与地基间不存在基础。也可假想在地面上铺设一层土工布为"基础",也就是完全柔性的基础。其基底压力分布与堆土性状或上部荷载分布形状是相同的,如图 3-14c)所示。

但是,地基可以认为是半无限空间的弹性体[图 3-14a)],这与温克尔地基模型上的弹性基础[图 3-14b)]是不同的(变形只发生在基础范围内),由于地基土内存在剪应力,可以将基底压力向地下扩散,其沉降中间大、两端小,但地面沉降与基底压力分布形状并不相同。

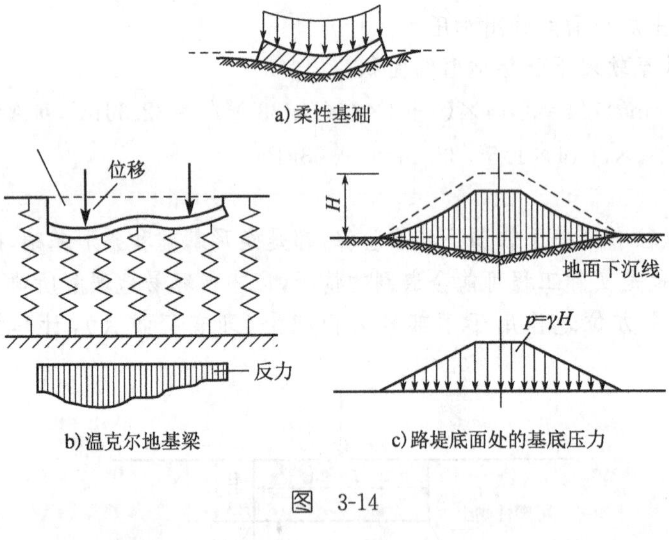

图　3-14

例题 18　2020 年下午知识题 16

设挡土墙本身不透水,墙后填土为无黏性土,因持续降雨墙后土中水位与填土表面平齐,如墙后填土中的水有向下的渗流,那么与无渗流状况墙背所受土水压力进行比较,最符合下列哪个选项的表述?

(A)有效土压力减小,总压力增大

(B)有效土压力减小，总压力减小

(C)有效土压力增大，总压力增大

(D)有效土压力增大，总压力减小

答案　D

评析

这里是问墙后土体有向下的渗流，“与无渗流状况墙背所受土水压力”比较的土水压力变化。在静水情况下，土的竖向有效应力按浮重度计算，即 $\sigma'_z=\gamma' z$；有向下渗流时，土的竖向有效应力增加，为 $\sigma'_z=(\gamma'+j)z$，j 为渗透力。则有效(主动)土压力增大，由于向下渗流会有水头损失，水压力低于静水压力，墙底处总压力增量 Δp 为：

$\Delta p=\Delta p_a+\Delta p_w=(K_a\gamma_w\Delta h/h)h-\gamma_w\Delta h=\gamma_w\Delta h(K_a-1)<0$

Δh 为墙底处水头损失。由于 $K_a<1.0$，总压力减小。

例题 19　2020 年下午知识题 15

设一挡土墙体其土压力符合按朗肯理论计算的条件，如被动土压力系数为 4.0，那么主动土压力系数最接近下列哪个选项？

(A)0.40　　(B)0.30　　(C)0.25　　(D)0.20

答案　C

评析

朗肯被动土压力与主动土压力分别为：

$$K_p=\tan^2\left(45°+\frac{\varphi}{2}\right)$$

$$K_a=\tan^2\left(45°-\frac{\varphi}{2}\right)=\cot^2\left(45°+\frac{\varphi}{2}\right)$$

因为 $\cot\theta=\dfrac{1}{\tan\theta}$，所以 $K_a=\dfrac{1}{K_p}=\dfrac{1}{4}=0.25$。

初等数学中的三角函数关系是初(高)中学习的，现在不一定能够记住，但通过此题应当记住 $K_a=1/K_p$。目前的考题为了减少不必要的计算，常常给出 $\varphi=30°$，要记住 $K_a=1/3$，$K_p=3.0$；如果给出 $\varphi=20°$，则 $K_a=0.49$，$\sqrt{K_a}=0.7$，$K_p=2.04$，可以省去一些计算时间。

例题 20　2019 年下午案例题 12

某场地采用挤密法石灰桩加固，石灰桩直径 300mm，桩间距 1m，正方形布桩，地基土天然重度 $\gamma=16.8\text{kN/m}^3$，孔隙比 $e_0=1.40$，含水率 $w=50\%$。石灰桩吸水后体积膨胀率为 1.3(按均匀侧胀考虑)，地基土失水并挤密后重度 $\gamma=17.2\text{kN/m}^3$，承载力与含水率经验关系式 $f_{ak}=110-100w$(单位为 kPa)，处理后地面高程未变化。假定桩土应力比为 4，求处理后复合地基承载力特征值最接近下列哪个选项？(重力加速度 g 取 10m/s^2)

(A)70kPa　　(B)80kPa　　(C)90kPa　　(D)100kPa

答案 C

解答

根据《建筑地基处理技术规范》(JGJ 79—2012)第7.1.5条。

(1)石灰桩置换率：$m=\dfrac{3.14\times0.15^2\times1.3}{1\times1}=0.092$

(2)处理前后的地基土孔隙比：根据图3-15，$e_0=1.4$

$\dfrac{e_0-e_1}{1+e_0}=m,\dfrac{1.4-e_1}{1+1.4}=0.092,e_1=1.18$

(3)计算处理后桩间土的承载力：

$\rho_0=\dfrac{G_s(1+w_0)}{1+e_0}=\dfrac{G_s(1+0.5)}{1+1.4}=1.68,G_s=2.69$

$\dfrac{G_s(1+w_1)}{1+e_1}=\rho_1,\dfrac{2.69\times(1+w_1)}{2.18}=1.72,w_1=0.394$

处理后桩间土承载力：$f_{ak}=110-100w=70.6\text{kPa}$

(4)复合地基承载力：$f_{spk}=[1+m(n-1)]f_{ak}=[1+0.092(4-1)]\times70.6=90\text{kPa}$

评析

石灰桩挤密加固的复合地基问题，除了通常挤密桩的面积置换率、挤密后桩间土承载力等问题之外，还有石灰桩吸水膨胀造成的桩身直径以及置换率增加、桩间土含水率减少的问题。这些问题都需要考生在掌握挤密桩复合地基的基本理论方法之外灵活处理。

在这类问题中，不可避免地要进行一些土的三相物理性质指标计算，不要迷恋、查找或推导公式，最好手绘三相草图进行换算，如图3-15所示。

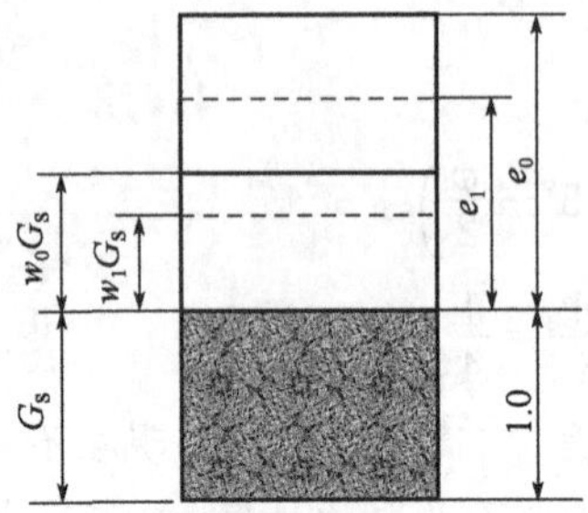

图 3-15

质疑

(1)体积膨胀率应是$\Delta V/V_0$，1.3太大，1.3%又太小。从数值看，似乎是$V_1/V_0=1.3$，是按它计算的。但是，在各种规范与文献中，V_1/V_0与“率”的概念不符，称为“膨胀比”更合适。

(2)若按照$\Delta V/V_0$理解体积膨胀率，即$\varepsilon_V=30\%$(以体积增加为正)，由于$\varepsilon_V=\varepsilon_x+\varepsilon_y+\varepsilon_z$，则面应变为$\varepsilon_x+\varepsilon_y=20\%$，$m=\dfrac{3.14\times0.15^2\times1.2}{1\times1}=0.085$，为什么竖向就不膨胀？

例题21 2019年下午案例题7

如图3-16所示条形基础，受轴向荷载作用，埋深$d=1.0$m，原基础按设计荷载计算确定的宽度为$b=2.0$m，基底持力层经深度修正后的地基承载力特征值$f_a=100$kPa。因新增设备，在基础上新增竖向荷载 $F_{k1}=80\text{kN/m}$。拟采用加大基础宽度的方法来满足地基承载力设计要求，且要求加宽后的基础仍符合轴心受荷条件，求新增荷载作用一侧基础宽度的增加量 b_1 值，其最小值最接近下列哪个选项？（基础及其上土的平均重度取 20kN/m^3）

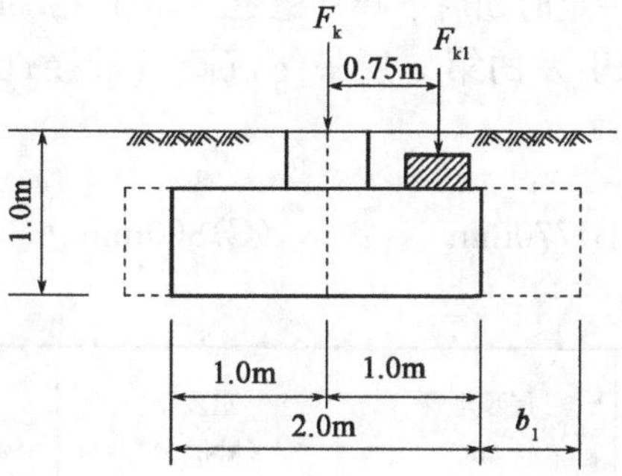

图　3-16

(A)0.25m　　(B)0.5m　　(C)0.75m　　(D)1.0m

答案　C

解答

根据《建筑地基基础设计规范》(GB 50007—2011)第 5.2.2 条。

(1)原基础上荷载 F_k 计算

设原设计是 $p_k=f_a$，即：

$$p_k=\frac{F_k+G_k}{A}=\frac{F_k}{A}+\bar{\gamma}d=\frac{F_k}{2}+20\times1.0=f_a=100\text{kPa}$$

则 $F_k=160\text{kN/m}$

(2)增加荷载后的基础最小宽度计算

$$p'_k=\frac{F_k+F_{k1}+G'_k}{A'}=\frac{160+80}{b'}+20\leqslant100, b'=3\text{m}$$

由于 b' 不大于 3m，所以 f_a 没有变化。

(3)宽度增量计算

加宽后的基础仍符合轴心受荷条件，应使 F_k 和 F_{k1} 分别处于新的基础中心线的两侧，并对加宽后基础中心的力矩相同。

计算 b_1：由于 $F_k=2F_{k1}$，因而 F_{k1} 应距新的中心线 $0.75\times2/3=0.5\text{m}$，则 $b_1=1.5-0.5-0.25=0.75\text{m}$，如图 3-17 所示。

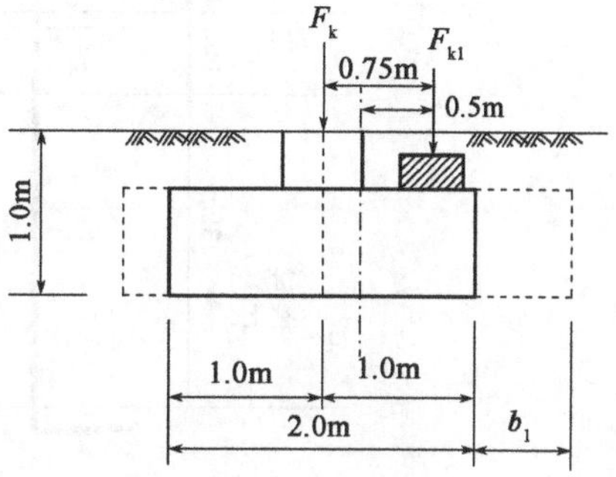

图　3-17

评析

2018 年后，浅基础一章减少了 4 道题，同时也很少有过去那样直来直去的考题，各种花样层出不穷。比如此题，属于既有建筑物的增荷加固，不但要求满足承载力，而且要确保仍然是中心荷载，其中多处都需反算，题目很“绕”，除了不停地计算之外，还要思索琢磨，是一道很有难度的考题。看来靠第二章浅基础轻易拿分不容易了。

例题 22　2019 年下午案例题 4

某平原区地下水源地(开采目的层为第 3 层)土层情况见表 3-2,已知第 3 层砾砂中承压水初始水头埋深 4.0m,开采至一定时期后下降且稳定至埋深 32.0m;第 1 层砂中潜水位埋深一直稳定在 4.0m,试预测抽水引发的第 2 层最终沉降量最接近下列哪个选项?(水的重度 $10kN/m^3$)

(A)680mm　　(B)770mm　　(C)860mm　　(D)930mm

表 3-2

层　号	土　名	层顶埋深(m)	重度 γ (kN/m^3)	孔隙比 e_0	压缩系数 a (MPa^{-1})
1	砂	0	19.0	0.8	
2	粉质黏土	10.0	18.0	0.85	0.30
3	砾砂	40.0	20.0	0.7	
4	基岩	50.0			

答案　A

解答

(1)降水后,由于在粉质黏土顶面与承压水位之间存在水头差,而产生向下的竖向渗透力作用,渗透力的存在使得其附加应力增加,在粉质黏土中是线性增加的,如图 3-18 所示。

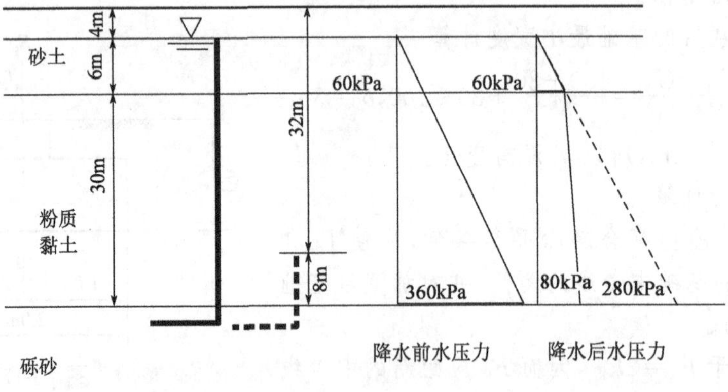

图　3-18

由于"第 1 层砂中潜水位埋深一直稳定在 4.0m",即在粉质黏土层顶面有效附加应力变化量:$\Delta p_1=0$。在粉质黏土层底面的有效附加应力增量:$\Delta p_2=(32-4)\times10=280kPa$。

(2)抽水引起的第 2 层的沉降量计算:

$E_s=(1+e_0)/a=(1+0.85)/0.3=6.17MPa$

$$s_1=\frac{\frac{\Delta p_1+\Delta p_2}{2}h}{E_s}=\frac{\frac{0+280}{2}\times 30}{6.17}=680.7\text{mm}$$

评析

这道题有较高的难度，要想计算②层土的有效应力增量，必须了解此层土的水压力变量与有效应力的变化。因而有必要手绘一个草图，如图 3-18 所示。这里关键在于砂土层中的潜水水位不变，因而需要计算②层土内水下两点水压力的减少(等于有效应力的增加)。

其实，由于第二层土的浮重度不变，将②层土内的竖向渗透力当作附加应力，也可得到相同的结果：

$$s_1=\frac{\frac{\gamma_w i}{2}h^2}{E_s}=\frac{\frac{10\times\frac{28}{30}}{2}\times 30^2}{6.17}=680.7\text{mm}$$

例题 23　2020 年上午案例题 17

某填方边坡高 8m(图 3-19)，拟采用重力式挡土墙进行支挡，墙背垂直、光滑，墙底水平，墙后填土水平，内摩擦角 $\varphi_e=30°$，黏聚力 $c=0$，重度为 20kN/m^3；地基土为黏性土，与墙底间的摩擦系数为 0.4。已知墙顶宽 2.5m，墙体重度 24kN/m^3。按《建筑边坡工程技术规范》(GB 50330—2013)相关要求，计算满足抗滑稳定性所需要的挡墙面最陡坡率最接近下列哪个选项？(不考虑主动土压力增大系数)

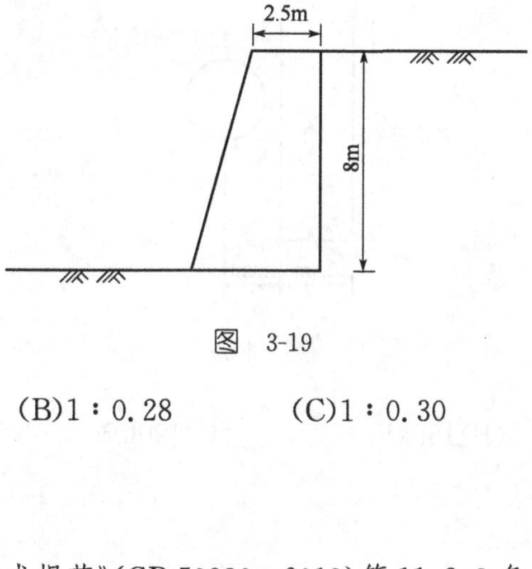

图　3-19

(A)1∶0.25　　(B)1∶0.28　　(C)1∶0.30　　(D)1∶0.32

答案　B

解答

根据《建筑边坡工程技术规范》(GB 50330—2013)第 11.2.3 条：

$$K_a=\frac{1}{3}$$

$$E_a=\frac{1}{2}\gamma H^2 K_a=\frac{1}{2}\times 20\times 8^2\times\frac{1}{3}=213.12\text{kN/m}$$

设挡土墙底宽为 B，则

$$G=\frac{1}{2}\times(2.5+B)\times 8\times 24=240+96B$$

重力式挡土墙抗滑稳定安全系数 $F_s=1.3$，有

$$F_s=\frac{G\mu}{E_a}=\frac{(240+96B)\times0.4}{213.12}\geqslant1.3$$

解得 $B\geqslant4.72\text{m}$

墙面坡率为 $\frac{8}{4.72-2.5}=\frac{1}{0.28}$。

评析

此题在挡土墙问题中，计算量不大，难度也不大。但是命题的方向却很独特：既不是计算土压力，也不是验算抗滑、抗倾覆稳定，而是根据规范的安全系数(自己去查)计算墙面的坡度。其实这也常常是工程设计者的基本任务。通过反算设计断面，往往是一个探索、试错和优化的过程，比如在断面单宽墙的重量确定以后，可分别变化与设计底宽、顶宽与墙面倾角等。

例题 24　2020 下午案例题 11

某换填垫层地基上建造条形基础和圆形独立基础，平面布置如图 3-20 所示，基础埋深均为 1.5m，地下水位很深，基底以上土层的天然重度为 17kN/m^3，基底下换填垫层厚度 2.2m，重度为 20kN/m^3，条形基础荷载(作用于基础底面处)为 500kN/m，圆形基础荷载(作用于基础底面处)为 1400kN。换填垫层的压力扩散角为 30°时，求换填垫层底面处的自重压力和附加压力之和的最大值最接近下列哪个选项？

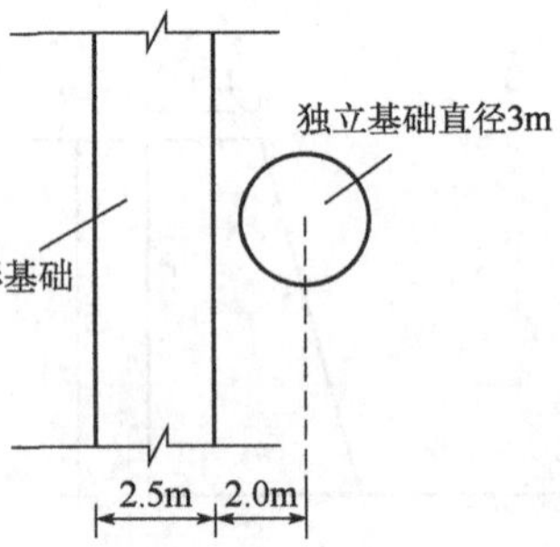

图　3-20

(A)120kPa　　(B)155kPa　　(C)190kPa　　(D)205kPa

答案　D

解答

根据《建筑地基处理技术规范》(JGJ 79—2012)第 7.1.5 条。

(1)条形基础引起的附加应力

基础底面以上原地基土的自重压力 $p_c=1.5\times17=25.5\text{kPa}$

基底压力 $p_k=\frac{F_k+G_k}{A}=\frac{500}{2.5}=200\text{kPa}$

$p_0=200-25.5=174.5\text{kPa}$

垫层底面的附加应力 $p_{z1}=\dfrac{bp_0}{b+2z\tan\theta}=\dfrac{2.5\times174.5}{2.5+2\times2.2\times\tan30^\circ}=86.6\text{kPa}$

(2)圆形基础引起的附加应力

基底压力：

$$p_k=\frac{F_k+G_k}{A}=\frac{1400}{3.14\times1.5^2}=198.16\text{kPa}$$

$$p_0=p_k-p_c=198.16-25.5=172.66\text{kPa}$$

附加压力扩散至垫层底面的面积：

$$A'=\frac{\pi(d+2z\tan\theta)^2}{4}=\frac{3.14\times(3+2\times2.2\times\tan30^\circ)^2}{4}=24.1\text{m}^2$$

$$p_{z2}=\frac{p_0A}{A'}=\frac{172.66\times3.14\times1.5^2}{24.1}=50.6\text{kPa}$$

(3)垫层底面处自重压力和附加压力之和的最大值

条基和圆形基础单侧应力扩散宽度 $z\tan\theta=2.2\times\tan30^\circ=1.27\text{m}$

$2\times1.27=2.54\text{m}>0.5\text{m}$，会产生应力叠加

垫层自重压力 $p_{cz}=1.5\times17+2.2\times20=69.5\text{kPa}$

$p_{z1}+p_{z2}+p_{cz}=86.6+50.6+69.5=206.7\text{kPa}$

评析

这道题给出了扩散角以及垫层土的重度，计算量不大，其独特之处在于垫层上的两个相邻基础，“基底下垫层的厚度为 2.2m”，不注意会犯 $z=2.2-1.5=0.7\text{m}$ 的错误；另一个就是很少遇到圆形基础，近 3 年出现了几道圆形基础下应力扩散的考题，如例题 16，见多了就不怪了。类似这种圆形基础的应力扩散还可以解决，如果涉及地基承载力就困难了。因为太沙基等人的极限承载力理论都是基于条形基础的，也可用于矩形基础，但圆形基础的地基承载力公式是不同的。即使是宽度修正也很难进行。

例题 25　2007 年上午案例题 21

一个倾角为 28°的土坡(图 3-21)，由于降雨，土坡中地下水发生平行于坡面方向的渗流，利用圆弧条分法进行稳定分析，其中第 i 条高度为 6m，作用在该条底面上的孔隙水压力最接近于下面哪一数值?

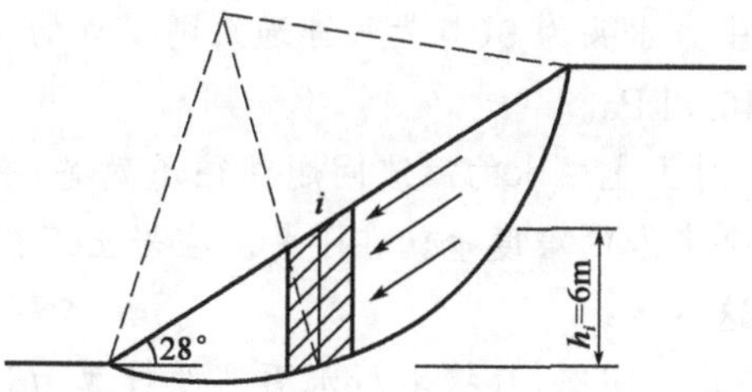

图　3-21

(A)60kPa　　(B)53kPa　　(C)47kPa　　(D)30kPa

答案 C

解答

如图 3-22 所示。

$h_w = ad = ab \times \cos 28° = (ac \times \cos 28°) \times \cos 28° = 6 \times \cos^2 28° = 46.8\text{m}$

$u = \gamma_w h_w = 46.8\text{kPa}$

评析

这道案例题计算极其简单,但是很绕。在考试解答中错误者不少。明白人轻而易举,迷途者不知所措。它的基本概念在于对渗流和流网的理解。这也是圆弧条分法计算边坡稳定时需要掌握的基本知识。

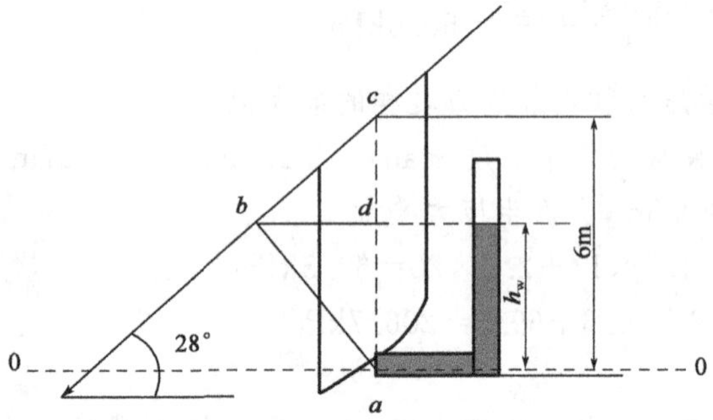

图 3-22

(1)由于沿坡渗流,其流线平行于坡面。

(2)等势线垂直于流线,亦即垂直于坡面;在等势线上各点的(测管)水头是相等的。

(3)在图 3-22 中,过第 i 条底面中点 a 的等势线为 ab,h_w 等于 ab 在竖直方向的投影高度 ad。

(4)在三角形 abc 中,$ab = ac \times \cos 28°$;在三角形 abd 中,$ad = ab \times \cos 28°$。所以

$h_w = ad = 6 \times \cos^2 28° = 4.68\text{m}$

在图 3-22 中,以过点 a 的水平线 0—0 为基准线,设 0—0 线上的位置水头为 0,由于 ab 线是一条等势线,亦即其上的所有点的压力水头+位置水头=常数。已知 b 点的位置水头 $h_w = ad = 6 \times \cos^2 28° = 4.68\text{m}$。压力水头为 0(与大气连通);则 a 点的位置水头为 0,压力水头就等于 4.68m,孔隙水压力 $u = 46.8\text{kPa}$。

建筑行业的岩土工程师对于土中水的渗流问题往往不熟悉,有的大学本科土力学教学中甚至没有讲渗流这部分,这个考题的难度也就在于此。在岩土工程实践中,不可能不涉及土中水的问题,所以一定要补上这一课。

此题的选项同时设下了几个圈套:直接用距水面高度计算为选项 A;用直线 ab 计算为选项 B,考卷中选择 A 的较多。

例题 26 2006 年下午知识题 11

长江沿岸有一黏质粉土堤防,迎水坡的初始水位在堤脚处。一个 20 天的洪水过程线如

图 3-23 所示。问在这一洪水过程中堤防两侧边坡的抗滑稳定安全系数的定性变化过程最接近于下面哪一个选项的情况？

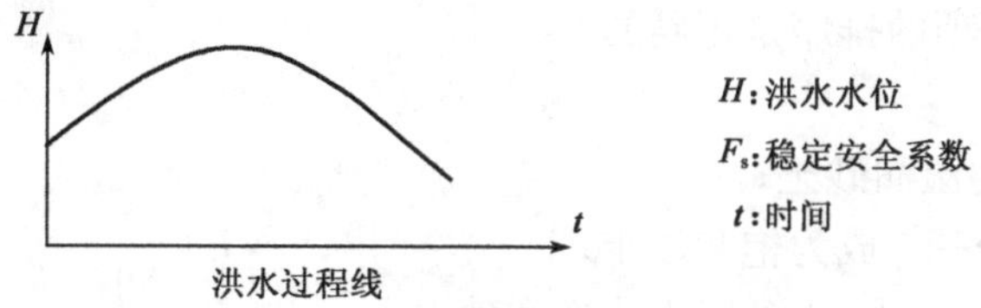

图　3-23

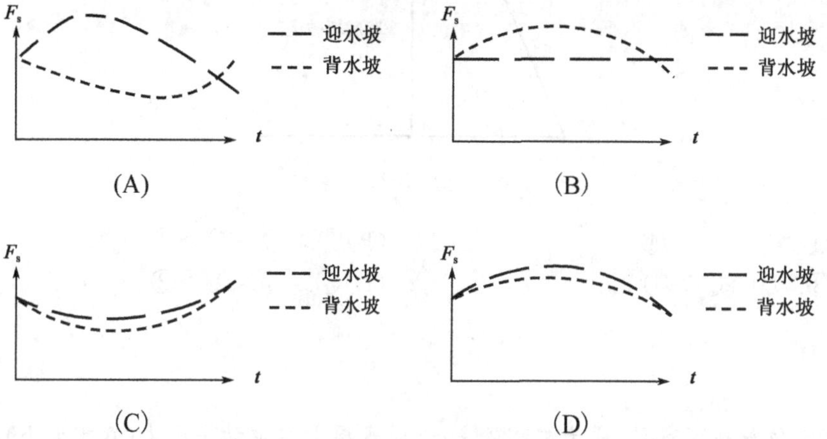

答案　A

评析

此题的根本在于正确理解渗流对抗滑稳定的影响，如图 3-24 所示。

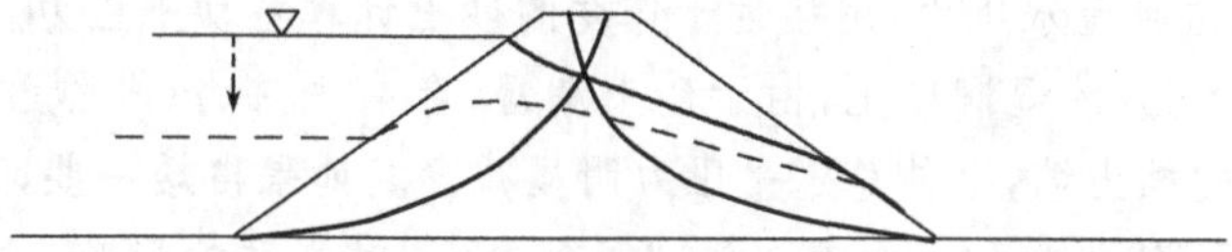

图　3-24

在上游洪水位很快上升时，迎水面边坡处水向内渗流，对土骨架的渗透力方向向内，渗透力有利于上游面增加抗滑(摩擦)力，使边坡安全系数提高；而在下游面边坡处，随着浸润线的形成，水向外渗流，渗透力向外，减少了抗滑力(矩)，增加了滑动力(矩)，安全系数降低。

当上游水位很快下降时(图 3-24 虚线)，而筑堤土的渗透系数较小时，迎水坡面处水向外渗流，对土骨架的渗透力方向向外，渗透力增加滑动力(矩)，减小抗滑力(矩)，使边坡安全系数降低；而下游面边坡处，浸润线逐渐下降，渗透力减小，与高水位比较，抗滑力(矩)增加，滑动力(矩)减小，安全系数提高。

大体上的安全系数变化趋势如选项图所示。细节与水位升降速度、土的渗透系数等有关，可通过渗流计算和稳定分析确定。

例题 27 2010年下午知识题18

某5m高的重力式挡土墙,墙后填土为同样干密度的相同砂土,如图3-25所示。如果下面不同含水率的四种情况都达到了主动土压力状态:按墙背的水、土总水平压力($E=E_a+E_w$)大小排序,下面哪个选项的排序是正确的?

①风干砂土;

②含水率为5%的湿润砂土;

③静水位与地面齐平,成为饱和砂土;

④水位达到墙高的一半,水位以下为饱和砂土。

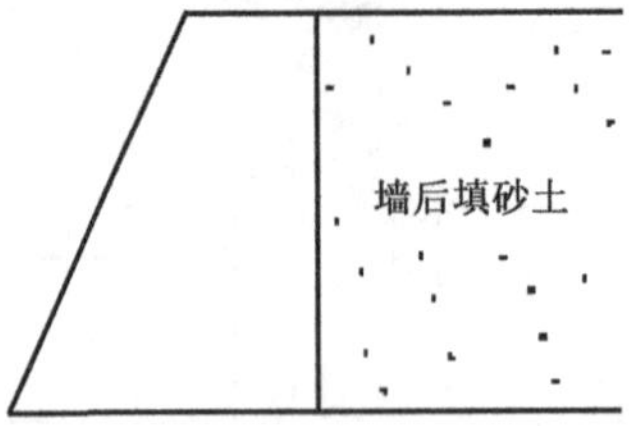

图 3-25

(A)①>②>③>④　　(B)③>④>①>②

(C)③>④>②>①　　(D)④>③>①>②

答案 B

评析

情况③水位与地面齐平,成为饱和砂土;这时既要考虑主动土压力(浮重度下)也要加上全高的静水压力,总水平压力肯定最大,因为砂土的K_a远小于1.0。

情况④水位达到墙高的一半,水位以下为饱和砂土,这时计算主动土压力一半用浮重度,一半用天然重度,加上一半高度的静水压力,总压力比③要小一些,但比①大。

情况①干砂土,这时无水压力,用接近干重度的砂土计算主动土压力。

情况②含水率为5%的湿润砂土,由于砂土潮湿,会有毛细力(非饱和土的吸力),产生假黏聚力,对于5m高的挡土墙,会使总水平压力明显减少。如果再矮一些,可能无需挡土墙。

此题的要点是了解"非饱和土的吸力"或"假黏聚力"对强度的影响。在这里有"干密度相同的同一种砂土"条件,就更不易有歧义。在河、湖、海边的沙滩上,在干砂中想挖一个竖井,不会成功;在水面以下也不会成功;只有在潮湿的沙滩区,才可以挖成。这种假黏聚力是很可观的。所以尽管潮湿砂土的重度会比干砂高一点,但由于假黏聚力的原因造成的主动土压力减小更显著。

例题 28 2008年下午案例题20

在饱和软黏土地基中开槽建造地下连续墙,槽深8.0m,槽中采用泥浆护壁,已知软黏土的饱和重度为16.8kN/m^3,$c_u=12\text{kPa}$,$\varphi_u=0°$。对于图3-26所示的滑裂面,保证槽壁稳定的最小泥浆密度最接近下列哪个选项?

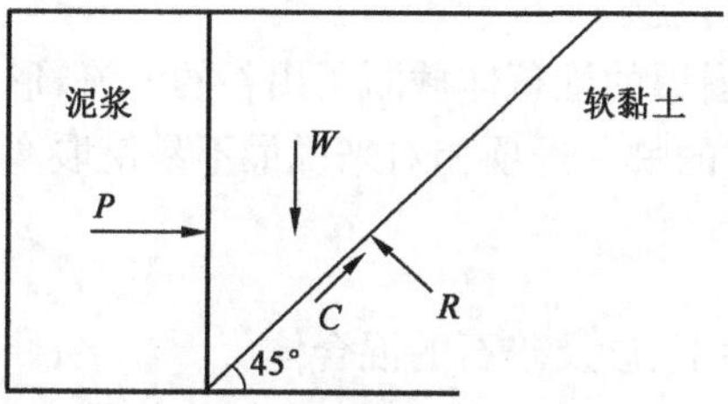

图　3-26

(A)1.00g/cm³　　　　(B)1.08g/cm³

(C)1.12g/cm³　　　　(D)1.22g/cm³

答案　B

解答

可以根据45°等腰三角形楔体的静力平衡(图3-27)来计算泥浆总压力 P。

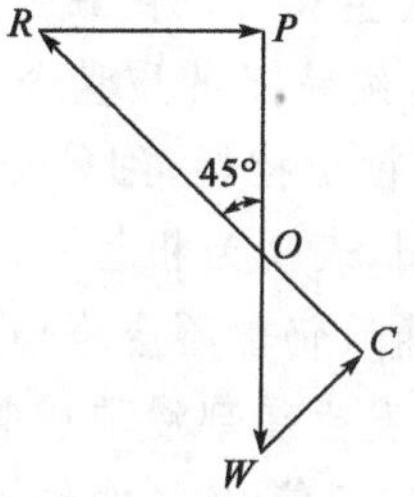

图　3-27

$W=1/2\times16.8\times8^2=537.6\text{kN/m}$

$C=12\times8\sqrt{2}=135.7\text{kN/m}$

下三角形的斜边:

$W_2=\sqrt{2}C=192\text{kN/m}$

上三角形的直角边:

$W_1=537.6-192=345.6\text{kN}$

$P=W_1=345.6\text{kN}$

$P=\rho\times10\times8^2/2=345.6\text{kN}$

$\rho=1.08\text{g/cm}^3$

评析

对于这道题有很多人不知所措。其实它是太沙基《实用土力学》(Soil Mechanics in Practice)中的一道很古老的课题。在土体的稳定分析中,这种楔体平衡是最基础的部分。在滑坡、挡土墙、地基承载力等方面广泛地应用楔体平衡的方法。应熟练地掌握力的分解、角度的换算,分清荷载与抗力等。这里,首先要计算在侧壁稳定时,泥浆的总压力 P,然后计算泥浆的重度 ρ。由于角度都是45°,所以计算相当简单。

例题29 2008年上午知识题33

地震引发的滑坡和山体崩塌的堆积体截断了山谷的河流,形成堰塞湖,在来水条件相同的情况下,下列关于堆积体土质的哪一选项相对来说最不易使堰塞湖在短期内溃决?

(A)主要是细粒土
(B)主要是风化的黏性土、砂及碎石的混合体
(C)50%为粒径大于200mm的块石,其余50%为粒径小于20mm的砾砂土
(D)75%为粒径大于200mm的块石,其余25%为粒径小于20mm的砾砂土

答案 D

评析

这是四川的汶川地震后,关于堰塞湖的一道有针对性的考题。反映了专家在救灾工作中的经验与体会。

地震引发的大滑坡和泥石流在河谷堆积成坝,拦截河水形成堰塞湖。人们当然希望它尽快被冲毁,以免不断蓄水造成更大的次生灾害。由细粒土组成的堰塞坝更容易被冲垮。对于不连续级配的混合土,如图3-28所示,细粒d的质量含量35%非常重要,它大于35%时,粗粒呈悬浮状态,形不成骨架,其性质由细粒土控制;细粒含量小于35%时,细颗粒填充于粗颗粒形成的骨架孔隙中,性质由粗粒土控制,表现为粗粒土的特性;这时,细粒土易被水流带走(管涌),但粗粒形成的骨架不会塌落,管涌后仍然不会垮塌。

所以选项A、B、C易被冲溃,一旦发生局部漫顶或管涌,则粗颗粒被细颗粒的砂土流裹挟着而泥沙俱下。选项D则不易被冲溃,即使25%的细颗粒完全冲走,其粗颗粒形成的骨架仍然会支撑不垮,继续拦截河水,甚至会改变环境与生态。

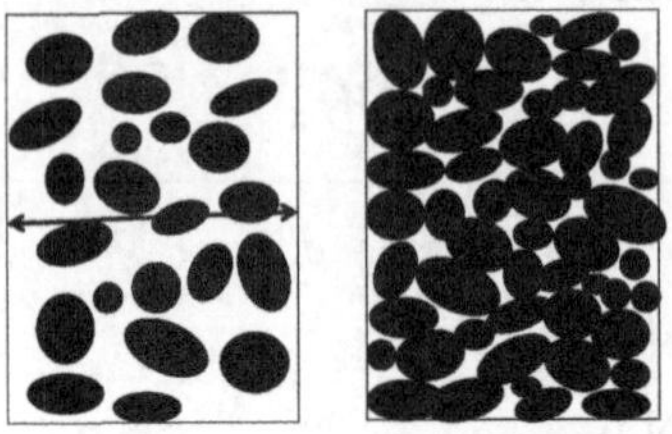

图 3-28

例题30 2006年下午知识题15

某库区岸坡斜立的板岩外有些堆积物,水库初始蓄水,岸坡的下部浸水,如图3-29所示,下列哪个选项对浸水后土坡堆积物抗滑稳定性的判断是正确的?

(A)抗滑稳定系数不变
(B)抗滑稳定系数增加
(C)抗滑稳定系数减小
(D)不能判断

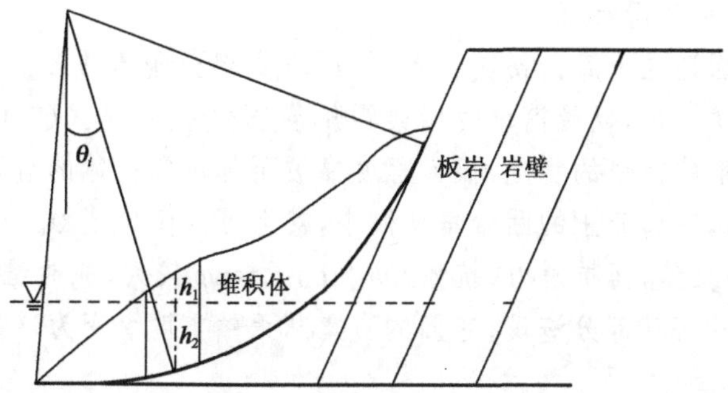

图 3-29

答案 C

评析

1961 年 3 月 6 日 18 时 30 分左右，位于湖南省安化县资水河谷的总库容为 35.7 亿 m^3 柘溪水库工程尚未竣工，还有一些工人在坝面的溢洪道上和两岸施工，但水库已经蓄水，水位在距正常高水位约 20m 的高程。经历了连续 8 天降雨后，湖面上波澜不惊，十分平静。18 时 40 分，随着一声闷响，库水骤然掀起狂涛巨浪，水墙壁立，20m 高的涌浪冲过尚未建完的坝顶，漫过坝面，席卷了坝顶上的临时挡水建筑物和左右岸施工现场，将在大坝中段溢洪道和两岸施工的工人冲向下游谷底，造成伤亡 88 人的特别重大伤亡事故，其中 64 人淹溺死亡，24 人受伤。

惊魂稍定，人们发现上游库区右岸，距坝址 1.5km 处的塘岩光地段发生了大滑坡，滑坡体体积达 165 万 m^3。滑下的百万方土石以高达 25m/s 的速度滑入水深 50 余米的库内，坝前水位迅速上升了 4m，激起的涌浪造成库水漫顶，使毫无提防的人们遭到灭顶之灾。

事后分析其原因是：1961 年 3 月，库区已经连续降雨 8 天，与此同时水库初次蓄水到 148m 高程，淹没了库区岸坡的下部，如图 3-30 所示。

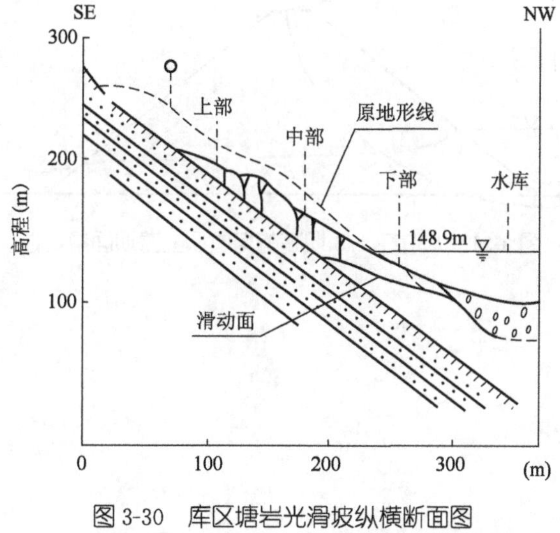

图 3-30 库区塘岩光滑坡纵横断面图

事后分析认为，造成库区的岸坡抗滑稳定性急剧下降的主要原因为柘溪水库库区的地质条件十分复杂，由于降雨和浸水使板岩的含黏土夹层泥化，抗剪强度和抗滑力降低，产生了岩坡的渗流,其渗透力增加了滑动力。

但是最主要的原因还在于库区初次蓄水,使岸坡底部分浸水淹没。这种岸坡前的堆积体可用圆弧滑动面条分法分析,以最简单的瑞典圆弧条分法为例,见式(3-4)。水库蓄水前,岸坡的堆积体与含黏土夹层的板岩的稳定,很大程度靠坡下部堆积土体的自重支撑,与上部岩土体比较,对于圆弧滑动面,这部分土的圆心角 θ_i 很小,甚至可为负值或0。自重产生的滑动力(荷载)$bh_i\gamma_i\sin\theta_i$ 较小或为负值,而抗滑力(抗力)$bh_i\gamma_i\cos\theta_i\tan\varphi_i$ 较大,成为维持着坡体稳定的阻滑段。一旦水库水位上升将其部分淹没,它们的自重从天然重度 γ 变为浮重度 γ',抗滑力急剧减小,引起滑坡。

$$F_s=\frac{M_R}{M_S}=\frac{\sum(c_il_i+bh_i\gamma_i\cos\theta_i\tan\varphi_i)}{\sum(bh_i\gamma_i\sin\theta_i)} \tag{3-4}$$

在《碾压式土石坝设计规范》(DL/T 5395—2007)中规定的坝坡稳定分析工况就包括稳定渗流期上下游坡。为什么“稳定渗流期上游坡”也要进行稳定分析。因为这时水是向坡内渗流,渗透力指向坡内,产生抗滑力,比任何情况下都安全。但是在其条文说明中指出:“上游坝坡在库水位为高水位情况下虽不会滑动,但在库水位为中间某一水位(正常高和死水位之间)时,由于上部为湿重度,下部为浮重度,存在比正常蓄水位或空库时稳定安全系数低的情况。该水位一般称为不利水位,对均质坝该水位约为坝高的1/3,因此对上游坡也应进行按期分析。”水位在1/3坝高的均质坝上游坝面稳定性如图3-31所示。

可见,即使是浸水后土的强度指标不变(一般粗粒硬质岩屑的 φ 值变化不大),其边坡稳定安全系数也会由于部分浸水而滑动。初次蓄水而引发的次生灾害——库区滑坡和诱发地震,在20世纪水利界成为普遍的共识。由于各纵断面的坝高,库区的岸坡位于不同的高程,所以在水库初次蓄水的不同水位都可诱发滑坡,包括引起初次滑动和引起古滑坡的再次滑动。三峡水库蓄水引起的一系列库区滑坡此起彼伏,就是这个原因。

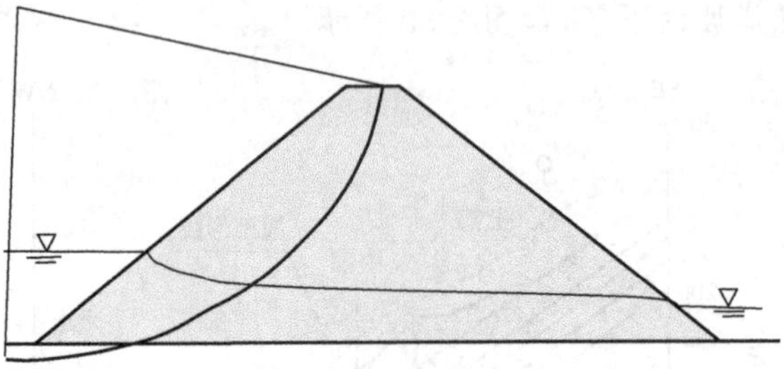

图3-31　水位在1/3坝高的均质坝上游坝面稳定性

第四讲
小心陷阱

在注册岩土工程师考试中,经常会发现一些考题设有“陷阱”,稍不留神就会陷入其中。设置这种“陷阱”并不是故意为难考生,卖弄专家的巧思,也不是一种脑筋急转弯的游戏,这些“陷阱”常常针对工程师在实际工作中常犯或易犯的错误,针对容易混淆的概念,也涉及工程中的关键技术问题或者土力学重要理论知识。考试中的失误和教训会提醒考生今后在工作中注意,也可提高他们对土力学概念的认识和理解。

这类考题中,一种是要求考生灵活运用岩土力学的基本概念和原理。例如在《建筑地基基础设计规范》(GB 50007—2011)中关于基础埋深 d 的有关规定,从承载力角度每一种都有其深刻的含义和道理,正确选用至关重要;另一种是有关规范中的正文、图表及注释中对于特殊情况的一些特殊的规定,忽略了就会犯错而失分;也有一些属于似是而非的概念与说法,要求考生思路明晰,正确选择。这些考题考查了考生的土力学与岩土工程基本概念,或者涉及一些工程师在工程实践中易犯的错误,这显然是有必要的,对此,考生也心服口服。

“曲径通幽”一讲中的题,常常是一时找不到解题的途径,茫然不知所措。而“小心陷阱”一讲中的题,似乎显示在考生面前的是一条显而易见、轻车熟路的坦途,可是其中常会布有陷阱,一失足就没分了。在学校读书时,老师在期末考试中常常会针对学生平时易犯错误的地方,设计考题、考点。学霸们一眼就可看穿其意图,莞尔一笑,绕过陷阱,走出曲径,扬长而去。这才是高手应试所追求的最高境界。

但“陷阱”总归只是一种考试的佐料,不宜常用而喧宾夺主,更不宜故弄玄虚。

例题 1　2018 年上午知识题 13

在峡谷河流坝址实施可行性勘察，覆盖层厚度为 45m，拟建水库坝高 90m，下列勘探深度最合适的是哪个选项？

(A)65m　　(B)80m　　(C)90m　　(D)100m

答案　D

评析

根据《水利水电工程地质勘察规范》(GB 50487—2008)第 5.4.2 条表 5.4.2。覆盖层厚 45m，坝高 90m，钻孔应进入基岩深度大于 50m，则勘探深度大于 45+50=95m。

这里问的是"勘探深度"，而不仅是进入基岩深度。选项有 90m 和 100m 两项，而按规范计算是 95m，位于两选项中间，这在以前没有出现过，以往都是"最接近哪一个选项"。但规范是规定"钻孔进入基岩深度大于 50m"，因而只有选项 D 正确。

例题 2　2018 年上午知识题 54

采用换填垫层法处理的地基，下列关于其地基承载力的确定或修正的说法中，正确的选项有哪些？

(A)按地基承载力确定基础底面尺寸时，其基础宽度的地基承载力修正系数取零

(B)垫层的地基承载力宜通过现场静载荷试验确定

(C)处理后的垫层承载力不应大于处理前地基承载力的 1.5 倍

(D)某基槽式换填垫层，采用干密度大于 $2100kg/m^3$ 的级配砂石换填，其基础埋深的修正系数可取 2.0

答案　AB

评析

这是一道多选题，根据《建筑地基处理技术规范》(JGJ 79—2012)第 3.0.4 条，宽度修正系数取零，选项 A 正确。

根据第 4.2.5 条，选项 B 正确。

对大面积压实填土，采用干密度大于 $2.1t/m^3$ 的级配砂石时，深度修正系数可取 2.0，但基槽不属于大面积压实填土，选项 D 错误。

规范并没对换填垫层法处理前后的承载力之比有要求，只要求对垫层下地基土进行承载力验算。由于换填垫层多用于较软弱地基中，并且换填厚度不大于 3m，因而换填后的承载力(通过载荷试验)如果提高得较大，可能原地基土变成了不能满足承载力要求的"软弱下卧层"，所以规范中要求验算：

$$p_z + p_{cz} \leqslant f_{az} \tag{4-1}$$

f_{az}为垫层底面处原地基土经深度修正后的地基承载力特征值。所以选项 C 错误。

我国的《建筑地基处理技术规范》(JGJ 79)历来比较保守，多年来坚持承载力宽度系数为 0，深度修正系数为 1.0，而其他行业的有关复合地基规范，并不完全如此。在《建筑地基处理技术规范》(JTG 79—2002)中，对于换填垫层也是如此，只是到《建筑地基处理技术规范》

(JTG 79—2012),对大面积压实填土的深度修正才有些放宽。

例题3 2019年上午知识题17

某大厚度大面积粉土填方整平场地,拟建建筑物筏板基础尺寸为12m×28m,基础埋深2.5m,无地下水。经检测,填土重度为20kN/m³,黏粒含量10%,平均压实系数为0.94,地基承载力特征值为180kPa,问修正后填土地基承载力特征值正确的是哪个选项?

(A)180kPa　(B)220kPa　(C)240kPa　(D)255kPa

答案 B

评析

《建筑地基基础设计规范》(GB 50007—2011)第5.2.4条,“填土压实系数大于0.95,黏粒含量$\rho_c \geqslant 10\%$的粉土,$\eta_d = 1.5$”。此填土压实度为0.94,不满足规范表5.2.4中大面积压实填土的要求,应按人工填土查取承载力修正系数,即$\eta_b = 0$,$\eta_d = 1.0$,则

$$f_a = f_{ak} + \eta_b \gamma (b-3) + \eta_d \gamma_m (d-0.5) = 180 + 1.0 \times 20 \times (2.5-0.5) = 220\text{kPa}$$

《建筑地基处理技术规范》(JGJ 79—2012)和《建筑地基基础设计规范》(GB 50007—2011)对于满足一定质量要求的大面积填土的深度修正系数都给出了>1.0的规定。但此题与例题2都打出了“擦边球”,以期让粗心者上当。

例题4 2018年下午知识题30

下列哪个选项不符合膨胀土变形特性?

(A)黏粒含量越高,比表面积大,胀缩变形就越小

(B)黏土粒的硅铝分子比$SiO_2/(Al_2O_3 + Fe_2O_3)$的比值越小,其胀缩量就越小

(C)土的初始含水率与胀后含水率越接近,土的膨胀就小,收缩的可能性和收缩值就大

(D)土的密度大,孔隙比就小,浸水膨胀性强,失水收缩小

答案 A

评析

选项A错误,一目了然。选项B、C、D正确。此题也可在《工程地质手册》(第五版)第555页找到相关的知识。

好在单选题的选项A“黏粒含量越高,比表面积大,胀缩变形就越小”尚属于常识,可知其不对,那么就可选它而不去深究其余选项,因为一般人大多不清楚。

一些特殊土的规范中主要是对于其设计、施工和检测进行一些规定、计算和要求。很少对其机理、影响因素等做解释说明。而一般的土力学教材也是浅层次地对原理和基本性质的介绍。因而对于这样的较深的影响因素的问题,偏深偏难,若非专攻相关课题者,就很难回答。《工程地质手册》(第五版)包罗万象,有近1400页,此题以其中内容为依据命题是不合适的。平时可以多翻阅此手册,至少知道有什么内容,在哪里可以翻到。

例题 5　2018 年下午知识题 51

根据《建筑地基基础设计规范》(GB 50007—2011)，下列关于柱下桩基础独立承台，柱对承台的冲切计算时，哪些说法是正确的？

(A)冲切力的设计值为柱根部轴力设计值减去承台下各桩净反力设计值之和

(B)柱根部轴力设计值取相应于作用的基本组合

(C)冲切力设计值应取相应于作用的标准组合扣除承台及其上填土自重

(D)柱对承台冲切破坏锥体与承台底面的夹角不小于 45°

答案　BD

评析

根据《建筑地基基础设计规范》(GB 50007—2011)第 8.5.19 条，选项 A、C 错误，选项 B、D 正确。

这里的选项 A"冲切力的设计值为柱根部轴力设计值减去承台下各桩净反力设计值之和"容易误解，正确的说法是"冲切破坏锥体范围内各桩的净反力设计值之和"。桩的净反力也不包括"承台及其上填土自重"部分。这种似是而非的语言也是应注意的陷阱。

例题 6　2018 年下午案例题 20

某季节性弱冻胀土地区建筑采用条形基础，无采暖要求，该地区多年实测资料表明，最大冻深出现时冻土层厚度和地表冻胀量分别为 3.2m 和 120mm，而基底所受永久作用的荷载标准组合值为 130kPa，若基底允许有一定厚度的冻土层，满足《建筑地基基础设计规范》(GB 50007—2011)相关要求的基础最小埋深最接近于下列哪个选项？

(A)0.6m　　(B)0.8m　　(C)1.0m　　(D)1.2m

答案　B

解答

根据《建筑地基基础设计规范》(GB 50007—2011)第 5.1.7 条和附录 G。

(1)场地冻结深度 $z_d = h' - \Delta z = 3.2 - 0.12 = 3.08\text{m}$。

(2)冻土地基基础埋深：条形基础，基底压力 130×0.9=117kPa，无采暖要求，弱冻胀土，查规范附录 G.0.2，有

$$h_{max} = 2.2 + (117 - 110) \times \frac{2.5 - 2.2}{130 - 110} = 2.3\text{m}$$

$$d_{min} = z_0 - h_{max} = 3.08 - 2.30 = 0.78\text{m}$$

评析

(1)分清"最大冻深出现时冻土层厚度"与"场地最大冻深"之间的区别，前者为冻层厚度；后者是深度，是相对的尺度，亦即以(未冻胀)时的地面为基准。所以：$z_d = h' - \Delta z = 3.2 - 0.12 = 3.08\text{m}$。

(2)查规范附录表 G.0.2，根据查允许基底最大冻土厚度 h_{max}，注意该表下小字的注："计算地基平均压力时取永久作用标准组合值乘 0.9"。

这两处都可能犯错误，也可说是陷阱吧。

例题7 2019年上午知识题6

某场地四个现场平板载荷试验的岩石地基承载力特征值分别为540kPa、450kPa、560kPa、570kPa,该场地基岩地基承载力特征值应为下列哪个选项?

(A)556kPa (B)540kPa (C)530kPa (D)450kPa

答案 D

评析

根据《建筑地基基础设计规范》(GB 50007—2011)附录H.0.10,岩石地基载荷试验——最小值为承载力的特征值。

对于基岩承载力的平板载荷试验,大多数人不太熟悉。但是对于土质地基的平板载荷试验则非常熟悉了。试验后的特征值的取值"当试验实测值的极差不超过平均值的30%时取平均值为 f_{ak}"。但是基岩地基取最小值。一旦按照经验主义,就会选择选项C。

例题8 2019年上午知识题25

某基坑场地潜水含水层的渗透系数 k=10m/d,潜水含水层厚度为10m,水位降深为8m,含水层的影响半径最接近以下哪个数值?

(A)220m (B)200m (C)180m (D)160m

答案 B

评析

根据《建筑基坑支护技术规程》(JGJ 120—2012)第7.3.11条,经验公式 $R=2s_w\sqrt{kH}$,又在井水位降深 s_w 之后标明 s_w 小于10m,取 s_w=10m,则 $R=2\times10\times\sqrt{10\times10}=200$m。

如果用实际的水位降深 s_w=8m计算,则正确选项为选项D,看来又是想给粗心者制造陷阱。

例题9 2020年下午知识题43

下列关于土体受压变形的说法错误的是哪些选项?

(A)地基土体受压时间越长,变形越大,孔隙水压力也越大

(B)土体在自重压力下不会产生地基沉降

(C)地基土体固结稳定后,说明土体内不再有水

(D)建在同样地基上的基底附加压力相同的两个建筑物,沉降量不一定相同

答案 ABC

评析

地基土体在一定压力下,其最终变形总会是稳定的,不会随时间增加而不断增大,对饱和土来说,变形本质是超静孔压减小消散,土体部分孔隙水被排出,选项A错误。

对于欠固结的土,例如新填土,会在自重压力作用下变形沉降,选项B错误。

土体固结稳定后,说明土体中孔隙不会再被压缩,超静孔压为0,但孔隙中还是有(静)水的,选项C错误。

基础尺寸不同，附加压力的影响范围和深度不同，沉降量也不一定相同，选项 D 正确。

此题容易犯错的是"(B)土体在自重压力下不会产生地基沉降"，因为在规范中总是强调"附加压力 p_0"引起压缩与沉降，《土力学》中的欠固结土在自重应力下的固结不应被忘记。

例题 10　2020 年上午案例题 7

柱下单独基础底面尺寸为 2.5m×3.0m，埋深 2.0m，相应于荷载效应标准组合时作用于基础底面的竖向合力 F=870kN。地基土条件如图 4-1 所示，为满足《建筑地基基础设计规范》(GB 50007—2011)的要求，软弱下卧层顶面修正后地基承载力特征值最小应为下列何值？

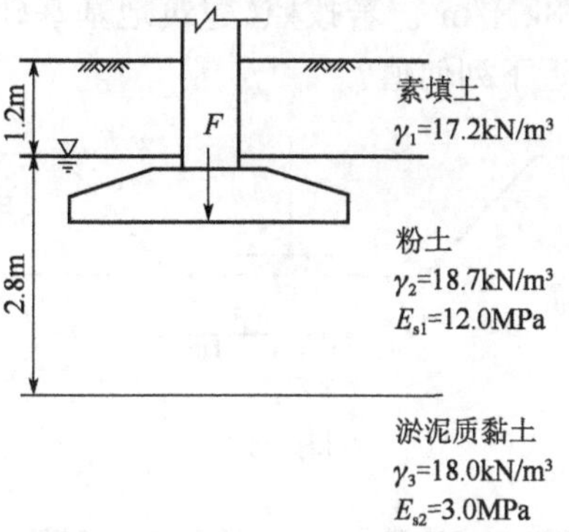

图　4-1

(A)60kPa　　(B)80kPa　　(C)100kPa　　(D)120kPa

答案　B

解答

根据《建筑地基基础设计规范》(GB 50007—2011)第 5.2.4 条、第 5.2.7 条。

(1)软弱下卧层顶面处附加压力

$$p_k=\frac{F_k+G_k}{A}=\frac{870}{2.5\times3}=116\text{kPa},p_c=1.2\times17.2+0.8\times8.7=27.6\text{kPa}$$

$$\frac{z}{b}=\frac{2}{2.5}=0.8>0.5,\frac{E_{s1}}{E_{s2}}=\frac{12}{3}=4,\theta=\frac{23°+25°}{2}=24°$$

$$p_z=\frac{bl(p_k-p_c)}{(b+2z\tan\theta)(l+2z\tan\theta)}=\frac{2.5\times3.0\times(116-27.6)}{(2.5+2\times2\times\tan24°)\times(3.0+2\times2\times\tan24°)}=32.4\text{kPa}$$

(2)软弱下卧层顶面处自重应力

$p_{cz}=1.2\times17.2+2.8\times8.7=45\text{kPa}$

(3)软弱下卧层经修正后的承载力

$p_z+p_{cz}\leqslant f_{az}$，即 $f_{az}\geqslant32.4+45=77.4\text{kPa}$

评析

本来此题就是一道软弱下卧层反算问题，看似平常。即通过荷载反算下卧层的最小承载力。《建筑地基基础设计规范》(GB 50007—2011)明确规定 F_k 为"相应于作用的标准组合时，上部结构传至基础顶面的竖向荷载"，同时也规定"传至基础或承台底面上的作用按正常使用极限状态下作用的标准组合”。这里题干给出的“相应于荷载效应标准组合时,作用于基础底面的竖向合力 $F=870\text{kN}$”。其中的 F 没有表示为 F_k,也没有“上部结构传至基础顶面”的规定,那么就应理解为“相应于作用的标准组合时,传至基底的竖向荷载”,亦即 $F=F_k+G_k$。如果在 F 上再加 G_k 则是错误的。这也是一个陷阱,没有按照通常的 F_k 与 G_k 给值。

例题 11 2007 年上午案例题 5

已知载荷试验的荷载板尺寸为 1.0m×1.0m,试验坑的剖面如图 4-2 所示。在均匀的黏性土层中,试验坑的深度为 2.0m,黏性土层的抗剪强度指标的标准值为黏聚力 $c_k=40\text{kPa}$,内摩擦角 $\varphi_k=20°$,土的重度为 18kN/m^3。若按照《建筑地基基础设计规范》(GB 50007—2002)计算地基承载力,其结果最接近下列何值?

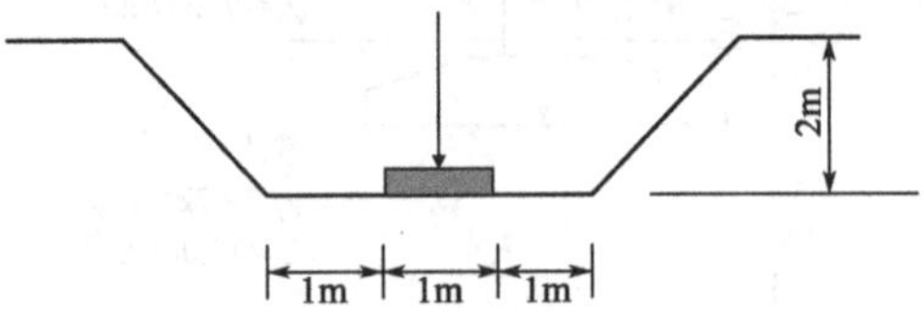

图 4-2

(A)345.8kPa (B)235.6kPa (C)210.5kPa (D)180.6kPa

答案 B

解答

根据《建筑地基基础设计规范》(GB 50007—2002)表 5.2.5:

$\varphi_k=20°, M_b=0.51, M_d=3.06, M_c=5.66$

对于边长为 1m 的载荷板,其地基承载力为:

$f_{ak}=0.51\times18\times1+3.06\times18\times0+5.66\times40=235.6\text{kPa}$

评析

(1)对于 1m×1m 的荷载板及均匀的黏性土层,《建筑地基基础设计规范》(GB 50007—2002)规定:“对于砂土小于 3m 时按 3m 取值”。而对于黏性土则意味着按实际宽度取值,所以计算中 $b=1\text{m}$。

(2)由于平板载荷试验规定,必须预先在试验深度(基底深度)处开挖 $3b$ 的宽度,b 为荷载板宽度。因而在荷载板周围是没有 γd 超载的,如图 4-3 所示。

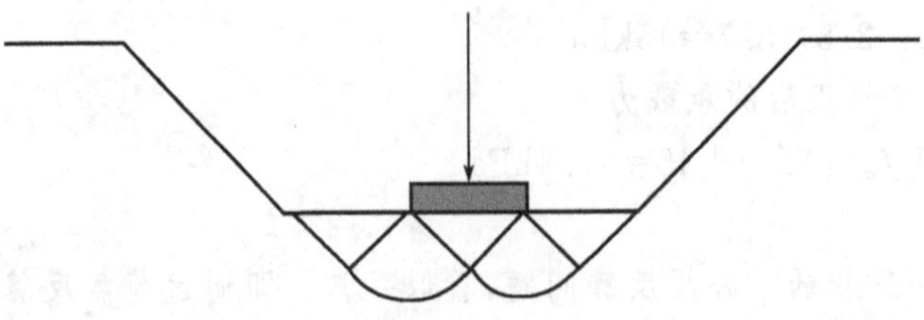

图 4-3

由于其地基破坏的滑动面基本都出露在自由面，所以计算深度取 $d=0$。这样在使用平板载荷试验得到承载力特征值 f_{ak} 后，确定一定宽度和一定埋深基础的地基承载力时，需要对该承载力特征值进行深度与宽度修正，得到所谓"修正后的地基承载力特征值 f_a"。此题目要求的是预先计算出载荷试验的承载力 f_{ak}，如果在上述计算中计入了深度 2m 修正，在计算实际设计承载力时又进行深度修正，那么就重复计算了深度对承载力的影响。如果用埋深 $d=2$m 计算，会得到 $f_a=345.8$kPa 的错误选项，即选项 A。

此题的命题语言有些不确切，即"若按照《建筑地基基础设计规范》(GB 50007—2002)计算地基承载力，其结果最接近下列何值?"容易引起误解。但是考生应当从所给条件理解此题。亦即问的是"预算载荷试验得到的地基承载力"。因为在堆载法进行载荷试验之前，常常要预先估算承载力，以便准备堆载的配重量。当然，要求命题尽可能语言明确，没有歧义；因为应试者在考试时没法讨论和申辩，只能自己理解与顺应命题者的原意。

例题 12　2009 年下午案例题 5

筏板基础宽度为 10m，埋置深度为 5m，地基土为厚层均质粉土层，地下水位在地面下 20m 处。在基底高程上用深层平板载荷试验得到的地基承载力特征值 $f_{ak}=200$kPa，地基土的重度为 19kN/m^3(查表可得地基承载力修正系数为：$\eta_b=0.3$，$\eta_d=1.5$)，试问筏板基础基底均布压力为下列何项数值时刚好满足地基承载力的设计要求?

(A)345kPa　　(B)284kPa　　(C)217kPa　　(D)167kPa

答案　C

解答

修正后的地基承载力特征值：

$$f_a=f_{ak}+\eta_b\gamma(b-3)+\eta_d\gamma(d-0.5)=200+0.3\times19\times(6-3)+0=217.1\text{kPa}$$

评析

因深层平板载荷试验是在深孔中进行的，其试验结果中已包含深度 d 的影响，使用试验结果时，无须再进行深度修正。故在确定承载力特征值时，深度修正项取为零。如错误采用了 $d=5$m 的深度修正，就重复考虑了深度影响，则计算结果为选项 A。如果考生都记住了此题的考点，也不应再次掉入陷阱了。

例题 13　2007 年下午案例题 20

重力式挡土墙(图 4-4)墙高 8m，墙背垂直、光滑，填土与墙顶平，填土为砂土，$\gamma=20$kN/m^3，内摩擦角 $\varphi=36°$。该挡土墙建在岩石边坡前，岩石边坡与水平方向夹角为 70°，岩体与砂填土间摩擦角 δ_R 为 18°，计算作用于挡土墙上的主动土压力最接近下列哪一个数值?

(A)166kN/m　　(B)298kN/m　　(C)157kN/m　　(D)213kN/m

答案　B

解答

以岩土界面和墙土界面为界，取滑动楔体取为隔离体，考虑其静力平衡，如图 4-5 所示。

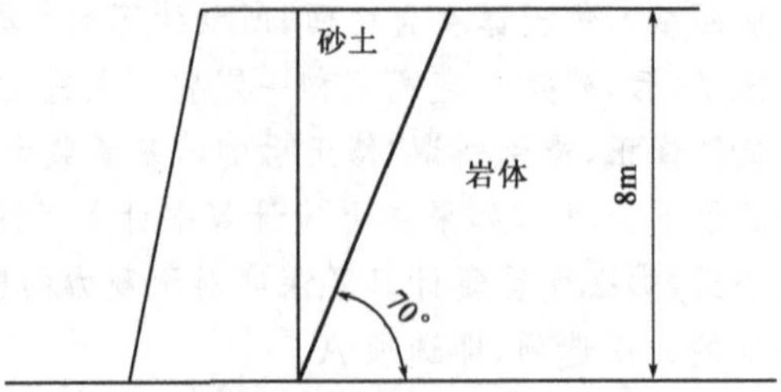

图 4-4

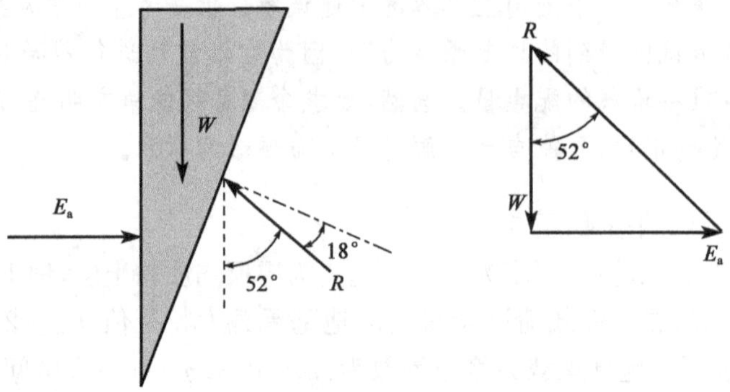

图 4-5

楔体自重：

$$W=\frac{\frac{1}{2}\gamma H^2}{\tan\theta}=\frac{1}{2}\times20\times\frac{8^2}{\tan70^\circ}=233\text{kN/m}$$

根据力三角形关系有：

$E_a=W\tan(\theta-\delta_R)=233\times\tan(70^\circ-18^\circ)=233\times\tan52^\circ=298\text{kN/m}$

评析

(1)这是墙后滑裂面受限情况下的挡土墙问题。所以不能用朗肯土压力理论直接计算土压力。用上述的楔体上力的平衡的解法简单且方便。有的考生受到“墙背垂直光滑、填土水平及砂土内摩擦角 $\varphi=36^\circ$”的迷惑，而直接用朗肯土压力公式计算，即：

$K_a=\tan^2(45^\circ-\varphi/2)=\tan^2 27^\circ=0.26$

$E_a=K_a\gamma H^2/2=0.26\times20\times8^2/2=166\text{kN/m}$

这样结果为选项A。应当看到，由于墙后填土受限(图4-6)，不可能在砂填土中出现朗肯土压力理论所要求的滑裂面，即与水平方向夹角 $45^\circ+\varphi/2=63^\circ<\theta=70^\circ$，则滑动面就进入了岩体之内。

(2)此题在考试时，也有人采用《建筑边坡工程技术规范》(GB 50330—2002)第6.2.8条所建议的公式；《建筑地基基础设计规范》(GB 50007—2002)也有类似的公式[式(6.6.3-2)]。这种算法也可以得到相同的答案，但是首先需要熟悉规范，并迅速找到该公式；随后要在公式中正确判断 $\alpha=90^\circ$、$\beta=0^\circ$、$\theta=70^\circ$、$\delta=0^\circ$、$\delta_R=18^\circ$，在条件简单情况下，可能不如直接用力的三角形楔体平衡计算快捷，但很多考生还是依靠规范，离开规范就无所适从，这是一种不好的习惯。

(3)此题如果 $\theta<45^\circ+\varphi/2$ 并且 $\delta_R<\varphi$，则需要判断沿着 θ 和沿着 $45^\circ+\varphi/2$ 哪一个滑动面产生的主动土压力更大，大的那一个就是正确的选项。

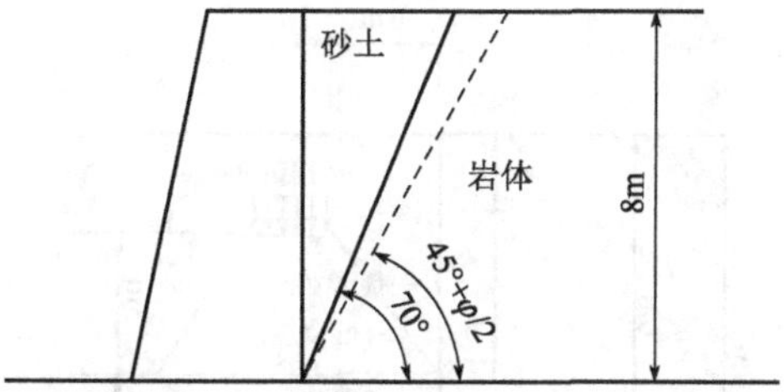

图 4-6

例题 14　2013 年上午案例题 22

某基坑开挖深度为 6m，地层为均质一般黏性土，其重度 $\gamma=18.0\text{kN/m}^3$，黏聚力 $c=20\text{kPa}$，内擦角 $\varphi=10°$。距离基坑边缘 3～5m 处坐落一条形构筑物，其基底宽度为 2m，埋深为 2m，基底压力为 140kPa，假设附加荷载按 45°应力双向扩散，基底以上土与基础平均重度为 18kN/m^3（图 4-7）。试问自然地面下 10m 处支护结构外侧的主动土压力强度标准值最接近下列哪个选项？

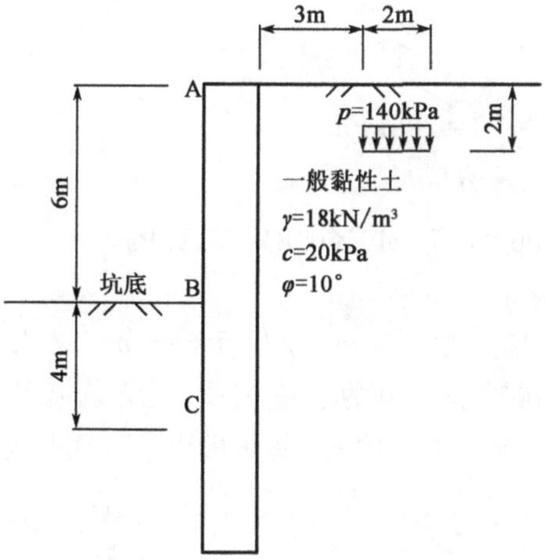

图 4-7

(A)93kPa　　(B)112kPa　　(C)118kPa　　(D)192kPa

答案　B

解答

根据《建筑基坑支护技术规程》(JGJ 120—2012) 第 3.4.7 条，从图 4-8 可见，地面以下 10m 在局部荷载的影响区内。

(1)计算基底附加压力

$b=2\text{m}, a=3\text{m}, d=2\text{m}$

$p_0=p-\gamma d=140-2\times18=104\text{kPa}$

(2)计算 p_0 扩散后产生的竖向压力

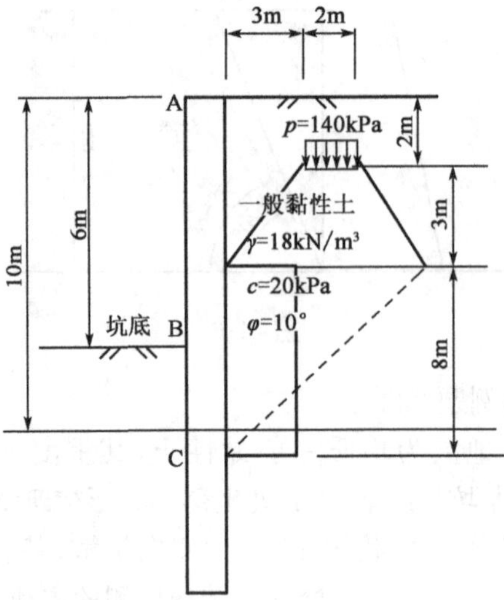

图 4-8

$$\sigma'_z=104\times\frac{2}{2+2\times3}=26\text{kPa}$$

总竖向应力 $\sigma_z=\sigma'_z+18\times10=206\text{kPa}$

(3)计算 σ_z 产生的主动土压力

$$p_a=\sigma_z K_a-2c\sqrt{K_a}=206\times0.7-40\times0.84=111\text{kPa}$$

评析

这道题的陷阱在于附加应力为 $p_0=p-\gamma d$，而不是 $p=140\text{kPa}$ 向下45°扩散。另外就是判断地面以下10m处是否在附加应力的影响范围。《建筑基坑支护技术规程》(JGJ 120—2012)的图3.4.7注明是 p_0，而这里给的是“基底压力 p”，这是有意迷惑而设置的陷阱，按 p 扩散计算则变为选项C。

例题15 2016年上午案例题5

某高度60m的结构物，采用方形基础，基础边长15m，埋深3m。作用在基础底面中心的竖向力为24000kN。结构物上作用的水平荷载呈梯形分布，顶部荷载分布值为50kN/m，地表处荷载分布为20kN/m，如图4-9所示。求基础底面边缘的最大压力最接近下列哪个选项的数值？(不考虑土压力的作用)

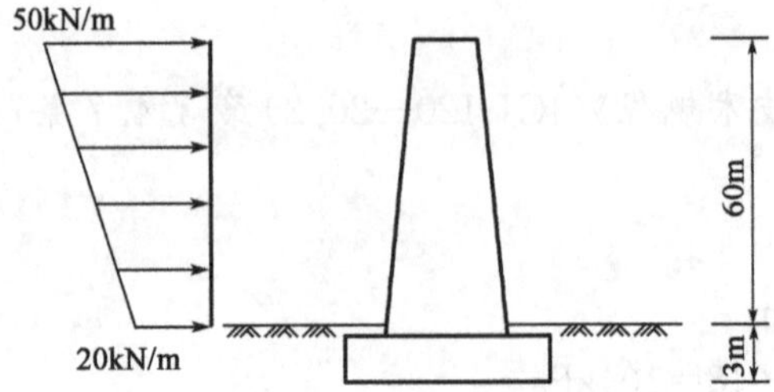

图 4-9

(A)219kPa　　(B)237kPa　　(C)246kPa　　(D)252kPa

答案　D

解答

$$e=\frac{\sum M}{\sum N}=\frac{20\times 60\times\left(3+\frac{60}{2}\right)+\frac{1}{2}\times 30\times 60\times\left(3+\frac{2}{3}\times 60\right)}{24000}=3.26>\frac{b}{6}=2.5\text{m}$$

故为大偏心。

$$a=\frac{15}{2}-3.26=4.24\text{m}$$

$$p_{\text{kmax}}=\frac{2(F_k+G_k)}{3la}=\frac{2\times 24000}{3\times 15\times 4.24}=252\text{kPa}$$

评析

此题应也是一道有陷阱的考题。关键在于先判断是大偏心，$e>b/6$。否则用常规的公式计算：$N=24000\text{kN}$；$M=78300\text{kN}\cdot\text{m}$。

$$p_{\text{kmax}}=\frac{N}{lb}+\frac{M}{W}=\frac{24000}{15^2}+6\times 78300/15^3=106.7+139.1=246\text{kPa}$$

就变成了选项 C。

例题 16　2009 下午案例题 10

某稳定边坡(图 4-10)，坡角 β 为 30°。矩形基础垂直于坡顶边缘线的底面边长 b 为 2.8m，基础埋置深度 d 为 3m。试问按照《建筑地基基础设计规范》(GB 50007—2002)，基础底面外边缘线至坡顶的水平距离 a 应大于下列哪个选项的数值？

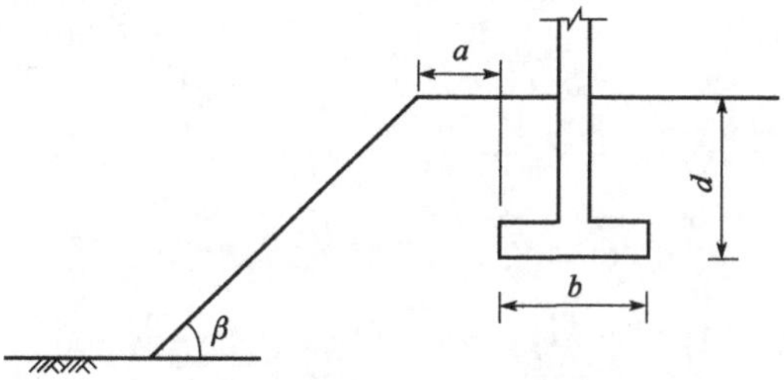

图　4-10

(A)1.8m　　(B)2.5m　　(C)3.2m　　(D)4.6m

答案　B

解答

根据《建筑地基基础设计规范》(GB 50007—2002)式(5.4.2)计算。

矩形基础：$a=2.5b-d/\tan\beta=2.5\times 2.8-3/\tan 30°=1.8\text{m}$

但需 $a\geqslant 2.5\text{m}$，所以 a 取 2.5m。

评析

《建筑地基基础设计规范》(GB 50007—2002)第5.4.2条第1款要求a“且不得小于2.5m”,因而经过计算此题a=1.8m<2.5m。选项B正确。

此题看似非常甚至反常的简单,所以选择率为97.6%,可谓大受欢迎,结果正确率只有4.23%,成为“极难题”。这也是一个陷阱,规范规定:距离a“且不得小于2.5m”。看来多数人纷纷落入此陷阱,丢掉了可贵的2分。

所以如果案例题超乎寻常的简单就要提高警惕了,最好再仔细校对、检查。上述藏有陷阱的考题看起来都过于简单。

第五讲

另辟蹊径

考题都是专家按照一定的思路命题设计的,可采用常规的方法解答,绝大多数考生也都是跟着这条思路理解和回答,但是通往罗马的路径不会只有一条。首先,在数学技巧方面会有高下之分,考题中常常遇到的三相换算,人们习惯于去记、推、查公式,如果学会熟练地绘制换算草图,利用比例关系则会发现清晰而简洁的算法。对静水中的岩土体进行稳定分析时,从自重中扣除浮力,而不是逐项计算其表面上的水压力,要简单很多;对于复杂表面的水压力计算,利用压力体的概念,分别计算水平水压力和竖直水压力,也是一条捷径。

有的考题指明了规范,利用规范中冗长的公式,反而是不划算的;根据土力学的概念与理论直接求解,往往会有意外的惊喜。

另辟蹊径常常会大大减少计算量,节省时间。而注册岩土工程师考试就是考速度、考时间,能够简洁、快速地解决问题,有很大的优势。能够做到这一点的关键是对岩土力学理论与概念的精准、熟练、透彻的掌握,即所谓"熟能生巧"。

有些考题换一个思路就会得到与众不同的解决方法,其解法往往别出心裁,出人意料,令人拍案叫绝,所谓"我劝天公重抖擞,不拘一格降人才"。这种不按常规出牌的考生都是很聪明的,他们概念清楚、头脑灵活。太沙基讲过:土力学与其说是一门技术,更像是一门艺术。技术靠的是规范与经验,而艺术则源于灵感与创新,即所谓"文章本天成,妙手偶得之"。对于这些突破常规的,具有艺术性的解答,评分者应特别关注,发现其观点,了解其思路,否则评分者看不懂其中奥妙,没有给分,那真是一出悲剧了。

例题 1　2019 年上午知识题 19

某湿陷性黄土地基拟采用灰土挤密法处理地基，等边三角形布桩，在满足设计要求情况下比较以下两种方案：方案一，桩径 d 为 0.45m，桩间距 s 为 0.9m；方案二，桩径为 0.50m，面积置换率同方案一，则方案二桩间距 s 最接近下列哪个选项？

(A)1.15m　　(B)1.05m　　(C)1.00m　　(D)0.95

答案　C

评析

解法一

根据《建筑地基处理技术规范》(JGJ 79—2012)第 7.1.5 条：

$m=d_1^2/d_{e1}^2=d_1^2/(1.05s_1)^2=0.45^2/(1.05\times0.9)^2=0.227$

$m=d_2^2/d_{e2}^2=d_2^2/(1.05s_2)^2=0.5^2/(1.05s_2)^2$

$$s_2=\frac{d_2}{\sqrt{1.05m}}=\frac{0.5}{\sqrt{1.05\times0.227}}=\frac{0.5}{0.5}=1.0\text{m}$$

解法二

$s_2=d_2\times s_1/d_1=0.5\times0.9/0.45=1.0\text{m}$

两种算法结果相同。但是解法二根据 $m=\dfrac{d_1^2}{(1.05s_1)^2}=\dfrac{d_2^2}{(1.05s_2)^2}$ 得到 $s_2=d_2\times s_1/d_1$，绕过了置换率 m 的计算，直接计算 s_2，简洁、迅速，可以心算而无需计算器。对于知识题，并不要求推导与写明计算过程，这种数学上的技巧无疑是划算的。

例题 2　2019 年上午知识题 23

某水泥搅拌桩复合地基，桩径 400mm，桩距 1.20m，正三角形布桩。三桩复合地基载荷试验的圆形承压板直径应取下列哪个选项？

(A)2.0m　　(B)2.2m　　(C)2.4m　　(D)2.6m

答案　B

评析

解法一

根据《建筑地基处理技术规范》(JGJ 79—2012)附录 B.0.2 条，多桩复合地基静载荷试验承压板可用方形或矩形，也可用其具有等效直径的圆形承压板。其尺寸按实际桩数所承担的处理面积确定。

单根桩承担的处理面积为 $A_e=\dfrac{\pi d_e^2}{4}=\dfrac{\pi\times(1.05\times1.2)^2}{4}=1.246\text{m}^2$。

三根桩承担的处理面积为 $1.246\times3=3.738\text{m}^2$。

采用三桩复合地基载荷试验圆形压板时的直径 D_e 为：

$$\frac{\pi}{4}D_e^2=3.738,D_e=\sqrt{\frac{4\times3.738}{\pi}}=2.18\text{m}$$

解法二

$$\frac{\pi}{4}D_e^2=3\,\frac{\pi d_e^2}{4},D_e=\sqrt{3}(1.05\times1.2)=2.18\text{m}$$

第二种解法，直接根据单桩间距 $s=1.2$m 计算三桩承载板的直径，不必计算单根桩承担的处理面积 A_e，通过比例关系直接计算 D_e，显然简便、快速，对于有计算的知识题，应尽量减少计算量，节省时间，还可避免计算过程中可能发生的错误。

例题3 2018年上午案例题16

图5-1所示岩质边坡的潜在滑面 AC 的内摩擦角 $\varphi=18°$，黏聚力 $c=20$kPa，倾角 $\beta=30°$，坡面出露点 A 距坡顶 $H_2=13$m。潜在滑体 ABC 沿 AC 滑动的抗滑安全系数 $K_2=1.1$。坡体内的软弱结构面 DE 与 AC 平行，其出露点 D 距坡顶 $H_1=8$m。试问对块体 DBE 进行挖降清方后，潜在滑体 $ADEC$ 沿 AC 面的抗滑安全系数最接近下列哪个选项？

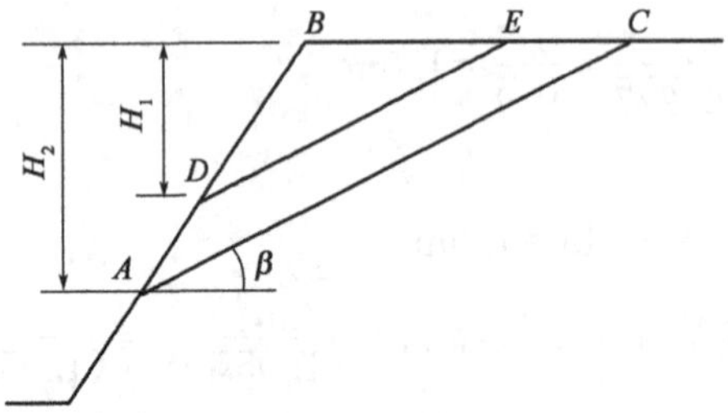

图 5-1

(A)1.0　　(B)1.2　　(C)1.4　　(D)2.0

答案 C

解答

设滑体的重度为 γ，潜在滑动面 AC 长度为 l_2，如图5-2所示。

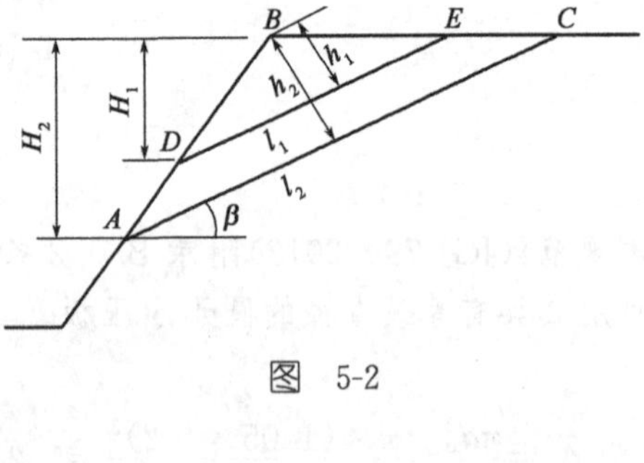

图 5-2

(1)清方前

$l_2=H_2/\sin30°=26\text{m}$

$l_1=H_1/\sin30°=16\text{m}$

$$\frac{h_1}{h_2}=\frac{l_1}{l_2}=\frac{H_1}{H_2}=\frac{16}{26}=0.6154$$

沿坡顶纵向取单位长度：

$V_2 = A_2 = l_2 h_2/2 = 13h_2$

$W_2 = \gamma l_2 h_2/2 = 13\gamma h_2$

$K_2 = \frac{\tan\varphi}{\tan\beta} + \frac{4c}{\gamma h_2} = \frac{\tan 18^\circ}{\tan 30^\circ} + \frac{4\times 20}{\gamma h_2} = 1.1, \gamma h_2 = 148.2\ \text{kN/m}^2$

$W_2 = \gamma l_2 h_2/2 = 13\gamma h_2 = 13\times 148.2 = 1937\text{kN/m}$

(2)清方后

$W_1 = \gamma l_1 h_1/2 = 8\gamma h_1 = 8\times 0.6154\gamma h_2 = 730\text{kN/m}$

$W_2 - W_1 = 1937 - 730 = 1207\text{kN/m}$

$$K = \frac{(W_2 - W_1)\cos\beta\tan\varphi + cl_2}{(W_2 - W_1)\sin\beta} = \frac{1207\times\cos 30^\circ\tan 18^\circ + 20\times 26}{1207\times\sin 30^\circ} = 1.425$$

评析

此题也可以通过各几何力学量间的比例关系简化计算。

清方前后的体积比：$\frac{V_2 - V_1}{V_2} = \frac{V_{2-1}}{V_2} = \frac{13^2 - 8^2}{13^2} = 0.621$

清方前：$K_2 = \frac{\tan\varphi}{\tan\beta} + \frac{cl_2}{V_2\sin\beta} = \frac{\tan 18^\circ}{\tan 30^\circ} + K_{c2} = 1.1, K_{c2} = 0.537$

K_c为黏聚力部分产生的安全系数

清方后：$K_{c(2-1)} = K_{c2}/0.621 = 0.865$

$K_{2-1} = \frac{\tan\varphi}{\tan\beta} + K_{c(2-1)} = \frac{\tan 18^\circ}{\tan 30^\circ} + 0.865 = 0.563 + 0.865 = 1.428$

这种算法主要是根据清方前后体积的比值进行计算，由于 $\tan\varphi/\tan\beta$ 部分不变，K_c部分按照体积比例增减，不必具体计算清方前后的体积、重量，再计算安全系数。计算量减到原来的二分之一，节省了时间，也减少了犯错的概率。

例题 4 2018 年下午案例题 15

如图 5-3 所示，某铁路河堤挡土墙，墙背光滑垂直，墙身透水，墙后填料为中砂，墙底为节理很发育的岩石地基。中砂天然重度和饱和重度分别为 $\gamma = 19\text{kN/m}^3$ 和 $\gamma_{sat} = 20\text{kN/m}^3$。墙底宽 $B = 3\text{m}$，与地基的摩擦系数为 $f = 0.5$。墙高 $H = 6\text{m}$，墙体重 330kN/m，墙面倾角 $\alpha = 15^\circ$，土体主动土压力系数 $K_a = 0.32$。试问当河水位 $h = 4\text{m}$ 时，墙体抗滑安全系数最接近下列哪个选项？（不考虑主动土压力增大系数，不计墙前的被动土压力）

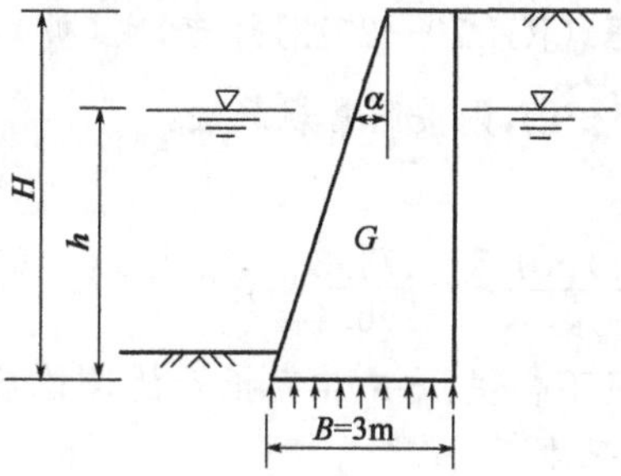

图 5-3

(A)1.21　　(B)1.34　　(C)1.91　　(D)2.03

答案　B

解答

(1)墙后主动土压力计算

墙顶处：$p_{a1}=0\text{kPa}$

水面处：$p_{a2}=K_a\gamma(H-h)=0.32\times19\times(6-4)=12.2\text{kPa}$

墙底处：$p_{a3}=K_a[\gamma(H-h)+\gamma'h]=0.32[19\times2+10\times4]=25\text{kPa}$

总主动土压力：$E_a=2\times12.2/2+4\times(12.2+25)/2=86.4\text{kN/m}$

(2)水压力计算

墙前水下斜墙面长度：$l=\frac{h}{\sin75^\circ}=\frac{4}{0.966}=4.14\text{m}$

墙前水压力：$E_{w1}=\gamma_w hl/2=10\times4\times4.14/2=82.8\text{kN/m}$

E_{w1}的水平分量：$E_{w1x}=80\text{kN/m}$

E_{w1}的竖直分量：$E_{w1z}=21.4\text{kN/m}$

墙后水压力：$E_{w2}=\gamma_w h^2/2=80\text{kN/m}$

墙底扬压力：$E_{w3}=\gamma_w hB=10\times4\times3=120\text{kN/m}$

(3)抗滑安全系数

$$K=\frac{(330+21.4-120)\times0.5}{86.4+80-80}=1.34$$

评析

墙体自重扣除浮力，就可以省去一系列表面水压力计算。

墙后总主动土压力：$E_a=2\times12.2/2+4\times(12.2+25)/2=86.4\text{kN/m}$

在水面处的墙宽：$b=B-h\tan15^\circ=3-4\times\tan15^\circ=1.93\text{m}$

墙体的浮力：$F=\gamma_w h(B+b)/2=10\times4\times(3+1.93)/2=98.6\text{kN/m}$

安全系数：$K=\frac{(330-98.6)\times0.5}{86.4}=1.34$

处于静水以下的结构物应当从其重力中扣除浮力来计算其竖向力，一切水平水压力分量都会抵消。不分别计算其水下各个面上的水压力，一是这样计算会很简便；二是无须判别每一个水压力的方向后，再进行在滑动面上的分解，并且还要正确地判断它们是荷载还是抗力。比如按照《建筑基坑支护技术规程》(JGJ 79—2012)规定，主(被)动土压力中包括主(被)动侧的水压力，即 $p_a=\sigma'_z K_a-2c\sqrt{K_a}+u_a$，则按照常规算法：

$E_a=(86.4+80)\text{kN/m}$

$$K=\frac{80+(330-21.4-120)\times0.5}{86.4+80}=\frac{174.3}{166.4}=1.05$$

这显然是自找麻烦，并且极不合理：本来相互抵消的墙前后的水压力水平分量，却分别变成了荷载与抗力位于分子与分母中。

例题 5 2019 年上午案例题 5

某矩形基础，荷载作用下基础中心点下不同深度处的附加应力系数见表 5-1，基底以下土层参数见表 5-2。基底附加压力为 200kPa，地基变形计算深度取 5m，沉降计算经验系数见表 5-3。按照《建筑地基基础设计规范》(GB 50007—2011)，该基础中心点的最终沉降量最接近下列何值？

基础中心点下的附加应力系数 表 5-1

计算点至基底的垂直距离(m)	1.0	2.0	3.0	4.0	5.0
附加应力系数	0.674	0.320	0.171	0.103	0.069

基底以下土层参数 表 5-2

土　名	厚度(m)	压缩模量 E_s(MPa)
①黏性土	3	6
②细砂	10	15

沉降计算的经验系数 表 5-3

变形计算深度范围内压缩模量的当量值(MPa)	2.5	4.0	7.0	15.0	20.0
沉降计算的经验系数 ψ	1.4	1.3	1.0	0.4	0.2

(A)40mm　　(B)50mm　　(C)60mm　　(D)70mm

答案 C

解答

(1)各土层的平均附加应力系数

根据《建筑地基基础设计规范》(GB 50007—2011)第 5.3.5 条。

①黏性土底部：

$\bar{\alpha}_i=1\times[(1+0.674)/2+(0.674+0.32)/2+(0.32+0.171)/2]/3=0.5265$

②细砂 2m 处：

$\bar{\alpha}_i=1\times[(1+0.674)/2+(0.674+0.32)/2+(0.32+0.171)/2+(0.171+0.103)/2+(0.103+0.069)/2]/5$

$=0.3605$

(2)计算变形沉降

计算数据见表 5-4。

表 5-4

基底至第 i 层土底面距离 z_i	$\bar{\alpha}_i$	$z_i\bar{\alpha}_i$	$A_i=z_i\bar{\alpha}_i-z_{i-1}\bar{\alpha}_{i-1}$	E_{s1}(MPa)
0	0	0	0	6

续上表

基底至第 i 层土底面距离 z_i	$\bar{\alpha}_i$	$z_i\bar{\alpha}_i$	$A_i=z_i\bar{\alpha}_i-z_{i-1}\bar{\alpha}_{i-1}$	E_{s1}(MPa)
3.0	0.5265	1.5795	1.5795	6
5.0	0.3605	1.8025	0.223	15

$$\bar{E}_s=\frac{\sum A_i}{\sum\frac{A}{E_{si}}}=\frac{1.8025}{\frac{1.5795}{6}+\frac{0.223}{15}}=6.48\text{MPa}$$

查出 $\psi=1.052$，则：

$$s=\psi\sum\frac{p_0}{E_{si}}(z_i\bar{\alpha}_i-z_{i-1}\bar{\alpha}_{i-1})=1.052\times\left(\frac{315.9}{6}+\frac{44.6}{15}\right)=58.5\text{mm}$$

评析

在早期的《土力学》教材中，都是给出布辛尼斯克的附加应力系数 α_i，然后将土层分为若干层，分层计算荷载面积与沉降，然后叠加，清晰明了，计算也并不复杂。

《建筑地基基础设计规范》(GB 50007—2011)给出了平均附加应力系数$\bar{\alpha}_i$这种概念和表格数据(表5-5)，一是更精确了，因为它表示的是某一深度附加应力分布面积的积分值，而不是以前那样将曲边梯形按梯形近似计算面积后叠加；二是分层不必太细，例如此题只按两层计算即可。

表5-5

<table>
<tr><th>z(m)</th><th>α_i</th><th>$(\alpha_i+\alpha_{i+1})/2$</th><th>$A_j=\Sigma(\alpha_i+\alpha_{i+1})/2$</th><th>$A_j/E_{sj}$</th><th>$s_j=p_0A_j/E_{sj}$</th></tr>
<tr><td>0</td><td>1.00</td><td></td><td rowspan="4">黏性土
1.58</td><td rowspan="4">0.263</td><td rowspan="4">52.6</td></tr>
<tr><td>1</td><td>0.674</td><td>0.837</td></tr>
<tr><td>2</td><td>0.320</td><td>0.497</td></tr>
<tr><td>3</td><td>0.171</td><td>0.246</td></tr>
<tr><td>4</td><td>0.103</td><td>0.137</td><td rowspan="2">砂土
0.223</td><td rowspan="2">0.015</td><td rowspan="2">3.0</td></tr>
<tr><td>5</td><td>0.069</td><td>0.086</td></tr>
</table>

$$\bar{E}_s=\frac{\sum A_i}{\sum\frac{A}{E_{si}}}=\frac{1.803}{0.278}=6.45\text{MPa}，则\ \psi=1.055$$

$$s=\psi\sum_{j=1}^{n}s_j=1.055\times(52.6+3.0)=58.7\text{mm}$$

此题给的是附加应力系数 α_i，已经失去了$\bar{\alpha}_i$法的精确性，又何必通过附加应力系数近似算出平均附加应力系数$\bar{\alpha}_i$？亦即本来是有两条路径达到同一目的，又何必从一条路走过一半，又转回到另一条路到达目的地。

所以附加应力系数法是先分层，计算各层的附加应力面积后叠加；而平均附加应力系数法是先分层，求各点的总的附加应力面积，然后再相邻点面积相减，得到各层的附加应力面积。最好是手头有什么就用其计算，不必画蛇添足，舍近求远。尽管题目给出了"按照《建筑地基基础设计规范》(GB 50007—2011)"的要求，但只要能够合理、方便地计算，又何必削足适履？

例题6　2019年上午案例题15

如图5-4所示，某河堤挡土墙，墙背光滑垂直，墙身不透水，墙后和墙底均为砾砂层，砾砂的天然与饱和重度分别为 $\gamma=19\text{kN/m}^3$ 和 $\gamma_{sat}=20\text{kN/m}^3$，内摩擦角为 30°，墙底宽 $B=3\text{m}$，墙高 $H=6\text{m}$，挡土墙基底埋深 $D=1\text{m}$，当河水位由 $h_1=5\text{m}$ 降至 $h_2=2\text{m}$ 后，墙后地下水位保持不变且在砾砂中产生稳定渗流时，则作用在墙背上的水平力变化值最接近下列哪个选项？（假定水头沿渗流路径均匀降落，不考虑主动土压力增大系数）

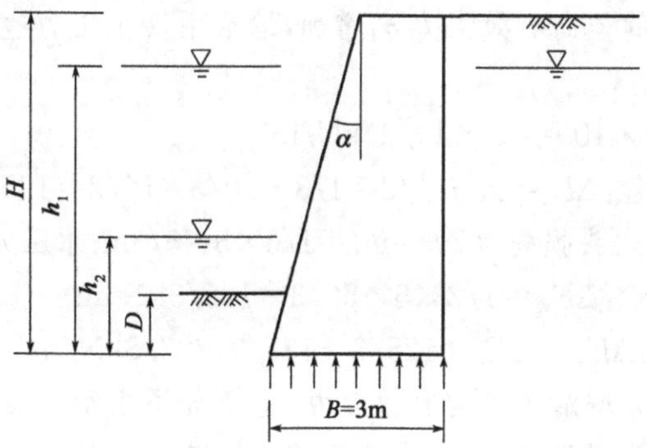

图　5-4

(A)减少 70kN/m　　(B)减少 28kN/m

(C)增加 42kN/m　　(D)增加 45kN/m

答案　B

解答

(1)降水前墙后的水平力

$K_a=1/3$

土压力：墙顶处为 $p_{a1}=0$；水面处为 $p_{a2}=6.3\text{kPa}$；墙底处为 $p_{a3}=6.3+10\times5/3=23\text{kPa}$

$$E_a=\frac{1}{2}\times6.3\times1+\frac{1}{2}(6.3+23)\times5=76.5\text{kN/m}$$

水压力：$E_w=\gamma_w h_1^2/2=10\times5\times5/2=125\text{kN/m}$

总压力：$E=125+76.5=201.5\text{kN/m}$

(2)降水后墙后水平力

$i=3/(5+3+1)=1/3$

土压力：墙顶处为 $p_{a1}=0$；水面处为 $p_{a2}=6.3\text{kPa}$；墙底处为 $p_{a3}=6.3+(10+10/3)\times5/3=28.5\text{kPa}$

$$E_a=\frac{1}{2}\times6.3\times1+\frac{1}{2}(6.3+28.5)\times5=90.15\text{kN/m}$$

墙底处水压力：$p_w=50-5\times10/3=33.33\text{kPa}$，$E_w=33.3\times5/2=83.3\text{kN/m}$

$E=E_a+E_w=90.15+83.3=173.5\text{kN/m}$

(3)水平力减少

$\Delta E=201.5-173.5=28\text{kN/m}$

评析

上述的算法是分别计算降水前后墙后的水平压力，然后相减。思路清楚，按部就班，不失为一种稳健的、常规的方法。其实可以用如下方法直接计算其减少值。

以墙的外轮廓线作为第一条流线，有：

$i=\Delta h/L=(5-2)/(5+3+1)=1/3, K_a=1/3$

渗流向下，引起土体的竖向有效应力σ'_z增加，墙后主动土压力也增加；同时也发生水头损失，水压力减小。

$\Delta\sigma'_z=zj=zi\gamma_w=1/3\times10z=(z\times10/3)\text{kN/m}^3$

(1)墙背的土压力增量：$\Delta E_a=K_a jh^2/2=1/3\times10/3\times5^2/2=125/9\text{kN/m}$

渗流引起的墙底处的水头损失为$\Delta h=ih_1=1/3\times5=5/3\text{m}$；水压力损失为$\Delta p_w=50/3\text{kPa}$。

(2)墙后水压力减少量：$\Delta E_w=1/2\times5\times50/3=125/3\text{kN/m}$

(3)总水平力减少量：$\Delta E_w-\Delta E_a=125/3-125/9=27.8\text{kN/m}$

墙前水位下降，渗透力增加了竖向有效应力，也增加了主动土压力，但由于从原来的静水压力变为渗流水压力，水头损失了，水压力减少了。最终总的水平压力也减少了。

常规的计算是分别计算降水前后的墙后的总水平力，然后相减。而只计算降水位引起的水、土压力变化，要简单得多。

注：此题应当用挡土墙的外轮廓为渗径近似计算渗流水力坡降，但被动段渗径取$D=1\text{m}$是不合理的；因为这种情况下的第一条流线是墙的外轮廓线，由于没有给出墙面的倾角，也只能如上近似计算，即渗径$=(5+3+1)\text{m}$。

例题7　2011年下午案例题18

纵向很长的土坡剖面上取一条块如图5-5所示，土坡坡角为30°。砂土与黏土的重度都是18kN/m³，砂土$c_1=0$，$\varphi_1=35°$，黏土$c_2=30\text{kPa}$，$\varphi_2=20°$，黏土与岩石界面的$c_3=25\text{kPa}$，$\varphi_3=15°$，假设滑动面都平行于坡面，请计算论证最小安全系数的滑动面位置将相应于下列哪一个选项？

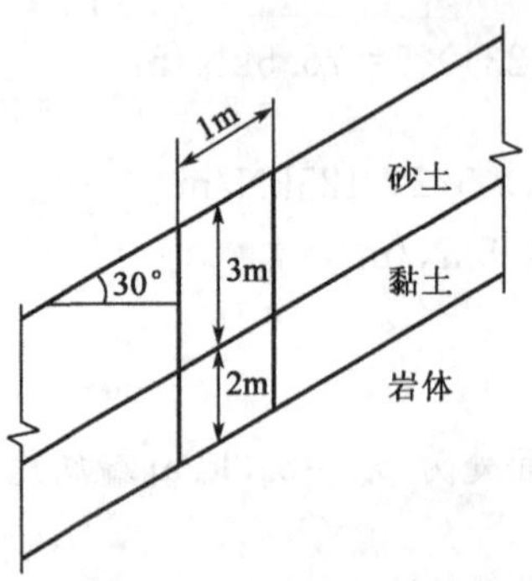

图 5-5

(A)砂土层中部　　(B)砂土与黏土界面，在砂土一侧

(C)砂土与黏土界面，在黏土一侧　　(D)黏土与岩石界面上

答案　D

解答

(1)选项 A、B，砂土层中部与砂土一侧安全系数相同：

$F_s=\tan\varphi/\tan\theta=\tan35°/\tan30°=1.21$

(2)选项 C，砂土与黏土界面上，在黏土一侧，纵向与顺坡向都取单位长度 1m 计算，如图 5-6 所示。

$F_s=(\gamma h\cos^2\theta\tan\varphi+c)/(\gamma h\cos\theta\sin\theta)=(3\times18\cos^2 30°\times\tan20°+30)/(3\times18\cos30°\sin30°)$
$=44.7/23.4=1.91$

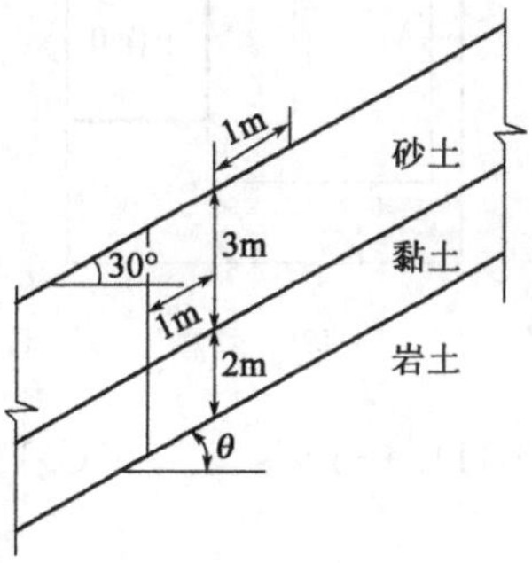

图　5-6

(3)选项 D，黏土与岩石界面上，纵向与顺坡向的坡长都取单位长 1m 度计算，则

$F_s=(\gamma h\cos^2\theta\tan\varphi+c)/(\gamma h\cos\theta\sin\theta)=(5\times18\cos^2 30°\times\tan15°+25)/(5\times18\cos30°\sin30°)$
$=43.1/39=1.11$

最小安全系数的滑动面位置为黏土与岩石界面上。

评析

对于砂土任意平行于坡面的滑动面安全系数 F_s 都相同($\tan\varphi/\tan\alpha$)，所以选项 A、B 的安全系数相同。而案例题只能有一个答案，命题专家也不会让选项 A、B 都正确，由此就可淘汰选项 A 和 B 而无须计算。

在选项 C 和 D 的两个界面处，根据 $F_s=\dfrac{\tan\varphi}{\tan\theta}+\dfrac{c}{W\sin\theta}$，岩与土界面上(选项 D)的 c 和 φ 都小于砂土与黏土界面的黏土一侧(选项 C)的值，并且选项 D 的 W 大于选项 C 的，则选项 C 也可淘汰。这样就只剩下选项 D 了。

这道题如果不讲理由就给出了选项 D，在人工复审时可能有风险。最安全的方法是首先简单指出选项 A 和 B 都不可能为答案，且说明选项 C 安全系数必大于选项 D，则正确的选项为 D。如果把以上的意思说明白，此题即使不计算也可选择 D，只要说明道理，复审时也没有问题，因为这是命题的漏洞。

例题 8　2009 年下午案例题 2

某常水头渗透试验装置如图 5-7 所示，土样Ⅰ的渗透系数 $k_1=0.2\text{cm/s}$，土样Ⅱ的渗透系数 $k_2=0.1\text{cm/s}$，土样横截面积 $A=200\text{cm}^2$。如果保持图中水位恒定，则该试验的流量 Q 应保持为下列哪个选项？

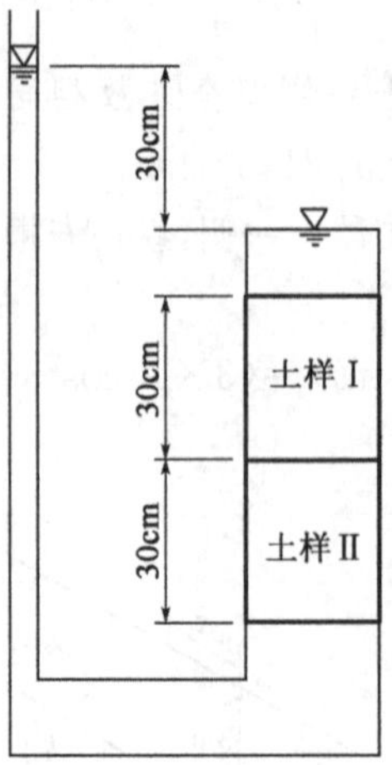

图 5-7

(A)10.0cm³/s　　(B)11.1cm³/s　　(C)13.3cm³/s　　(D)15.0cm³/s

答案　C

解答

解法一

假设土样Ⅰ、土样Ⅱ各自的水头损失分别为 Δh_1、Δh_2，则：

$$\Delta h_1+\Delta h_2=30\text{cm} \tag{5-1}$$

根据渗流连续原理，流经两土样的渗流流量相等，由达西定律可得：

$$k_1\Delta h_1/l_1=k_2\Delta h_2/l_2 \tag{5-2}$$

土样长度 $l_1=l_2=30\text{cm}$，联立求解方程式(5-1)、式(5-2)，得：

$$\Delta h_1=10\text{cm},\quad \Delta h_2=20\text{cm}$$

将已知数代入，得：

$$Q=kiA=k_1\Delta h_1/l_1A=k_2\Delta h_2/l_2A=13.3\text{cm}^3/\text{s}$$

解法二

用等效渗透系数 $\bar{k}_z$ 计算：

$$\bar{k}_z=\frac{h_1+h_2}{\frac{h_1}{k_1}+\frac{h_2}{k_2}}=\frac{30+30}{\frac{30}{0.2}+\frac{30}{0.1}}=0.133\text{cm/s} \tag{5-3}$$

$$i=\Delta h/l=0.5$$

$$Q=\bar{k}_ziA=0.133\times0.5\times200=13.3\text{cm}^3/\text{s}$$

评析

此题原解答给了两种解法，计算原理与结果相同。其中等效渗透系数法相对简单一些，可节省计算时间。但是必须记住公式(5-3)，如果翻书，就不见得省时间了。

还有一种简单省时的方法——土层的等效厚度法。

(1)由于土样Ⅱ渗透系数为土样Ⅰ的 1/2，如果设两种土样的渗透系数相等，都为 $k_1=0.2\text{cm/s}$，则Ⅱ的等效厚度为 60cm。试样总的等效厚度为 90cm。

(2)计算等效水力坡降：$i=30/90=1/3$。

(3)计算流量：$Q=k_1 iA=0.2\times1/3\times200=13.3\text{cm}^3/\text{s}$。

这种等效长度法道理很简单：Ⅱ的渗透系数是Ⅰ的一半，同样长度下水头损失为Ⅰ的2倍，如果令二者的渗透系数相等，则Ⅱ的等效长度是Ⅰ的2倍时，水头损失也是Ⅰ的2倍，这与图5-7所示的问题等效。这对于计算水头损失、流速与流量等都是很方便的，同时也很直观，比等效渗透系数法更易于理解和计算。

例题9 2010年下午案例题2

已知一砂土层中某点应力达到极限平衡时，过该点的最大剪应力平面上的法向应力和剪应力分别为264kPa和132kPa。问关于该点处的大主应力σ_1、小主应力σ_3以及该砂土内摩擦角φ的值，下列哪个选项是正确的？

(A)$\sigma_1=396\text{kPa},\sigma_3=132\text{kPa},\varphi=28°$

(B)$\sigma_1=264\text{kPa},\sigma_3=132\text{kPa},\varphi=30°$

(C)$\sigma_1=396\text{kPa},\sigma_3=132\text{kPa},\varphi=30°$

(D)$\sigma_1=396\text{kPa},\sigma_3=264\text{kPa},\varphi=36°$

答案 C

解答

根据题目所示条件作极限应力圆和强度线，如图5-8所示，由图可解得：

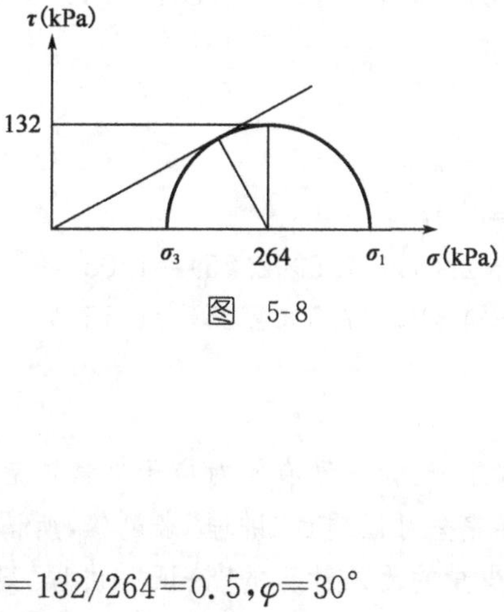

图 5-8

$(\sigma_1-\sigma_3)/2=132\text{kPa}$

$(\sigma_1+\sigma_3)/2=264\text{kPa}$

$\sigma_1=264+132=396\text{kPa}$

$\sigma_3=264-132=132\text{kPa}$

$\sin\varphi=(\sigma_1-\sigma_3)/(\sigma_1+\sigma_3)=132/264=0.5,\varphi=30°$

注：最大剪应力面并非剪切破坏面。

评析

如上所述，绘制莫尔圆，可很直观地解决此问题。但是此题也是可以不画、不算而解答的。

(1)由于最大剪应力平面上的法向应力和剪应力分别为264kPa和132kPa，它们分别是$(\sigma_1+\sigma_3)/2$和$(\sigma_1-\sigma_3)/2$，因而

$\sin\varphi=(\sigma_1-\sigma_3)/(\sigma_1+\sigma_3)=132/264=0.5,\varphi=30°$

这样,四个选项中有$\varphi=30°$的选项B与C可能为正确答案,淘汰选项A和D;但σ_1不会等于$(\sigma_1+\sigma_3)/2=264kPa$,因此只有选项C才是正确选项。

此题用上述的判断,无须计算就确定选项C正确。这需要对于极限状态的莫尔圆十分熟练。这类题,如果像上面那样讲明白,无须计算也应当给分。

例题10 2012年上午案例题25

有一6m高的均匀土质边坡,$\gamma=17.5kN/m^3$,根据最危险滑动圆弧计算得到的抗滑力矩为3580kN·m,滑动力矩为3705kN·m。为提高边坡的稳定性提出图5-9所示两种卸荷方案,卸荷土方量相同而卸荷部位不同,试计算卸荷前、卸荷方案1、卸荷方案2的边坡稳定系数(分别为K_0、K_1、K_2),判断三者关系为下列哪一选项?(假设卸荷后抗滑力矩不变)

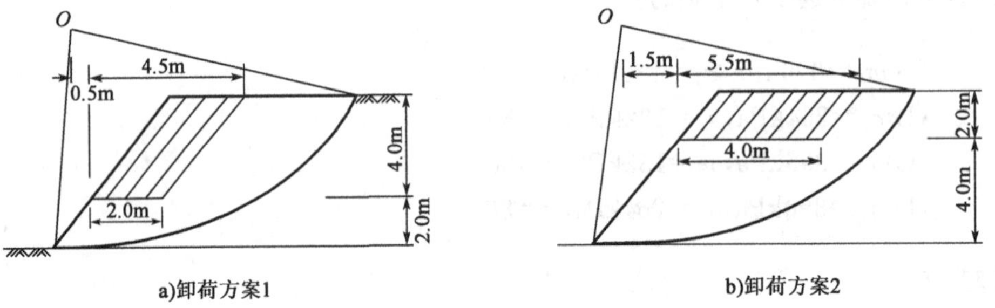

图 5-9

(A)$K_0=K_1=K_2$　(B)$K_0<K_1=K_2$　(C)$K_0<K_1<K_2$　(D)$K_0<K_2<K_1$

答案 C

解答

K=抗滑力矩/滑动力矩

卸载前:$K_0=3580/3705=0.97$

方案1:$K_1=3580/(3705-2\times4\times17.5\times2.75)=1.08$

方案2:$K_2=3580/(3705-4\times2\times17.5\times4.25)=1.15$

$K_0<K_1<K_2$

评析

这是一道非常有趣的案例题,因为它没有问对应于卸载前后的具体的安全系数的数值,而是要求"判断三者关系"。这样完全可以通过"讲理"来解答,所谓"君子动口不动手"。

历年的案例题中,确实有少量的无须计算的"论证""讲理"题。但此题由于命题专家的疏忽,给考生留下了一个空子可钻。在这点上,一些考生可能智商较高,按照下面那样回答,就没有理由不给分。

本题用定性分析法也可得到正确答案。由于设抗滑力矩不变,从图5-9可知:

(1)卸荷部位都处于滑动体上,卸载体重心在滑弧圆心的右侧,故卸荷都可减少滑动力(矩),并且抗滑力矩不变,均可提高边坡的安全系数K值,亦即二者均大于K_0。

(2)卸荷方案2卸载土体的重心距圆心较远。合力的力臂要大于方案1,而卸荷量相同,故减少的滑动力矩要大,$K_0<K_1<K_2$。所以此题无须计算,讲理即可。

此题要求"试计算卸荷前、卸荷方案1、卸荷方案2的边坡稳定系数(分别为K_0、K_1、K_2),判断三者的关系",而要求的选项则是定性的,如果不计算而得到合理的选项,为什么一定要计算呢?

另外题不尽合理。"假设卸荷后抗滑力矩不变"那只能是$\varphi_u=0°$的饱和软黏土,而6m高、坡角大于45°的饱和软黏土坡不稳定;如果$\varphi>0°$可能卸载方案1和2也都会降低抗滑力(矩),并且没有足够的条件计算,因而此题就无法判断力。

例题11　2005年上午案例题19

采用土钉加固一破碎岩质边坡,其中某根土钉有效锚固长度L为4m,该土钉计算承受拉力E为188kN,锚孔直径d为108mm,锚孔壁对砂浆的极限剪应力τ为0.25MPa,钉材与砂浆间黏结力τ_g为2MPa,钉材直径d_b为32mm。该土钉抗拔安全系数最接近下列哪个数值?

(A)$K=0.55$　　(B)$K=1.80$　　(C)$K=2.37$　　(C)$K=4.28$

答案　B

解答

(1)用锚孔壁岩土对砂浆抗剪强度计算土钉有效锚固力F_1:

$F_1=\pi\cdot d\cdot l\cdot\tau=3.1416\times0.108\times4\times250=339\text{kN}$

(2)用钉材与砂浆间黏结力计算土钉有效锚固力F_2:

$F_2=\pi\cdot d_b\cdot l\cdot\tau_g=3.1416\times0.032\times4\times2000=804\text{kN}$

(3)孔壁岩土对砂浆抗剪强度计算,有效锚固力F取小值,即$F=F_1=339\text{kN}$。

(4)土钉抗拔安全系数:

$K=F/E=339/188=1.80$

评析

经过计算,钢筋与砂浆间的总抗剪力(804kN)远大于锚固体与岩壁间的总抗剪力(339kN)。其实这一步无须计算:钉材直径(周长)为锚固体直径(周长)的1/3左右;砂浆与筋材的抗剪强度比砂浆与岩壁抗剪强度高8倍。因而无须验算钉材被从砂浆拔出的安全系数,直接一步计算即可。

$K=F_1/E=(3.1416\times0.108\times4\times250)/188=1.80$

解题时,对于省去一步的原因应加以说明。

此题的命题也是有问题的:在锚杆设计中,锚固体从岩土中拔出,是采用安全系数法,拉拔力E_k采用标准组合;而土钉钢筋从砂浆中拔出,则采用分项系数法设计,拉拔力采用基本组合,设计值$E=\gamma_G E_k$。γ_G为作用(荷载)分项系数。因而只给一个E,不说明组合,不给γ_G与E_k是无法求解与选项的。

例题12　2013年上午案例题19

如图5-10所示,某碾压土石坝的地基为双层结构,表层土④的渗透系数k_1小于下层土⑤的渗透系数k_2,表层土④厚度为4m,饱和重度为19kN/m^3,孔隙率为0.45;土石坝下游坡脚处表层土④的顶面水头为2.5m,该处底板水头为5m(以表层土④的顶面为基准)。安全系数取

2.0,按《碾压式土石坝设计规范》(DL/T 5395—2007)计算下游坡脚排水盖重层②的厚度不小于下列哪个选项?(盖重层②饱和重度取 19kN/m³)。

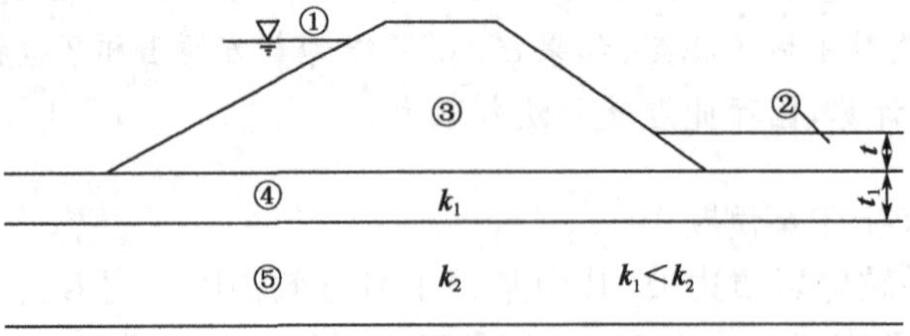

图 5-10

(A)0m　　(B)0.75m　　(C)1.55m　　(D)2.65m

答案　C

解答

根据《碾压式土石坝设计规范》(DL/T 5395—2007)第 10 章,或者《水利水电工程勘察规范》(GB 50487—2008)附录 G。

10.2.4　对双层结构的地基,坝基表层的渗透系数小于下层土的渗透系数,而下游渗透出逸坡降又符合式(10.2.4-1)时,应设置排水盖重层或排水减压井。

$$J_{a-x}>\frac{(G_{s1}-1)(1-n_1)}{K} \tag{10.2.4-1}$$

排水盖重层的厚度 t 可按式(10.2.4-2)计算:

$$t=\frac{KJ_{a-x}t_1\gamma_w-(G_{s1}-1)(1-n_1)t_1\gamma_w}{\gamma} \tag{10.2.4-2}$$

式中:J_{a-x}——表层土在坝下游坡脚点 a 至 a 以下范围 x 点的渗透坡降,可按表层土上下表面的水头差除以表层土层厚度 t_1 得出;

G_{s1}——表层土的土粒相对密度;

n_1——表层土的孔隙率;

K——安全系数,取 1.5~2.0;

t_1——表层土的厚度;

γ——排水盖重层的容重❶,水上用湿容重,水下用浮容重;

γ_w——水的容重。

$e_1=n_1/(1-n_1)=0.45/0.55=0.82$

$$G_s=\frac{\rho-n\rho_w}{(1-n)\rho_w}=\frac{1.9-0.45\times1}{(1-0.45)\times1}=2.64$$

$$J_{a-x}=\frac{(5-2.5)}{4}=0.625>\frac{(G_{s1}-1)(1-n_1)}{K}=\frac{(2.64-1)(1-0.45)}{2.0}=0.451$$

由于水利坡降大于允许值,应设置排水盖重层或排水减压井,盖重层厚度:

❶　编辑注:“容重”按国际标准单位已改为“重度”。

$$t=\frac{KJ_{a-x}t_1\gamma_w-(G_{s1}-1)(1-n_1)t_1\gamma_w}{\gamma}$$

$$=\frac{2\times0.625\times4\times10-(2.64-1)(1-0.45)\times4\times10}{9}=1.547\text{m}$$

评析

此题如果按照上述规范，代入公式，难以明白它是什么意思，采用什么原理，并且公式十分复杂。其实它的道理很简单，那就是：表层土④的有效自重＋排水盖重层的重力②≥渗流在表层底部的向上的总渗透力 J，如图 5-11 所示（由于盖重层的渗透系数很大，在其中渗流水力坡降很低，其渗透力可以忽略）。

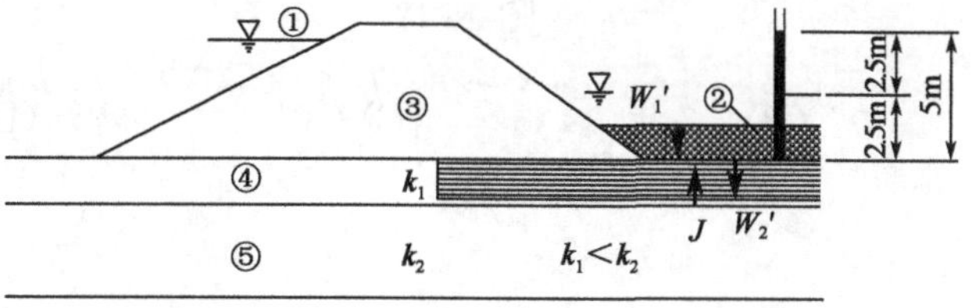

图 5-11

(1)计算临界水力坡降与容许水力坡降

$i_{cr}=\gamma'/\gamma_w=9/10=0.9$

$[i]=i_{cr}/K=0.9/2=0.45$

(2)土坝后的计算实际水力坡降

$i=2.5/4=0.625>[i]$

因而需要盖重处理。

(3)以土层④的土骨架作隔离体，设盖重层②的厚度为 t，考虑竖向力的极限平衡

$W'_1+W'_2\geqslant J$

$J=0.625\times10\times4=25\text{kN/m}$

$W'_1+W'_2=(t+4)\times9/2\geqslant J=25$

$4.5t\geqslant7$

$t\geqslant1.56\text{m}$

在土石坝的下游出口处，往往是向上的水力坡降与渗透力最大的地方，很容易发生流土（或管涌），如果在坝后地基土层上设置碎石、堆石的盖重层（下面设置反滤），则由于其渗透系数极大，不会改变土石坝的渗透状态（流网不变），但其重力增加了对流土的抵抗力。这是水利水电工程中常用的措施。

例题 13 2013 年上午案例题 26

岩坡顶部有一高 5m 的倒梯形危岩，下底宽 2m，如图 5-12 所示。其后裂缝与水平夹角为 60°，由于降雨使裂缝中充满了(静)水。如果岩石重度为 23kN/m³，在不考虑两侧阻力及底面水压力的情况下，该危岩的抗倾覆稳定安全系数最接近于下面哪一个选项？

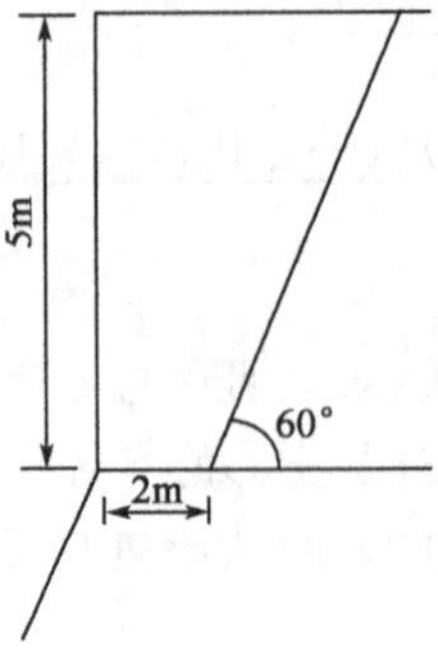

图 5-12

(A)1.5　　(B)1.7　　(C)3.0　　(D)3.5

答案　B

解答

如图5-13、图5-14所示。

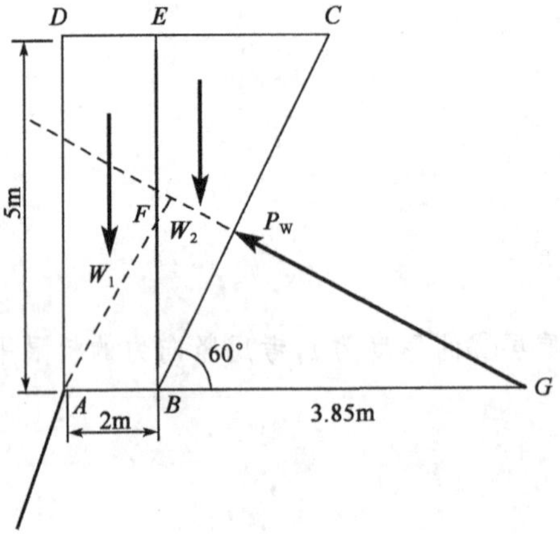

图 5-13

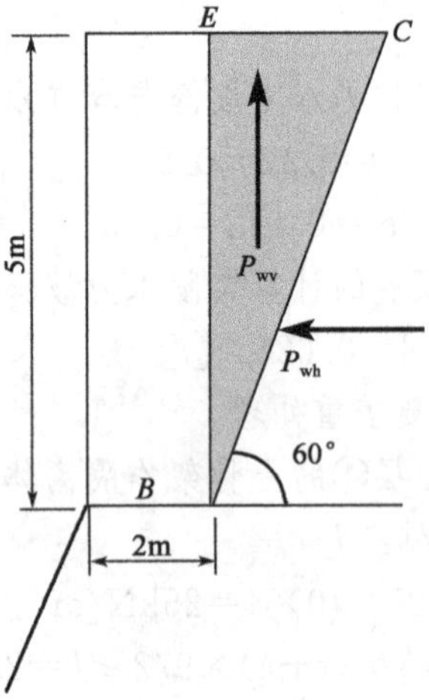

图 5-14

在图5-13中,是直接计算岩缝中的总水压力 P_w 以及其作用位置,作为倾覆力矩,以危岩的自重为抗力计算其抗倾覆稳定安全系数。

计算各部分尺寸和作用力:

$BC=AD/\sin60°=5.77\text{m}$

$EC=AD/\tan60°=2.89\text{m}$

$BG=(BC/3)/\sin30°=3.85\text{m}$

$AF=(AB+BG)\sin30°=(2+3.85)/2=2.925\text{m}$

$W_1=AD\times AB\times\gamma=5\times2\times23=230\text{kN}$

$W_2=(BE\times EC)/2\times\gamma=0.5\times5\times2.89\times23=166.2\text{kN}$

$P_w=BE\times\gamma_w\times BC/2=144.2\text{kN}$

$$K=\frac{M_R}{M_S}=\frac{1\times W_1+\left(\frac{2.89}{3}+2\right)\times W_2}{2.925\times P_w}=\frac{722}{422}=1.71$$

评析

此题的原解答是将计算的总水压力 P_w 又分解为水平分量与竖直分量分别对点 A 取矩。此题的荷载只有斜向裂缝中的水压力，但计算中斜线 BC 的长度、水压力合力的力臂都要通过较复杂的几何换算。其实在水力学中，这种斜裂缝中的水压力，可以分解为水压力水平分量 P_{wh} 和水压力竖直分量 P_{wv} 分别计算。竖直水压力大小等于图 5-14 中的三角形压力体 BCE 的体积乘以水的重度；水压力水平分量则与竖直面上水压力相同，即

$$P_{wv}=BE\times EC\times\gamma_w/2=72.2\text{kN}$$

$$P_{wh}=BE^2\gamma_w/2=125\text{kN}$$

$$M_S=125\times5/3+72.2\times(2.89/3+2)=422\text{kN}\cdot\text{m}$$

$$K=M_R/M_S=722/422=1.71$$

可见此题最麻烦的是确定水压力及其作用位置，将它分解开来就容易多了。用压力体的概念确定竖向水压力有时是很有用的。在图 5-15 中，各种形状的挡水闸门的水压力水平分量 P_{wh} 都是相同的（见图右侧 $P_{wh}=\gamma_w H^2/2$），水压力竖向分量可通过计算阴影部分的体积乘以水的重度求得。

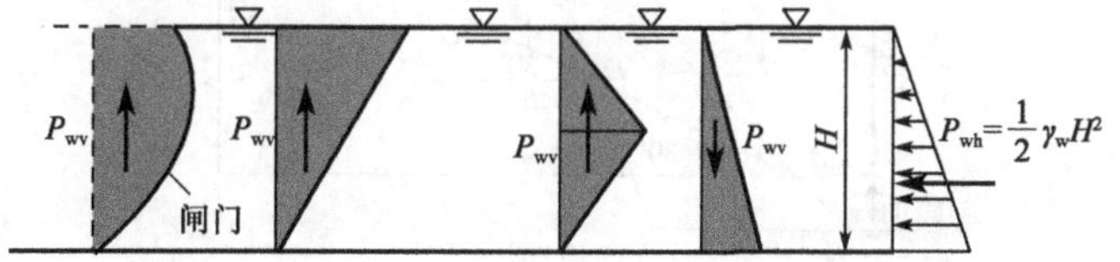

图　5-15

例题 14　2014 年上午案例题 21

图 5-16 所示路堑岩石边坡坡顶 BC 水平，已测得滑面 AC 的倾角 $\beta=30°$，滑面内摩擦角 $\varphi=18°$，黏结力 $c=10\text{kPa}$，滑体岩石重度 $\gamma=22\text{kN/m}^3$。原设计开挖坡面 BE 的坡率为 1∶1，滑面出露点 A 距坡顶 $H=10\text{m}$。为了增加公路路面宽度，将坡率改为 1∶0.5。试问坡率改变后边坡沿滑面 DC 的抗滑安全系数 K_2 与原设计沿滑面 AC 的抗滑安全系数 K_1 之间的正确关系是下列哪个选项？

(A) $K_1=0.8K_2$　　(B) $K_1=1.0K_2$　　(C) $K_1=1.2K_2$　　(D) $K_1=1.5K_2$

答案　B

解答

(1)改变前

由题意绘出计算图示（图 5-17），先求原设计的 K_1。

坡率 1∶1 时开挖坡角：

$$\alpha_1=\tan^{-1}1.0=45°$$

$AC = H/\sin\beta = 10/\sin 30° = 20\text{m}$

$BG = AB\sin(\alpha_1 - \beta) = \sqrt{2}H\sin(\alpha_1 - \beta) = 14.14 \times \sin 15° = 3.66\text{m}$

$W_1 = (AC \times BG)/2 \times \gamma = 22 \times (20 \times 3.66)/2 = 805\text{kN/m}$

$K_1 = \dfrac{W_1\cos\beta\tan\varphi + cAC}{W_1\sin\beta} = \dfrac{805\cos 30°\tan 18° + 10 \times 20}{805\sin 30°} = 1.06$

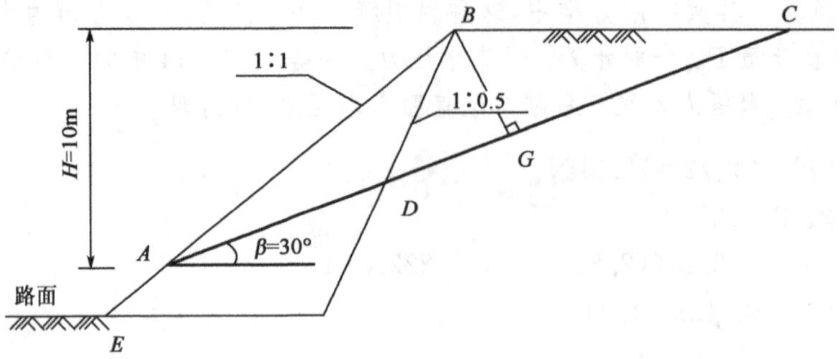

图 5-16

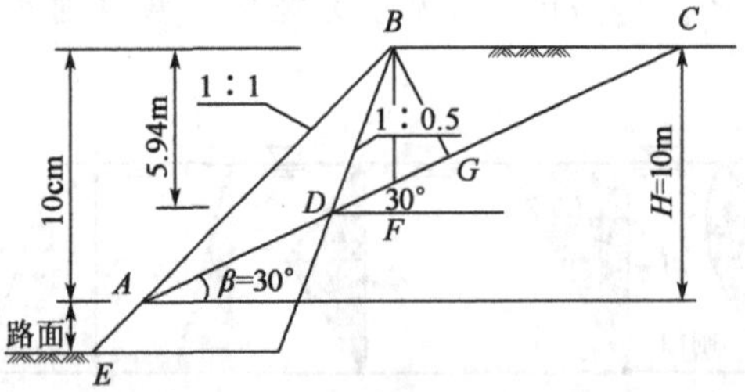

图 5-17

(2)改变后

计算坡率改变后的 K_2。坡率改为 1∶0.5 时,坡角为 $\alpha_2 = \tan^{-1}2.0 = 63.4°$,出露点 D 的高度:

$BF = BD\sin\alpha_2 = BG/\sin(\alpha_2 - \beta)\sin\alpha_2 = 3.66 \times \sin 63.4°/\sin 33.4° = 5.94\text{m}$

坡率改变后的滑面长度:

$DC = BF/\sin\beta = 5.94/\sin 30° = 11.88\text{m}$

$W_2 = (DC \times BG)/2 \times \gamma = 22 \times (11.88 \times 3.66)/2 = 478\text{kN/m}$

$K_2 = \dfrac{W_2\cos\beta\tan\varphi + c \times DC}{W_2\sin\beta} = \dfrac{478\cos 30°\tan 18° + 10 \times 11.88}{478\sin 30°} = 1.06$

故 $K_1 = 1.0K_2$

评析

像这种情况,其安全系数可以表示为:

$$K = \frac{\frac{1}{2}lh\gamma\cos\beta\tan\varphi + cl}{\frac{1}{2}lh\gamma\sin\beta} = \frac{\tan\varphi}{\tan\beta} + \frac{2c}{h\gamma\sin\beta} \tag{5-4}$$

此题的特点是两个三角形楔体在同一滑动面上，其高度 h 又相同，根据式(5-4)安全系数计算结果与滑动面长度 l 无关，$K_1/K_2=1.0$，选项 B 正确。

而上面的解答则是中规中矩，分别计算了改变设计前后的各部尺寸和安全系数，得到相同的答案。可见两种解法的繁简程度有天壤之别。

因而只要写出式(5-4)，进行说明，即可回答此题，给出正确的选项。

例题 15 2017 年下午案例题 17

在黏土的简单圆弧条分法计算边坡稳定中，滑弧的半径为 30m，第 i 土条的宽度为 2.0m，过滑弧底中心的切线，渗流水面和土条顶部与水平方向所成夹角都是 30°，土条水下高度为 7.0m，水上高度为 3.0m(图 5-18)，黏土的天然重度和饱和重度 $\gamma=20\text{kN/m}^3$，问计算的第 i 土条滑动力矩最接近下列哪个选项？

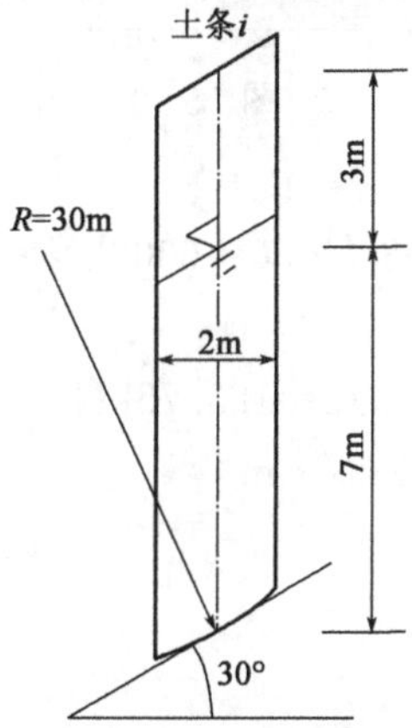

图 5-18

(A)4800kN·m (B)5800kN·m (C)6800kN·m (D)7800kN·m

答案 B

解答

以土骨架为隔离体：水下部分土骨架按浮重度计，加上骨架上的渗透力。

(1)土骨架自重产生的滑动力矩：

$M_{s1}=(2\times7\times10+2\times3\times20)\sin30^\circ\times30=3900\text{kN}\cdot\text{m}$

(2)渗透力产生的滑动力矩：

$i=\sin30^\circ=0.5$ $j=i\gamma_w=5\ \text{kN/m}^3$ $J=jV=5\times2\times7=70\text{kN}$

$M_{s2}=J(30-3.5\cos30^\circ)=70\times26.97=1888\text{kN}\cdot\text{m}$

$M_s=3900+1888=5788\text{kN}\cdot\text{m}$

评析

关于边坡稳定分析是按(饱和)土整体分析，还是按土骨架分析，在 2000 年的《岩土工程学报》上，几个岩土工程界的学者有过激烈的争论。主流的意见是应按水土整体分析，在水下各土条上加上孔隙水压力 u。那么此题若干选项的前提就是要求明确分析的对象。

当以土体为隔离体时(水位以下按饱和重度计算),如图5-19所示。

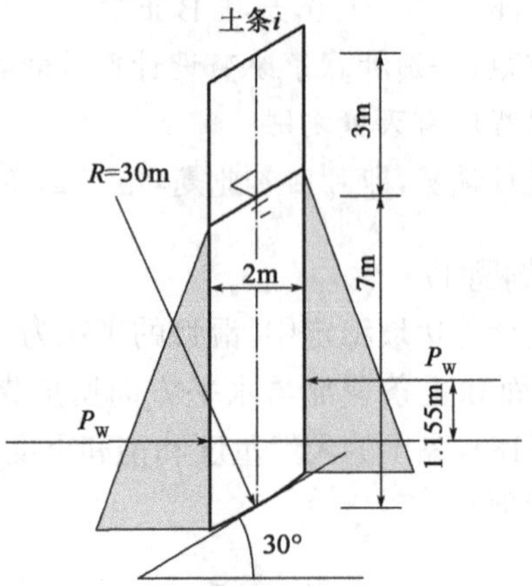

图 5-19

土条自重滑动力矩为:

$M_{s1}=(2\times7\times20+2\times3\times20)\sin30^\circ\times30=6000\text{kN}\cdot\text{m}$

两侧水压力滑动力矩之差:

$u=\gamma_w 7\cos^2 30^\circ=52.5\text{kPa}$;$P_w=7u/2=183.75\text{kN}$

$\Delta M_{s2}=-183.75\times1.155=-212\text{kN}\cdot\text{m}$

$M_s=6000-212=5788\text{kN}\cdot\text{m}$

可见两种算法结果完全一样。

第六讲

难而不繁

2002年注册岩土工程师考试刚开始时，下午案例题9要求计算复合桩基的水平承载力设计值。题目有半页纸，计算用的参数有15个之多，由于目前规范已经修订，这里就不介绍此题的解法了。解答此题最少用时20分钟，这对于平均每道题作答时间只有7分12秒的案例题考试简直是灾难，引起考生普遍不满，怨声载道。事后询问此题的命题人，他回答说：领导讲可以有少量的难题。可见他混淆了“难”与“繁”的差别。后来命题组对于案例题提出难而不繁的原则，即注重概念和原理的考查，尽量减少计算量，一些数学计算尽量省去，直接给出必要的条件。本讲就是一些这方面的例子，有的题不能讲很“难”，但是需要有清晰的概念。

这些题有一些与“曲径”和“陷阱”是相关的，体现出一定的难度，而考点不在于计算和背记规范条文，在于很强的概念性和工程实践性。

近年来，由于考生对过去十几年考过的题目已经很熟悉了，命题时只能向规范的边边角角以及其他行业扩展。对于主要建筑行业的岩土工作者来讲，一些题目及相关规范标准较为陌生、偏僻。以最常考的深、浅基础为例，其承载力与沉降计算，在铁路、公路、水利行业与建筑行业差别很大。这种题目也就秉着“偏而不繁”“生而不繁”的原则，尽量缩减计算量。所以不要被一些题目貌似的生疏、艰深所吓退，可能那只是诸葛亮的空城计。

例题 1　2009 年上午案例题 17

有一码头的挡土墙，墙高 5m，墙背垂直、光滑；墙后为冲填的松砂（孔隙比 $e=0.9$）。填土表面水平，地下水位与填土表面齐平。已知砂的饱和重度 $\gamma_{sat}=18.7kN/m^3$，内摩擦角 $\varphi=30°$。当发生强烈地震时，饱和松砂完全液化，如不计地震惯性力，液化时每延长米墙后的总水平压力最接近于下列哪个选项？

(A)78kN/m　　(B)161kN/m　　(C)203kN/m　　(D)234kN/m

答案　D

解答

$$E_w=\frac{1}{2}\gamma_{sat}H^2=\frac{1}{2}\times18.7\times5^2=234kN/m$$

评析

此题包含较深的土力学概念，即饱和土体的液化后，就变成了重度为其饱和重度的液体。它具有液体的性质，即具有各向等压的压力。上述压力中有 125kN/m 是静水压力，109kN/m 为超静水压力，其水平压力显著高于原来的静水压力加上主动土压力。日本的阪神地震中，神户码头的重力式挡土墙的两侧水位基本齐平，但在地震中由于挡土一侧压力突然加大，而向前滑移就是这个道理。

这是一道典型的“难而不繁”的考题，概念性很强。题目给出了“墙背垂直、光滑”“内摩擦角 $\varphi=30°$”，这些条件具有较强的迷惑性，也是有一定难度的考题。但其计算极其简单，只算一步，一分钟即可完成。可以拉开不同水平考生的距离。

例题 2　2018 年下午案例题 14

如图 6-1 所示，位于不透水地基上的重力式挡墙，高 6m，墙背垂直光滑，墙后填土水平，墙后地下水位与墙顶面齐平，填土自上而下分别为 3m 厚细砂和 3m 厚卵石，细砂饱和重度 $\gamma_{sat1}=19kN/m^3$，黏聚力 $c'_1=0kPa$，内摩擦角 $\varphi'_1=25°$，卵石饱和重度 $\gamma_{sat2}=21kN/m^3$，黏聚力 $c'_2=0kPa$，内摩擦角 $\varphi'_2=30°$，地震时细砂完全液化，在不考虑地震惯性力和地震沉陷的情况下，根据《建筑边坡工程技术规范》(GB 50330—2013)相关要求，计算地震液化时作用在墙背的总水平力接近于下列哪个选项？

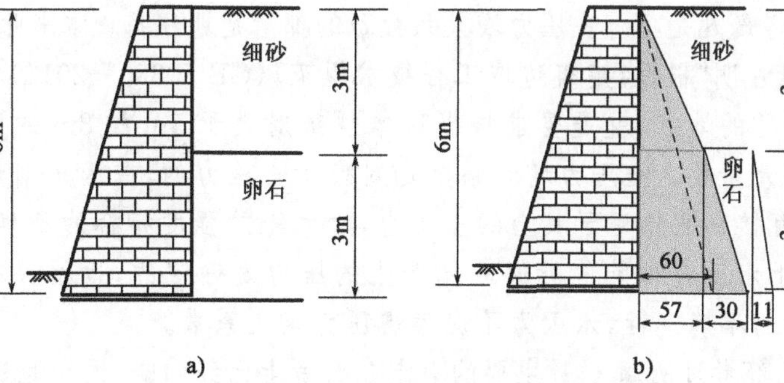

图　6-1

(A)290kN/m　　(B)320kN/m　　(C)350kN/m　　(D)380kN/m

答案　B

解答

(1)细砂中的水压力

$E_{w1}=\frac{1}{2}\gamma_{sat1}h_1^2=85.5kN/m$

(2)卵石层中的水与土压力

卵石层顶面水压力：$p_{w1}=19\times3=57kPa$

卵石层底面水压力：$p_{w2}=19\times3+10\times3=87kPa$

卵石层顶面土压力：$p_{a1}=0$

卵石层底面土压力：$p_{a2}=(21-10)\times3\times1/3=11kPa$

$E_{w2}=(57+87)/2\times3=216.0kN/m$

$E_a=\frac{1}{2}\psi\gamma' p_a h_2=\frac{1}{2}\times1.1\times11\times3=18.2kN/m$

(3)作用于墙背的总水平力

$E=E_a+E_{w1}+E_{w2}=85.5+216+18.2=319.7kN/m$

评析

此题在例题1的基础上有所加深，是一道很好的考题，概念性很强，难度也加大了。能够考查考生对基本概念和规范的掌握程度以及灵活应用的能力。

在图6-1b)中，上层细砂层完全液化时，3m深度范围内的细砂变成一种重度为19kN/m³的液体(也可称为水)，卵石层的顶面的水压力为57kPa，其中30kPa为静水压力，27kPa为超静水压力；竖向土的有效应力为0，主动土压力也为0。而在卵石层的顶面的水压力向下传递，到其底面处，再加上30kPa的静水压力，静水压力增为60kPa，超静水压力还是27kPa。

有人认为砂土液化以后变成了$c=0$、$\varphi=0°$的土，在解决例题1时，还勉强可以。在解决这道题时就会误判。得出在卵石层的顶面的水压力为30kPa，土的重度为$\gamma'=9kN/m^3$，竖向土的有效应力为$\sigma'_z=27kPa$，就会选错选项。所以，液化后变成液体，还是变成抗剪强度为0的土，是一个关键的概念。

在2012年下午案例题18未指明规范，但要求乘以土压力增大系数而引起歧义之后，近年来重力式挡土墙的考题凡是不计土压力增大系数ψ的都清楚地注明。本来此题的前半部分无需任何规范，但题干注明“根据《建筑边坡工程技术规范》(GB 50330—2013)相关要求”，这也是一个隐藏着“陷阱”的地方：就是要求根据这本规范对大于5m和8m的重力式挡土墙乘以不同的土压力增大系数。土压力增大系数是对应于土压力的，原因是对于较高的重力式挡墙，其位移大小直接影响作用于其上的土压力，加之土的强度指标的不确定性，故而要求乘以增大系数；对于水压力和其他类似液体产生的压力是确定的，也不存在位移对参数的影响以及强度指标的不确定性，水压力不应考虑压力增大系数。

由于2009年已经考过例题1，最主要的考点多数考生已经知晓，因而此题增加了难度，但仍然可称为“不繁”。

例题 3 2018 年上午案例题 4

对某岩石进行单轴抗压强度试验，试件直径均为 72mm，高度均为 95mm，测得其在饱和状态下岩石单轴抗压强度分别为 62.7MPa、56.5MPa、67.4MPa，在干燥状态下标准试件单轴抗压强度平均值为 82.1MPa，试按《工程岩体试验方法标准》(GB/T 50266—2013)求该岩石的软化系数与下列哪项最接近？

(A)0.69　　(B)0.71　　(C)0.74　　(D)0.76

答案 B

解答

根据《工程岩体试验方法标准》(GB/T 50266—2013)第 2.7.10 条及条文说明。

(1)非标准试件单轴饱和抗压强度：$R=\dfrac{8R'}{7+\dfrac{2D}{H}}=0.94R'$

(2)$R_{w1}=0.94\times62.7=58.9$MPa；$R_{w2}=0.94\times56.5=53.1$MPa；$R_{w3}=0.94\times67.4=63.3$MPa

$$\overline{R}_w=\frac{58.9+53.1+63.3}{3}=58.43\text{MPa}$$

(3)软化系数：$\eta=\dfrac{\overline{R}_w}{\overline{R}_d}=\dfrac{58.43}{82.1}=0.71$

评析

在连续多年的命题、考试之后，命题不可避免地向着考生更生疏、更偏僻的领域和行业扩展。《工程岩体试验方法标准》(GB/T 50266—2013)这本标准近年才纳入大纲中，建筑行业的考生更熟悉“土工试验”，对于岩石试验知之不多。因而这种考题不宜计算量过大，因为要留出查阅规范标准的时间，譬如此题“非标准试件单轴饱和抗压强度”的折算就要到其条文说明中去查找。所以这种题也可称为“生而不繁”。

例题 4 2018 年上午案例题 12

某场地浅层湿陷性土厚度 6.0m，平均干密度 1.25t/m³，下部为非湿陷性土层。采用沉管法灰土挤密桩处理该地基，灰土桩直径 0.4m，等边三角形布桩，桩距 0.8m，桩端达湿陷性土层底。施工完成后场地地面平均上升 0.2m。求地基处理后桩间土的平均干密度最接近下列何值？

(A)1.56t/m³　　(B)1.61t/m³　　(C)1.68t/m³　　(D)1.73t/m³

答案 A

解答

如图 6-2 所示，取三角形 ABC 单元体进行分析。

处理前后单元体内土颗粒质量不变。$m_s=\rho_{d0}V_0=\rho_dV_1$，即：

$$1.25\times\frac{\sqrt{3}}{4}\times0.8^2\times6=\left(\frac{\sqrt{3}}{4}\times0.8^2-\frac{\pi}{8}\times0.4^2\right)\times(6+0.2)\times\rho_d$$

解出：$\rho_d=1.566\text{t/m}^3$

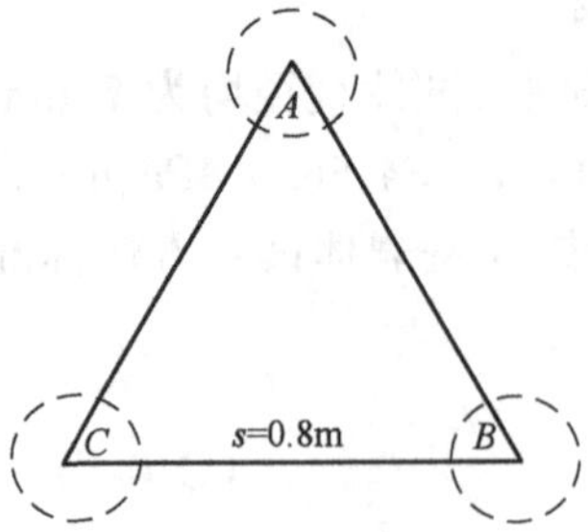

图 6-2

评析

自从注册岩土工程师考试实行以来,复合地基这一章中的碎石挤密、振冲挤密、灰土挤密就是考生们最爱的一部分。无论用规范中的公式,还是从几何上的推导,题目都很明晰简单,节省时间,亦即所谓的送分题。以前题目都注明"地面未变"。现在命题者也不甘心让考生这么轻松地得分,于是就加上了"施工完成后场地地面平均上升 0.2m"。

可就是这 0.2m,却成了一个难题,有另一种解法:

$$1.25\times\frac{\sqrt{3}}{4}\times0.8^2\times6=\left(\frac{\sqrt{3}}{4}\times0.8^2\times6.2-\frac{\pi}{8}\times0.4^2\times6\right)\times\rho_d$$

解出:$\rho_d=1.55\text{t/m}^3$

答案还是选项 A。由于已说明"桩端达湿陷性土层底",亦即没有讲是固定桩长 6m,那么可以理解为随着地面隆起桩也相应加长了。"施工完成后场地地面平均上升 0.2m",但不可能施工完成后地面突然上升了 0.2m,地面应是随着挤密施工而逐渐上升,桩也就逐渐加长:开始时是 6m 桩长,随着地面上升,桩也加长,最后到 6.2m,平均应是 6.1m。此题确实不繁,但并不严密:可能要算 $l=6.0$m、6.2m 和 6.1m 三种情况,否则不敢选项。

从此题看命题者可能没有湿陷性黄土挤密的工程实践,$\rho_d=1.25\text{t/m}^3$ 的湿陷性黄土,在这种挤密情况下,不会发生地面上升。以前笔者在辽西地区做过类似场地的施工试验,用环刀测试桩间土,其平均干密度与计算值极为符合,说明地面没有上升。

例题 5 2018 年上午案例题 25

某钻孔灌注桩,桩长 20m,用低应变法进行桩身完整性检测时,发现速度时域曲线上有三个峰值,第一、第三峰值对应的时间刻度分别为 0.2ms 和 10.3ms,初步分析认为该桩存在缺陷。在速度幅频曲线上,发现正常频差为 100Hz,缺陷引起的相邻谐振峰间频差为 180Hz,试计算缺陷位置最接近下列哪个选项?

(A)7.1m　　(B)10.8m　　(C)11.0m　　(D)12.5m

答案 C

解答

根据《建筑基桩检测技术规范》(JGJ 106—2014)第 8.4.1 条、第 8.4.2 条。

(1)根据速度时域曲线计算沿桩身平均波速

$$c=\frac{2000L}{\Delta T}=\frac{2000\times 20}{10.3-0.2}=3960\text{m/s}$$

(2)根据速度幅频曲线计算缺陷位置

$$x=\frac{1}{2}\frac{c}{\Delta f'}=\frac{1}{2}\times\frac{3960}{180}=11\text{m}$$

评析

在岩土工程中，低应变测桩的原理、操作技术与成果整理属于较偏狭窄的技术。此题的内容对于多数考生相对陌生。好在大纲中有《建筑基桩检测技术规范》(JGJ 106—2014)这一规范，可以去查找，所以此题也属于“偏而不繁”的类型。如果以后再出现同类考题计算就不会这样简单了。

例题 6 2018 年下午案例题 9

某建筑采用灌注桩基础，桩径 0.8m，承台底埋深 4.0m，地下水位埋深 1.5m，拟建场地地层条件见表 6-1，按照《建筑桩基技术规范》(JGJ 94—2008)规定，如需单桩竖向承载力特征值达到 2300kN，考虑液化效应时，估算最短桩长与下列哪个选项最为接近？

表 6-1

地层	层底埋深(m)	N/N_{cr}	桩的极限侧阻力标准值(kPa)	桩的极限端阻力标准值(kPa)
黏土	1.0		30	
粉土	4.0	0.6	30	
细砂	12.0	0.8	40	
中粗砂	20.0	1.5	80	1800
卵石	35.0		150	3000

(A)16m (B)20m (C)23m (D)26m

答案 B

解答

由于粉土和细砂土层的 $N<N_{cr}$，属于液化土层。根据《建筑桩基技术规范》(JGJ 94—2008)第 5.3.12 条。

(1)液化影响折减系数计算

底面上 1.5m 为液化粉土，承台底面 1.0m 以下为液化细砂，不满足规范条件，液化影响折减系数取 $\psi_l=0$，即不考虑粉土、细砂层摩阻力。中粗砂为不液化土层。

(2)根据单桩竖向承载力特征值反算桩长

假设桩端位于卵石层中，进入卵石层的桩长为 l_2，则

$$Q_{uk}=u\Sigma q_{sik}l_i+q_{pk}A_p=3.14\times0.8\times(80\times8+150\times l_2)+3000\times(3.14\times0.8^2)/4$$
$$=376.8l_i+3114.88=2R_a=4600\text{kN}$$

解得 $l_2=3.94$m，则最短桩长 $l=20-4+3.94=19.94$m

评析

在较复杂的土层条件下,计(验)算单桩承载力相对简单,而反算桩长则有较大的不确定性。此题在桩身范围内有4层土,并且存在液化土层,推求桩长有一定难度。好在桩径是确定的,初步判断桩身应进入卵石层。判断正确后,计算量很小,也不用迭代,属于难而不繁。

例题7 2019年上午案例题6

某柱下钢筋混凝土条形基础,基础宽度2.5m。该基础按弹性地基梁计算,基础的沉降曲线概化图如图6-3所示。地基的基床系数为20MN/m³。计算该基础下地基反力的合力,最接近下列何值?(图中尺寸单位:mm)

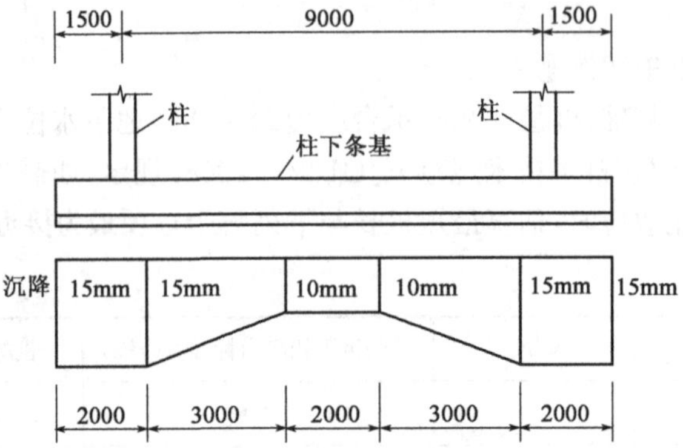

图 6-3

(A)3100kN (B)4950kN (C)6000kN (D)7750kN

答案 D

解答

根据文克尔地基模型:$p_i=ks_i$,$k=20\text{MN/m}^3=20\times1000\text{kN/m}^3$

沉降15mm对应点的地基反力:$p_1=ks_1=20\times10^3\times15\times10^{-3}=300\text{kPa}$

沉降10mm对应点的地基反力:$p_2=ks_2=20\times10^3\times10\times10^{-3}=200\text{kPa}$

地基反力的合力:$P=p_1b\times2.0\times2+(p_1+p_2)/2\times b\times3.0\times2+p_2b\times2.0$

$=300\times2.5\times2.0\times2+(300+200)/2\times2.5\times3.0\times2+200\times2.5\times2.0$

$=7750\text{kN}$

评析

此题较为简单,甚至可以说没有什么难度,但此前没有考过类似的题目。文克尔地基模型属于结构方面的知识,但在《基础工程》教材中,也是重要的内容,计算十分简单。

例题8 2019年下午案例题5

某软土层厚度4m,在其上用一般预压法修筑高度为5m的路堤,路堤填料重度18kN/m³,以18mm/d的平均速率分期加载填料,按照《公路路基设计规范》(JTG D30—2015),采用分层总和法计算的软土层主固结沉降为30cm,则采用沉降系数法估算软土层的总沉降最接近下列何值?

(A)30.7cm　　(B)32.4cm　　(C)34.2cm　　(D)41.6cm

答案　B

解答

根据《公路路基设计规范》(JTG D30—2015)第 7.7.2 条：

$m_s=0.123\gamma^{0.7}(\theta H^{0.2}+\upsilon H)+Y=0.123\times18^{0.7}(0.9\times5^{0.2}+0.005\times5)-0.1=1.078$

$S=m_sS_c=1.078\times30=32.34\text{cm}$

评析

在《公路路基设计规范》(JTG D30—2015)中，给出了从主固结沉降(通过分层总和法计算)计算总沉降的经验公式：$m_s=0.123\gamma^{0.7}(\theta H^{0.2}+\upsilon H)+Y$，类似于建筑地基中的沉降经验系数 ψ_s。

由于大多数考生从事建筑业，以往地基基础题目也限于建筑规范。不同的行业有自己的规范，也有其特有的经验公式和计算方法，这个系数陌生而繁杂。但此题只要找到相关的章节，明确各参数的意义，则难而不繁。

例题 9　2019 年下午案例题 20

拟开挖一个高度为 12m 的临时性土质边坡，边坡地层如图 6-4 所示。边坡开挖后土体易沿岩土界面滑动，破坏后果很严重。已知岩土界面抗剪强度指标 $c=20\text{kPa}$，$\varphi=10°$，边坡稳定性计算结果见表 6-2。按《建筑边坡工程技术规范》(GB 50330—2013)的规定，边坡剩余下滑力最接近下列哪一选项？

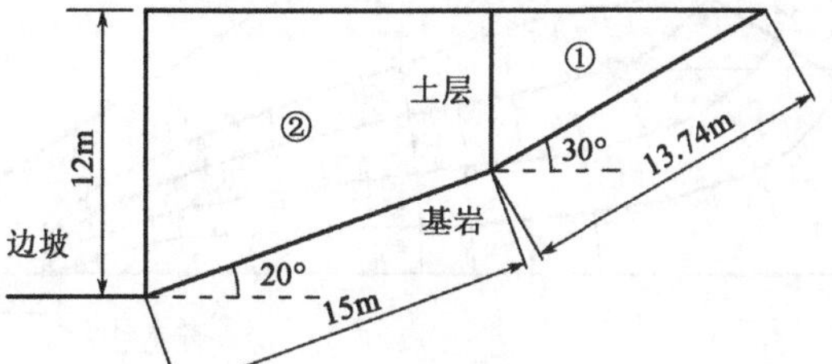

图　6-4

表 6-2

条块编号	滑面倾角 θ(°)	下滑力 T(kN/m)	抗滑力 R(kN/m)
①	30	398.39	396.47
②	20	887.03	729.73

(A)344kN/m　　(B)360kN/m　　(C)382kN/m　　(D)476kN/m

答案　C

解答

(1)根据《建筑边坡工程技术规范》(GB 50330—2013)第 3.2.1 条、第 A.0.3 条。

边坡高度12m的土质边坡，破坏后果很严重，查表3.2.1，边坡安全等级为一级。查表5.3.2，临时性边坡稳定安全系数$F_{st}=1.25$。

(2)传递系数：$\psi_1=\cos(30°-20°)-\sin(30°-20°)\tan10°/1.25=0.960$

(3)剩余下滑力：$P_i=P_{i-1}\psi_{i-1}+T_i-R_i/F_{st}$

$P_1=T_1-R_1/F_{st}=398.39-396.47/1.25=81.21\text{kN/m}$

$P_2=P_1\psi_1+T_2-R_2/F_{st}=81.21\times0.960+887.03-729.73/1.25=381.21\text{kN/m}$

评析

《建筑边坡工程技术规范》(GB 50330—2013)的传递系数法规定采用"隐式解"，亦即安全系数即为强度折减系数，这与其他规范不同。采用隐式解的各条块的抗滑力和传递系数都包括安全系数F_{st}，因而在推求安全系数时需要迭代，对于注册考试这种限时的情况，是不现实的。此题需首先判断边坡等级，从而确定其容许的安全系数，在已知安全系数的情况下要求计算剩余下滑力，此题很贴心地把两块滑动体的滑动力与抗滑力都在表中给出了，因而就实现了难而不繁。有些考题看起来很难、生、偏，往往会很惶恐，实际计算下来，它们往往并不可怕。

例题10　2009年下午案例题19

小型均质土坝的蓄水高度为16m，流网如图6-5所示。流网中等势线间隔数均分为$m=22$(从下游算起的等势线编号见图6-5)。土坝中G点处于第20条等势线上，其位置在地面以上11.5m。试问G点的孔隙水压力最接近于下列哪个选项的数值?

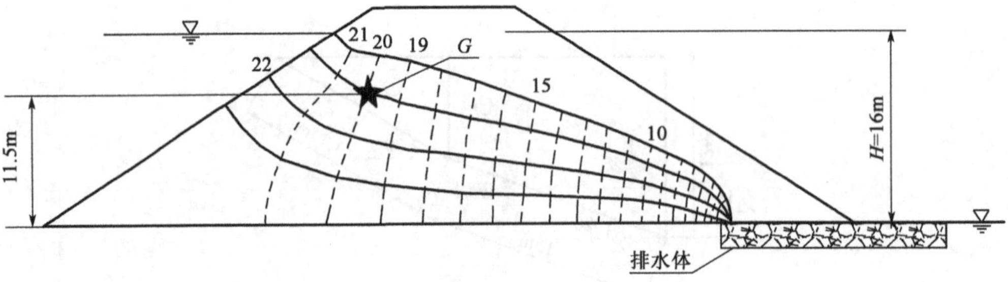

图　6-5

(A)30kPa　　(B)45kPa　　(C)115kPa　　(D)145kPa

答案　A

解答

总水头差：$H=16\text{m}$。

(1)计算每相邻等势线的水头差。

$\Delta h=16/22=0.73\text{m}$

(2)计算G点的总(测管)水头。

$h_G=16-2\times0.73=14.55\text{m}$

(3)位置水头为：11.5m。

(4)计算压力水头。

$h_w=14.55-11.5=3m$

(5)计算孔隙水压力。

$p_w=3\times10=30kPa$

评析

此题的关键是对于流网的熟悉和应用。上下游水头差 16m，被等势线分为 22 等份（间隔），根据 G 点的排序及位置就可以确定其总水头、位置水头和压力水头。在历年的考题中先后出现过有关流网的考题，一般其计算量不大，有些土木行业大学的土力学教材没有渗流，也就没有流网，因而对于建筑行业的考生有一定难度。

对于等势线，如果共有 m 条，则水头差被分为 $m-1$ 等份。此题原文是"流网中水头梯度等势线间隔数均分为 $m=22$（从下游算起的等势线编号见图 6-5）"。这种说法不是很清楚，"水头梯度等势线"的提法也不准确，应该称为等势线。但其意思是明确的：即间隔为 22，亦即等分为 22 份。所以其等势线编号从 0 号开始。题干交代的不够清楚，例如"土坝中 G 点处于第 20 条等势线上"，就存在问题：是第 20 条还是编号为 20（其实是第 21 条）的等势线？

总之，流网是岩土工程中的一个重要课题。其绘制、概念、应用和分析计算都是应掌握的知识。一般其计算量都不大，概念清楚，用时也不多。

例题 11　2009 年下午案例题 18

有一分离式墙面的加筋土挡土墙（墙面只起装饰与保护作用，不直接固定筋材），墙高 5m，其剖面如图 6-6 所示。整体式钢筋混凝土墙面距包裹式加筋墙体的平均距离为 10cm，其间充填孔隙率 $n=0.4$ 的砂土。由于排水设施失效，10cm 间隙充满了水，此时作用于每延米墙面上的总水压力最接近于下列哪个选项的数值？

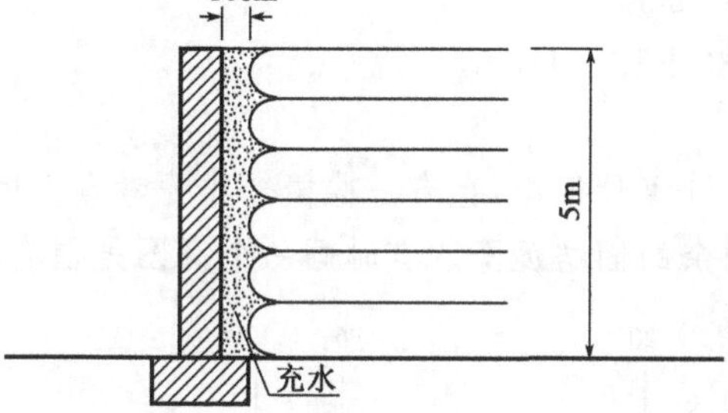

图　6-6

(A)125kN　　(B)5kN　　(C)2.5kN　　(D)50kN

答案　A

解答

$$E_w=\frac{\gamma_w H^2}{2}=\frac{10\times5^2}{2}=125kN$$

评析

此题的道理很清楚，计算解答也极为简单。但是也有的工程师在这个问题中犯糊涂，在审查《建筑基坑支护技术规程》(JGJ 120—1999)时，就有某“总工”提出异议，并且很难说服他，他认为：

(1)土的孔隙率只有0.4左右，为什么饱和土的水压力全部作用于墙背？

(2)窄缝里只有几公斤的水，为什么会算出几吨、几十吨的水平压力？

看来有的岩土工程师属于旱鸭子，遇水就发蒙。这里给出了砂土的孔隙率 $n=0.4$，就可能使这些人进一步迷惑：以为只有孔隙水部分才有水压力，答案是 $125\times n=50$kN，则选项为D。

土体是由颗粒组成，其中孔隙水是连通的，水压力是可传递的；而土颗粒间、土颗粒与固体表面间是点接触，水压力按照水下的全面积计算，应当是一个常识。此题也提醒工程师注意挡土墙墙面的排水。

例题12 2008年上午案例题15

在一正常固结软黏土地基上建设堆场。软黏土层厚10.0m，其下为密实砂层。采用堆载预压法加固，砂井长10.0m，直径0.30m。总预压荷载为120kPa，固结度达0.80时卸除堆载。堆载预压过程中地基沉降1.20m，卸载后回弹0.12m。堆场面层结构荷载为20kPa，堆料荷载为100kPa。预计该堆场工后沉降最大值将最接近下列哪个选项的数值？（不计次固结沉降）

(A)20cm (B)30cm (C)40cm (D)50cm

答案 C

解答

(1)地基在120kPa荷载作用下的最终总沉降应为 $s_\infty=120/0.8=150$cm。

堆载预压阶段已完成沉降120cm，固结度为0.80，距最终沉降还有30cm。

(2)回弹再压缩沉降约12cm。

(3)工后沉降应为 $s=30+12=42$cm。

评析

此题看起来很复杂，但计算量很小，也有一些概念作为考点。回弹—再压缩这部分应当放在工后沉降之中，再加上剩余的固结沉降。有时画一个简图是很有帮助的，如图6-7所示。

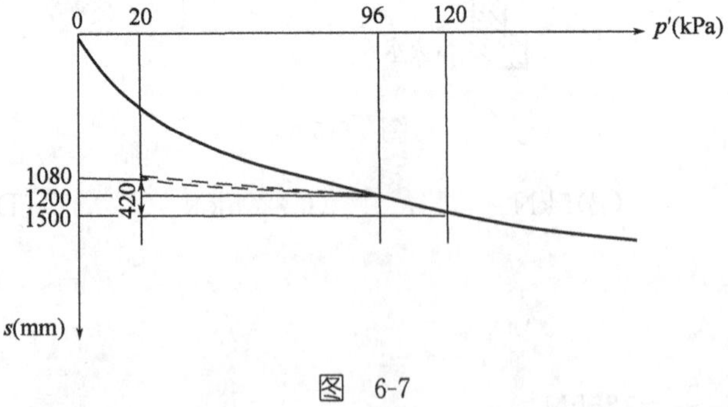

图 6-7

(1)堆载120kPa沉降1.20m，固结度为80%，有效应力为96kPa。

(2)卸载到20kPa时，回弹了0.12m。

(3)再堆载到120kPa时，首先0.12m的回弹量作为弹性变形成为瞬时沉降，然后在今后的长期运营中，最终的0.30m固结沉降将会发生。

$s=30+12=42\text{cm}$

例题13　2007年上午案例题2

某电测十字板试验原始记录见表6-3，该试验点土层的灵敏度S_t最接近下列选项中哪一数值？

表6-3

原状土	顺序	1	2	3	4	5	6	7	8	9	10	11	12	13
	读数	20	41	65	89	114	178	187	192	185	173	148	135	100
扰动土	顺序	1	2	3	4	5	6	7	8	9	10			
	读数	11	21	33	46	58	69	70	68	63	57			

(A)1.82　　(B)2.54　　(C)2.74　　(D)3.04

答案　C

解答

由试验点的峰值确定十字板试验强度，灵敏度为原状土强度和扰动土强度之比，亦即试验点的峰值之比。

$S_t=192/70=2.74$

评析

作为案例题，这道题计算量极小，明白者一目了然，只需一两分钟，因为计算灵敏度不一定要计算出“原状土强度和扰动土强度”，只需读数之比即可。但它也考查工程勘察实践，应明白十字板试验原始记录是如何进行的及强度值如何确定。这可以参考《岩土工程勘察规范》(GB 50021—2001)(2009年版)第10.6节。对于注册岩土工程师来讲，这种知识考查很有意义。

此题也可参考《土工试验方法标准》(GB/T 50123—1999)的式(17.0.9)及图17.0.8。用无侧限抗压强度测定土的灵敏度时，也采用峰值强度。

第七讲

重要数式

在历年的注册岩土工程师考试题中，可以发现一些重复率很高的题目，它们涉及一些基本的参数、公式或者规定。同时它们往往也包含深刻的土力学基本概念及工程经验。对于这些内容应当熟记、熟练和熟悉。所谓熟记，就是能够无须翻查规范或资料，直接应用；熟练，就是能够熟练地从有关规范中快速查到，包括页码、条款、公式、表格等；熟悉是至少知道考点出自哪一本规范，能够一次查到，无须反复查找。在这些题目上能够节省一些时间，对于整体成绩的提高至关重要。在这种考试中，时间就是成绩，就是分数。熟练是关键，切不可赌气恋战，反复查找，在某一个参数或公式上浪费太多时间。

另一个节省时间的方法就是列表，将常用的数、式归纳整理为便捷的表格，比如土的三项换算公式，可以归纳成表 7-1 和表 7-2，当然还是提倡使用三相草图换算，因为在所有指标中只有三个是独立的，即一个指标可以用任意其他 3 个指标来表示，这种公式极多，不可能把这些指标的相互换算公式全部罗列。表 7-1 所列是以室内试验直接测定的土的密度、含水率和相对密度为基础，推求其他指标的公式。表 7-2 所列为三项比例指标间的换算关系：例如已知孔隙率 n，推求孔隙比 e，可查一列二行，反之可查一行二列，对角线是该指标的定义。表中，g 是密度与重度换算的重力加速度；ρ_s 为土固体颗粒的密度，$\rho_s=G_s\rho_w$。

以密度、含水率和相对密度为基础的指标计算公式 表 7-1

指标名称	换算公式	指标名称	换算公式
干密度 ρ_d	$\rho_d=\frac{\rho}{1+w}$	饱和密度 ρ_{sat}	$\rho_{sat}=\frac{G_s+e}{1+e}\rho_w$
孔隙比 e	$e=\frac{\rho_s(1+w)}{\rho}-1$	浮重度 γ'	$\gamma'=\gamma_{sat}-\gamma_w$
孔隙率 n	$n=1-\frac{\rho}{\rho_s(1+w)}$	饱和度 S_r	$S_r=\frac{wG_s}{e}$

三相比例指标的换算关系表 表 7-2

指标名称	孔隙比 e	孔隙率 $n\times100\%$	干密度 ρ_d	饱和密度 ρ_{sat}	浮重度 γ'	饱和度 $S_r\times100\%$
孔隙比 e	$e=\frac{V_v}{V_s}$	$n=\frac{e}{1+e}$	$\rho_d=\frac{G_s\rho_w}{1+e}$	$\rho_{sat}=\frac{G_s+e}{1+e}\rho_w$	$\gamma'=\frac{G_s-1}{1+e}\gamma_w$	$S_r=\frac{wG_s}{e}$
孔隙率 n	$e=\frac{n}{1-n}$	$n=\frac{V_v}{V}$	$\rho_d=\frac{nS_r}{w}\rho_w$	$\rho_{sat}=G_s\rho_w(1-n)+n\rho_w$	$\gamma'=(G_s-1)(1-n)\gamma_w$	$S_r=\frac{wG_s(1-n)}{n}$
干密度 ρ_d	$e=\frac{\rho_s}{\rho_d}-1$	$n=1-\frac{\rho_d}{\rho_s}$	$\rho_d=\frac{m_s}{V}$	$\rho_{sat}=(1+\frac{e}{G_s})\rho_d$	$\gamma'=\left[\left(1+\frac{e}{G_s}\right)\rho_d-\rho_w\right]g$	$S_r=\frac{w\rho_d}{n\rho_w}$
饱和密度 ρ_{sat}	$e=\frac{\rho_s-\rho_{sat}}{\rho_{sat}-\rho_w}$	$n=\frac{\rho_s-\rho_{sat}}{\rho_s-\rho_w}$	$\rho_d=\frac{\rho_{sat}G_s}{G_s+e}$	$\rho_{sat}=\frac{m_s+V_v\rho_w}{V}$	$\gamma'=\rho_{sat}g-\gamma_w$	$S_r=\frac{wG_s\frac{\gamma'}{g}}{\rho_s-\rho_{sat}}$
浮重度 γ'	$e=\frac{\gamma_s-\gamma_{sat}}{\gamma'}$	$n=\frac{(G_s-1)\gamma_w-\gamma'}{(G_s-1)\gamma_w}$	$\rho_d=\frac{G_s\left(\frac{\gamma'}{g}+\rho_w\right)}{G_s+e}$	$\rho_{sat}=\frac{\gamma'+\gamma_w}{g}$	$\gamma'=\gamma_{sat}-\gamma_w$	$S_r=\frac{wG_s\gamma'}{\rho_s g-\gamma_{sat}}$
饱和度 S_r	$e=\frac{wG_s}{S_r}$	$n=\frac{wG_s}{S_r+wG_s}$	$\rho_d=\frac{S_r\rho_s}{wG_s+S_r}$	$\rho_{sat}=\frac{G_s(S_r+w)}{S_r+wG_s}\rho_w$	$\gamma'=\frac{S_r(\rho_s g-\gamma_{sat})}{wG_s}$	$S_r=\frac{V_w}{V_v}$

地基处理是考生最喜欢的一章，这一章案例题的选做率非常高。原因之一是题目相对简单，难题很少；二是它只集中在《建筑地基处理技术规范》(JGJ 79—2012)一本规范之中，不必忙乱地到处查规范。但是该规范也有一个缺陷，即各种参数、规定散见于各章之中，这一章的公式与参数需要到另一章里去查。可以按照《建筑地基处理技术规范》(JGJ 79—2012)归纳成表，见表 7-3、表 7-4。尤其是各种"发挥系数""折减系数"、垫层材料与厚度、处理范围等，不可能全都记住，预备这样的一个表是明智的。

复合地基的分类特性表 表 7-3

类别	散体材料复合地基	有黏结强度材料复合地基	多桩型复合地基
组成	土挤密桩、灰土挤密桩、振冲桩、沉管碎石桩、柱锤冲扩桩	水泥土搅拌桩、旋喷桩、夯实水泥土桩、水泥粉煤灰碎石桩(CFG)	深层：长桩(提高承载力与变形) 浅层：短的低强度桩或预压、压实、挤密
适用性	挤密处理松砂、粉土、湿陷性黄土、粉质黏土、素填土、杂填土；可液化土(饱和黏土地基)	各类地基土(针对具体桩型)	不同深度存在相对硬层的：浅层为欠固结土、湿陷性黄土、可液化土等
承载力	$f_{spk}=[1+m(n-1)]f_{sk}$ f_{sk}：处理后桩间土承载力特征值	$f_{spk}=\lambda m\dfrac{R_a}{A_p}+\beta(1-m)f_{sk}$	$f_{spk}=\lambda_1 m_1\dfrac{R_{a1}}{A_{p1}}+\lambda_2 m_2\dfrac{R_{a2}}{A_{p2}}+\beta(1-m_1-m_2)f_{sk}$ (两种桩都有黏结强度) $f_{spk}=\lambda_1 m_1\dfrac{R_{a1}}{A_{p1}}+\beta[1-m_1+m_2(n-1)]f_{sk}$ (短桩为散体桩)
沉降	$E_{s,sp}=\zeta E_{s,s}$　　$\zeta=\dfrac{f_{spk}}{f_{sk}}$		$\zeta_1=\dfrac{f_{spk}}{f_{sk}}$(长短桩) $\zeta_2=\dfrac{f_{spk1}}{f_{sk}}$(仅长桩) 当短桩为散体桩时： $\zeta_1=\alpha[1+m(n-1)]\dfrac{f_{spk}}{f_{spk2}}$(长短桩) 或 $\zeta_1=\dfrac{f_{spk}}{f_{sk}}$(长短桩)
n，R	黏性土：$n=2\sim4$ 砂、粉土：$n=1.5\sim3$	$R_a=u_p\sum_{i=1}^{n}q_{si}l_{pi}+\alpha_p q_p A_p$ 黏结桩桩身强度验算： $f_{cu}\geqslant4\dfrac{\lambda R_a}{A_p}$ $f_{cu}\geqslant4\dfrac{\lambda R_a}{A_p}\left[1+\dfrac{\gamma_m(d-0.5)}{f_{spa}}\right]$ (复合地基承载力经深度修正时)	刚性桩桩身强度： $f_{cu}\geqslant4\dfrac{\lambda R_a}{A_p}$ $f_{cu}\geqslant4\dfrac{\lambda R_a}{A_p}[1+\dfrac{\gamma_m(d-0.5)}{f_{spa}}]$

复合地基桩加固体的结构与参数规定 表7-4

桩型	项目				
	平面布桩范围	垫层设置	桩的布置	间距	n,λ,β,α_p
散体碎石桩	基础外1～3排桩 可液化：≥1/2h_1，≥5m h_1：土层厚度	h=300～500mm 碎石，圆、角砾，中、粗、砾砂，石屑，夯填度≤0.9，d_{max}≤30mm	三角、正方形、矩形； 单、多排（条形）	据振冲功率、置换率确定	n：试验或经验
搅拌桩（干、湿法）	根据上部结构特点及对地基承载力和变形要求平面布置	h=200～300mm 中、粗砂，级配砂石，夯实度≤0.9，d_{max}≤20mm	单、双、多轴或柱、壁、格栅、块状	独立基础：≥4根	$R_a=\eta f_{cu}A_p$ γ=1 α_p=0.4～0.6 β=0.4～0.8 0.1～0.4（软） η=0.2～0.25（干） η=0.25（湿）
旋喷桩	根据上部结构特点及对地基承载力和变形要求平面布置	h=150～300mm 中、粗砂，级配砂石，夯填度≤0.9，d_{max}≤20mm	由承载力、沉降确定 单、双、三管法	独立基础：≥4根	现场载荷试验
灰土挤密桩、土挤密桩	成片：≥h/2，2m 局部：25%b，0.5m；≥75%b，1m（自重湿陷黄土） h：处理土层厚 b：基础底宽	h=300～600mm 2:6，3:7灰土、水泥土，压实系数≥0.95	等边三角形	d=300～600mm 根据挤密系数计算	n：试验 灰土桩≤2f_{sk}，≤250kPa 土桩≤1.4f_{sk}，≤180kPa
夯实水泥土桩	基础范围内	h=100～300mm 中、粗砂，碎石，夯填度≤0.9，d_{max}≤20mm	等边三角形或方形	d=300～600mm s=(3～4)d d：桩孔直径	λ=1 β=0.9～1.0
水泥粉煤灰碎石桩	基础范围内	h=(0.4～0.6)d 中、粗砂，级配砂石、碎石d_{max}≤30mm	单、多排（条形）三角、正方、矩形	非挤土： s=(3～5)d 挤土： s=(3～6)d	λ=0.8～0.9 α_p=1.0 β=0.9～1.0
柱锤冲扩桩	(1～3)排，≥h/2，可液化：≥h_1/2，≥5m	h=200～300mm 碎石夯填度≤0.9 湿陷性黄土：灰土垫层	正方形、等边三角形	s=(2～3)d 1.2～2.5m m=0.2～0.5	n=2～4
多桩型复合地基	黏结桩在基础范围内	一般：碎石 湿陷性：300mm灰土 h=d/2（刚性桩直径）	正方形、等边三角形	根据承载力确定置换率m	β=0.9～1.0 λ_1，λ_2试验

善于列表总结，是应付考试的法宝。复习到后期，就应总结出一些自己熟悉的表格，也许只有考生自己能看明白，但它提纲挈领，是非常有用的。

本人经历大小考试无数，从无败绩。经验一是复习。一本教材，复习下来应是越来越少，最后总结一页纸，一两个表，这时就很有信心了。经验二是考试中善于自己校核。其实考试中的所谓“马虎”还是功夫不到家。题做完了，对与不对自己应大体清楚，要会检验。可以从不同的角度来判断：数值的量级、量纲、常识、感觉……也可用正算反算、另觅途径计算、绘图列表等。考试当然主要靠扎实的基本功，但考试的技巧、临战状态也是很重要的。

例题 1　2018 年上午知识题 52

在其他条件不变的情况下，下列关于软土地基固结系数的说法中正确的是哪些选项？

(A)地基土的灵敏度越大，固结系数越大

(B)地基土的压缩模量越大，固结系数越大

(C)地基土的孔隙比越小，固结系数越大

(D)地基土的渗透系数越大，固结系数越大

答案　BD

评析

固结系数的理论表达式为 $C_v=\dfrac{k(1+e)}{a_v\gamma_w}$，由公式可知固结系数与灵敏度无关，选项 A 错误。

压缩模量 E_s 与压缩系数 a_v 成反比，压缩模量越大，固结系数越大，选项 B 正确。

孔隙比 e 越小，固结系数越小，选项 C 错误。

渗透系数 k 越大，固结系数越大，选项 D 正确。

这类题往往记住了一个公式就可清晰地、一目了然地明确选项。$C_v=\dfrac{k(1+e)}{a_v\gamma_w}$ 这个公式很重要，作为土力学的基本理论公式也应当记住。

如果考生对渗流固结的概念很清楚，也可从感性上做出判断：固结系数 C_v 是饱和土体固结速率快慢的指标，C_v 越大，固结越快。

(1)压缩模量 E_s 大，土体压缩量就小，饱和土体需要流出的水也就越少，在其他条件不变情况下，土体固结越快。

(2)同理，孔隙比 e 越小，土就越密实，变形量小，流出水量也少，固结也就越快。

(3)渗透系数 k 越大，在流出水量相同时，渗流固结用的时间越少。

综合以上三点，密粗砂的压缩变形很小的(e 小，E_s 大)，渗透系数 k 很大，其固结系数 C_v 也一定很大，很快就达到 100% 的固结度，而密实粗砂土地基几乎没有工后沉降。但是这样思考、琢磨的时间要多一些，不如记住公式快捷。

例题 2　2018 年上午知识题 65

在其他条件相同的情况下，根据标准贯入试验击数进行液化判定，下列哪些选项的表述是正确的？

(A)地下水埋深越小，液化指数越高

(B)粉土比砂土液化严重

(C)上覆非液化土层越厚，液化程度越轻

(D)粉土黏粒含量越高，液化程度越严重

答案　AC

评析

根据《建筑抗震设计规范》(GB 50011—2010)(2016 年版)第 4.3.4 条、第 4.3.5 条公式：

$$N_{cr}=N_0\beta[\ln(0.6d_s+1.5)-0.1d_w]\sqrt{\frac{3}{\rho_c}} \tag{7-1}$$

$$I_{lE}=\sum\left(1-\frac{N_i}{N_{cr}}\right)d_iW_i \tag{7-2}$$

根据临界标贯击数和液化指数计算公式[式(7-1)],地下水位埋深 d_w 越小,临界值 N_{cr} 越大,土容易液化,相应液化指数越高,见式(7-2),选项A正确。

一般只有粉土才考虑黏粒含量,砂土和黏粒含量小于3%的粉土,都用 $\rho_c=3$;粉土中黏粒含量 ρ_c 比砂土高,相同情况下,液化程度比砂土轻,临界值 N_{cr} 越小,选项B、D错误。

上覆非液化土层越厚,式(7-2)的液化指标的权重 W_i 越低,I_{lE} 越小,选项C正确。

这两个公式不易完全记住,但应当知道通过它们来选项,因而要熟知它们在规范中的章节、位置,以便很快查找到。

当然此题也可完全凭自己的概念与知识选项,例如临界值击数 N_{cr} 越大,土就越容易液化。一般水平的考生也可以做到。无论哪种情况,不查规范会节省时间。

例题3 2018年下午知识题6

一矩形基础,其底面尺寸为4.0m×6.0m,短边方向无偏心,作用在长边方向的偏心荷载为 $F+G=1200$kN,问当偏心距最大为多少时,基底刚好不会出现拉应力?

(A)0.67m (B)0.75m (C)1.0m (D)1.5m

答案 C

评析

基底刚好不出现拉应力,亦即偏心距 $e=b/6=6.0/6=1.0$m。对于矩形基础,偏心距 $e=b/6$ 是零压力线在边缘的判断公式;此题如果偏心在短边,则 $e=4/6$。

例题4 2018年下午知识题3

直径为 d 的圆形基础,假设基底压力线性分布,若要求基底边缘压力不小于0,则基底压力合力的偏心距的最大值为下列何值?

(A)$d/4$ (B)$d/6$ (C)$d/8$ (D)$d/12$

答案 C

评析

此题比例题3难度增加很多。圆形基础的弯曲惯性模量为 $W=\pi d^3/32$。

$$p_{kmin}=\frac{F_k+G_k}{A}-\frac{M_k}{W}=\frac{F_k+G_k}{\pi d^2/4}-\frac{M_k}{\pi d^3/32}=0 \quad (F_k+G_k)\frac{d}{8}=M_k$$

$$e=\frac{M_k}{F_k+G_k}=\frac{d}{8}$$

此题的关键公式是 $W=\pi d^3/32$,这是一个材料力学中的公式,考试中一时很难查找。所以要记住,或者准备一个备忘录,记录一些可能遇到的公式、不同标号材料的强度、数学函数及其换算等,这很有必要。

此题的叙述不准确"要求基底边缘压力不小于0"，实际上不管多么大的偏心，任何地方的基底压力都不可能小于0。

例题5 2018年上午案例题23

某场地钻探及波速测试得到的结果见表7-5。试按照《建筑抗震设计规范》(GB 50011—2010)(2016年版)计算确定场地类别为下列哪一项？

表7-5

层号	岩 性	层顶埋深(m)	平均剪切波速 V_s(m/s)
1	淤泥质粉质黏土	0	110
2	砾砂	9.0	180
3	粉质黏土	10.5	120
4	含黏性土碎石	14.5	415
5	强风化流纹岩	22.0	800

(A) I_1　　(B) Ⅱ　　(C) Ⅲ　　(D) Ⅳ

答案 C

解答

根据《建筑抗震设计规范》(GB 50011—2010)(2016年版)第4.1.4条～第4.1.6条。

(1)确定覆盖层厚度

第4层土的剪切波速不大于第2层砾砂的2.5倍，覆盖层厚度取基岩顶面到地面的距离，即取22m。

(2)计算等效剪切波速

计算深度 d_0 取20m和覆盖层厚度中的较小值，计算深度取20m。

$$v_{se}=\frac{d_0}{\sum_{i=1}^{n}\frac{d_i}{v_{si}}}=\frac{20}{\frac{9}{110}+\frac{1.5}{180}+\frac{4}{120}+\frac{5.5}{415}}=146.3\mathrm{m/s} \tag{7-3}$$

(3)场地类别确定

查规范表4.1.6，建筑场地类别为Ⅲ类。

评析

这道题在抗震这一章是比较简单的题，并且其考点已经出现过数次。最后根据覆盖层厚度和等效剪切波速 v_{se} 可以查表得到场地类别。此题的考点就在于计算等效剪切波速 v_{se}，而公式(7-3)就是关键。在明确覆盖层厚度以后就按表查场地类别。

例题6 2018年下午案例题2

某边坡高度为55m，坡面倾角为65°，倾向为NE59°，测得岩体的纵波波速为3500m/s，相应岩块的纵波波速为5000m/s，岩石的饱和单轴抗压强度 $R_c=45$MPa，岩层结构面的倾角为69°，倾向为NE75°，边坡结构面类型与延伸性修正系数为0.7，地下水影响系数为0.5，按照《工程岩体分级标准》(GB/T 50218—2014)中岩体基本质量指标计算确定该边坡岩体的质量等级为下列哪项?

(1)Ⅴ　　(B)Ⅳ　　(C)Ⅲ　　(D)Ⅱ

答案　B

解答

根据《工程岩体分级标准》(GB/T 50218—2014)第4.2节、第5.2节。

(1)完整性指数

$$K_v=\left(\frac{v_{pm}}{v_{pr}}\right)^2=\left(\frac{3500}{5000}\right)^2=0.49 \tag{7-4}$$

(2)基本质量指标 BQ 计算

$R_c=45\text{MPa}<90K_v+30=90\times0.49+30=74.1\text{MPa}$,取 $R_c=45\text{MPa}$

$K_v=0.49<0.04R_c+0.4=0.04\times45+0.4=2.2$,取 $K_v=0.49$

$BQ=100+3R_c+250K_v=100+3\times45+250\times0.49=357.5$

(3)BQ 修正及岩体质量等级确定

查该规范表5.3.2-3。结构面倾向与边坡面倾向间的夹角为 $75°-59°=16°$,$F_1=0.7$。

结构面倾角为 $69°$,$F_2=1.0$。

结构面倾角与边坡坡角之差为 $69°-65°=4°$,$F_3=0.2$。

$K_5=F_1\times F_2\times F_3=0.7\times1.0\times0.2=0.14$,已知 $K_4=0.5$,$\lambda=0.7$

对于边坡岩体分类:

$[BQ]=BQ-100(K_4+\lambda K_5)=357.5-100\times(0.5+0.7\times0.14)=297.7$

查表4.1.1,岩体质量等级为Ⅳ级。

评析

在各行业、领域与规范中,关于岩石(围岩)分类的相关的规范有:

《岩土工程勘察规范》(GB 50021—2001)(2009年版)附录A:岩土分类

《工程岩体分级标准》(GB/T 50218—2014)

《铁路工程地质勘察规范》(TB 10012—2007　J124—2007)附录E

《铁路隧道设计规范》(TB 10003—2005)附录A

《水利水电工程地质勘察规范》(GB 50487—2008)附录N

《公路隧道设计规范》(JTG D70—2004)附录A

《公路工程地质勘察规范》(JTG C20—2011)附录F

分类的依据基本类似,主要有:岩石强度 R_c,单轴饱和抗压强度,岩体完整性系数 K_v,结构形态、产状,地下水,地应力等。

在我国岩石分类方法中,主要有岩体基本质量法、总评分法和主要以围岩纵波波速分类的方法。

《工程岩体分级标准》(GB/T 50218—2014)是按照岩体基本质量指标[BQ]分类的,它分别针对地下工程、边坡工程和地基工程进行分类,公路系统的分类基本相同;《水利水电工程地质勘察规范》(GB 50487—2008)则是用总评分法,考虑的因素较多,较细、完全量化,这可能与水利水电工程事关重大有关。其总评分包括:岩石强度+岩体完整性+结构面状态+地下水十主要结构面产状，还按强度应力比进行级别调整。铁路部门则是以围岩纵波波速为主，综合考虑各种因素，列表查其类别。

尽管分类五花八门，但岩石强度 R_c 与完整性是其基础，而完整性指标 K_v 的公式(7-4)，即岩体纵波波速与岩块波速之比的平方。这个公式，简单好记，是岩石分类中不可或缺的，历年关于岩石(围岩)分类的考题屡屡出现，不计或记不住此公式就不应当了。

例题 7　2020 年上午案例题 11

某高层建筑，拟采用钻孔灌注桩桩筏基础，筏板底埋深为地面下 5.0m。地层条件见表 7-6。设计桩径 0.8m，经计算桩端需进入碎石土层 1.0m。由永久作用控制的基本组合条件下，桩基轴心受压。根据《建筑地基基础设计规范》(GB 50007—2011)设计，基桩竖向抗压承载力不受桩身强度控制及满足规范要求的桩身混凝土强度等级最低为下列哪个选项？(工作条件系数取 0.6，混凝土轴心抗压强度设计值见表 7-7)

表 7-6

层　号	土 体 名 称	层底埋深(m)	q_{sa}(kPa)	q_{pa}(kPa)
①	粉土	10.0	15	
②	中细砂	18.0	25	
③	中粗砂	20.0	70	
④	碎石土	＞30.0	75	1500

表 7-7

混凝土强度等级	C15	C20	C25	C30	C35
轴心抗压强度设计值(N/mm^2)	7.2	9.6	11.9	14.3	16.7

(A)C20　　(B)C25　　(C)C30　　(D)C35

答案　B

解答

根据《建筑地基基础设计规范》(GB 50007—2011)第 8.5.3 条、第 8.5.6 条、第 8.5.11 条。

(1)基桩桩顶竖向力

$$R_a = q_{pa}A_p + u\sum q_{sia}l_i = 1500\times3.14\times0.4^2 + 3.14\times0.8\times(15\times5+25\times8+70\times2+75\times1)$$
$$= 1984.48\text{kN}$$

$Q_k \leqslant R_a = 1984.48\text{kN}$

(2)混凝土轴心抗压强度设计值

$Q \leqslant A_p f_c \varphi_c$，$Q = 1.35Q_k$，即 $1.35\times1984.48 \leqslant 3.14\times0.4^2\times f_c\times0.6$

解得 $f_c \geqslant 8887.5\text{kPa} = 8.9\text{MPa}$，混凝土强度等级取 C20。

根据第 8.5.3 条第 5 款，灌注桩混凝土强度等级不应低于 C25，桩身混凝土强度等级取 C25。

评析

在我国桩基设计与计算中,通常是采用《建筑桩基技术规范》(JGJ 94—2008),在注册考试中也是如此。但《建筑地基基础设计规范》(GB 50007—2011)的第8章第8.5节也有桩基础,二者在一些细节方面是有差别的。以此题为例,计算承载力用的是侧(端)阻力的特征值q_{sa}、q_{pa},亦即直接可用以计算单桩承载力的特征值R_a;而《建筑桩基技术规范》(JGJ 94—2008)给出的是极限侧(端)阻力的标准值q_{sk}、q_{pk},计算单桩极限承载力的标准值。

计算单桩承载力使用的荷载是"传至承台底面上的作用效应的标准组合",亦即Q_k,而"确定配筋和验算材料强度时,作用效应和基底反力应按承载能力极限状态下作用的基本组合",一般讲,上部结构传来的作用效应是由结构工程师计算提供的,《建筑地基基础设计规范》(GB 50007—2011)式(3.0.6-4)给出了永久作用控制的基本组合的简化规则,即$S_d=1.35S_k$,$Q=1.35Q_k$,这个公式也是此题的主要考点。

此题最后混凝土强度等级取C25,也是源于"第8.5.3条第5款"的一个陷阱。

例题8 2020年上午案例题12

某大面积场地,原状地层从上到下依次为:①层细砂,厚度1.0m,重度18kN/m³;②层饱和淤泥质土,厚度10m,重度16kN/m³;③层中砂,厚度8m,重度19.5kN/m³。场地采用堆载预压进行处理,场地表面的均布堆载为100kPa。②层饱和淤泥质土的孔隙比1.2,压缩系数0.6MPa^{-1},渗透系数0.1m/年。问堆载9个月后,②层土的压缩量最接近下列何值?

(A)162mm (B)195mm (C)230mm (D)258mm

答案 D

解答

根据一维渗流固结理论和单向压缩理论。

(1)软土层竖向固结系数、压缩模量计算

$$c_v=\frac{k_v(1+e_0)}{a\gamma_w}=\frac{0.1\times(1+1.2)}{0.6\times10^{-3}\times10}=36.67\text{m}^2/\text{年}$$

$$E_s=\frac{1+e_0}{a}=\frac{1+1.2}{0.6}=3.67\text{MPa}$$

(2)9个月后固结度计算

双面排水,$T_v=\frac{c_v t}{H^2}=\frac{36.67\times9/12}{(10/2)^2}=1.1$

$$\overline{U}_z=1-\frac{8}{\pi^2}\cdot e^{-\frac{\pi^2}{4}\cdot T_v}=1-0.81\times e^{-\frac{\pi^2}{4}\times1.1}=0.946$$

(3)9个月沉降量计算

总沉降量:$s_\infty=\frac{\Delta p}{E_s}h=\frac{100}{3.67}\times10=272.48\text{mm}$

9个月总沉降量:$s_t=U_t s_\infty=0.946\times272.48=257.8\text{mm}$

评析

此题是计算固结度与相应沉降量的一道相对简单的考题。其中的关键公式是:$\overline{U}_z=1-$

$\frac{8}{\pi^2}\cdot e^{-\frac{\pi^2}{4}\cdot T_v}$。在《土力学》教材中推导了在大面积均布荷载下固结度是一个无限的傅里叶级数，时间因数 T_v 较大时，可以近似地取其第一项计算，即$\overline{U}_z=1-\frac{8}{\pi^2}\cdot e^{-\frac{\pi^2}{4}\cdot T_v}$。首先，这个公式的应用条件在任何《土力学》教材中都有明确的说明，在规范中也清楚地注明其适用范围为：$\overline{U}_z>30\%$（这时相当于 $T_v>0.06$，误差约为 5%）。在 2018 年上午案例题 14 中，$T_v=0.00556$ 的情况下，仍然用第一项计算固结度，得出了错误的结果。所以一方面要记住此公式，另一方面也要记住它的适用范围。

例题 9　2020 年上午案例题 13

某场地为细砂地基，天然孔隙比 $e_0=0.95$，最大孔隙比 $e_{max}=1.10$，最小孔隙比 $e_{min}=0.60$。拟采用沉管砂石桩处理，等边三角形布桩，桩长 10m，沉管外径 600mm，桩距 1.75m。要求砂石桩挤密处理后细砂孔隙比不大于 0.75，且相对密实度不小于 0.80，根据《建筑地基处理技术规范》(JGJ 79—2012)，则每根砂石桩体积最接近下列哪个选项？（不考虑振动下沉密实作用，处理前后场地标高不变）

(A) $2.5m^3$　　(B) $2.8m^3$　　(C) $3.1m^3$　　(D) $3.4m^3$

答案　D

解答

(1)处理后孔隙比 e_1 计算

$D_r=\frac{e_{max}-e_1}{e_{max}-e_{min}}=\frac{1.10-e_1}{1.10-0.60}=0.80$，解得 $e_1=0.70$（不大于 0.75）

(2)计算桩径 d

根据《建筑地基处理技术规范》(JGJ 79—2012)式(7.2.2-1)：

$s=0.95\xi d\sqrt{\frac{1+e_0}{e_0-e_1}}$，$1.75=0.95\times 1d\sqrt{\frac{1+0.95}{0.95-0.7}}$，$d=0.66m$

(3)砂石桩体积计算

$V=\frac{\pi d^2}{4}l=\frac{3.1416\times 0.66^2}{4}\times 10=3.42m^3$

评析

在地基处理的振冲、挤密复合地基中，《建筑地基处理技术规范》(JGJ 79—2012)都有相应的计算式，对于砂土地基为式(7.2.2-1)，$s=0.95\xi d\sqrt{\frac{1+e_0}{e_0-e_1}}$；对于细粒土，湿陷性黄土地基有式(7.5.2-1)，$s=0.95d\sqrt{\frac{\overline{\eta}_c\rho_{dmax}}{\overline{\eta}_c\rho_{dmax}-\rho_d}}$，这是在地基处理考题中常用的两个公式。可以推求桩距 s、桩径 d 和挤密后的干密度 ρ_c 等。

但是这些公式都是通过不同布置（正三角形、正方形等）的等效直径推导的。有时不如直接通过几何与三相换算关系更直接简单。例如：

(1)处理后孔隙比 e_1 计算

$$D_r=\frac{e_{max}-e_1}{e_{max}-e_{min}}=\frac{1.10-e_1}{1.10-0.60}=0.80$$,解得 $e_1=0.70$(不大于 0.75)

(2)砂石桩体积计算

加固前后地基土体积变化是由砂石桩挤密引起的，等边三角形布桩，三角形内有 180°半根桩，$\varepsilon_v=\frac{-\Delta e}{1+e_0}=\frac{e_0-e_1}{1+e_0}=\frac{0.95-0.7}{1+0.95}=0.128$，其单桩的体积 V：

$$\frac{V}{2}=\varepsilon_v\frac{\sqrt{3}}{4}s^2\times l=0.128\times\frac{\sqrt{3}}{4}\times1.75^2\times10=1.7\text{m}^3$$

解得 $V=3.4\text{m}^3$

例题 10 2020 年上午案例题 16

如图 7-1 所示，某边坡坡面倾角 $\beta=65°$，坡顶面倾角 $\theta=25°$，土的重度 $\gamma=19\text{kN/m}^3$，假设滑动面倾角 $\alpha=40°$，其参数 $c=15\text{kPa}$，$\varphi=25°$，滑动面长度 $L=65\text{m}$，图中 $h=10\text{m}$，试计算边坡的稳定安全系数最接近下列哪个选项？

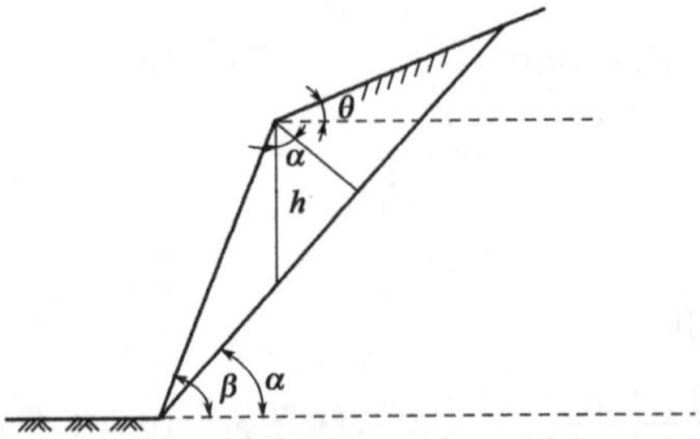

图 7-1

(A)0.72　　(B)0.88　　(C)0.98　　(D)1.08

答案 B

解答

$h_1=h\cos\alpha=10\times\cos40°=7.66\text{m}$，$L=65\text{m}$

这种题目的安全系数可表示为：

$$F_s=\frac{W\cos\alpha\tan\varphi+cL}{W\sin\alpha}=\frac{\frac{1}{2}Lh_1\gamma\cos\alpha\tan\varphi+cL}{\frac{1}{2}Lh_1\gamma\sin\alpha}=\frac{\tan\varphi}{\tan\alpha}+\frac{2c}{\gamma h_1\sin\alpha}$$

$$F_s=\frac{\tan\varphi}{\tan\alpha}+\frac{2c}{\gamma h_1\sin\alpha}=\frac{\tan25°}{\tan40°}+\frac{2\times15}{19\times7.66\times\sin40°}=0.88$$

评析

这类题目，直线滑动面，既有摩擦力(φ)也有黏聚力(c)，抗滑稳定的公式 $F_s=\frac{\tan\varphi}{\tan\alpha}+$

$\frac{2c}{\gamma h_1 \sin\alpha}$非常实用，可以使问题变得十分简单。

但是这道题目较为混乱：

(1)因为α、β、θ以及$h=10\text{m}$都已知，就可以计算出$L=45\text{m}$，而题目给出了$L=65\text{m}$，这种不闭合、相互矛盾的数值使人无所适从。

(2)幸好在此题中L是无用的数据，即使用滑动体的重量计算结果也一样，没有造成混乱。

例题 11　2008 年上午知识题 39

某工程采用水泥土搅拌桩进行地基处理，设计桩长 8.0m，桩径 500mm，正方形满堂布桩，桩心距 1200mm。现拟用圆形承压板进行单桩复合地基承载力静载荷试验，其承压板直径应选择下列哪个选项的数值？

(A)1200mm　　(B)1260mm　　(C)1354mm　　(D)1700mm

答案　C

评析

正方形满堂布桩的复合地基，采用圆形承压板进行单桩复合地基承载力静载荷试验，要求承压板至少要等于一个桩承担的面积。根据面积等效原理(图 7-2)。

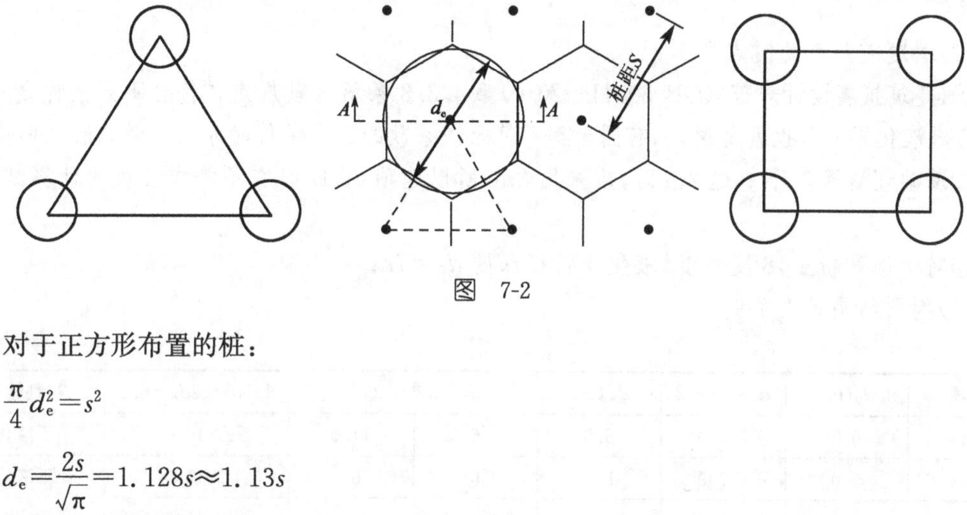

图　7-2

对于正方形布置的桩：

$$\frac{\pi}{4}d_e^2=s^2$$

$$d_e=\frac{2s}{\sqrt{\pi}}=1.128s\approx1.13s$$

对于正三角形布置的桩：

$$\frac{\pi}{4}d_e^2=2\frac{\sqrt{3}}{4}s^2$$

$$d_e=\frac{\sqrt{2\sqrt{3}}}{\pi}s=1.05s$$

d_e为等效直径，就是以它为直径的圆的面积等于每根桩承担的地基面积。也就等于圆形承压板进行单桩复合地基承载力静载荷试验承压板的直径。

此题中 d_e=1.128×1200=1354mm。

这里要强调的是:1.05(等边三角形布置)、1.13(正方形布置)这两个数应当记住。因为这只是一道知识题,没有时间进行上述的推导和翻查规范,只可能完成最后一步计算。如果熟练,此题可以不必动手计算,选项A中1200mm=s是肯定不对的,心算可知选项B中1260mm=1.05s,选项D的1700mm则太大了。因而只能选择C。因知识题无须写出计算,可直接判断。

例题12 2008年上午案例题29

某建筑拟采用天然地基。场地地基土由上覆的非液化土层和下伏的饱和粉土组成(表7-8)。地震烈度为8度。按《建筑抗震设计规范》(GB 50011—2010)进行液化初步判别时,下列的选项中只有哪个选项需要考虑液化影响?

表7-8

选　项	上覆非液化土层厚度 d_u(m)	地下水位深度 d_w(m)	基础埋置深度 d_b(m)
(A)	6.0	5.0	1.0
(B)	5.0	5.5	2.0
(C)	4.0	5.5	1.5
(D)	6.5	6.0	3.0

答案 C

解答

(1)本题有几个关键点:

①《建筑抗震设计规范》(GB 50011—2010)第4.3.3条第3款规定,“符合下列条件之一时,可不考虑液化影响”,也就是说,只有同时都不符合该条款的三个条件时才需要考虑液化影响。

②基础埋置深度不超过2m时,应采用2m,所以选项A、B、C在不等式右边的计算结果是相同的。

③对于饱和粉土,8度烈度,液化土特征深度 d_0=7m。

(2)判别结果见表7-9。

表7-9

选项	d_u(m)	d_0+d_b-2	d_w(m)	d_0+d_b-3	d_u+d_w	$1.5d_0+2d_b-4.5$	初判结果
(A)	6.0	≤7.0	5.0	≤6.0	11.0	>10.0	不液化
(B)	5.0	≤7.0	5.5	≤6.0	10.5	>10.0	不液化
(C)	4.0	≤7.0	5.5	≤6.0	9.5	≤10.0	液化
(D)	6.5	≤8.0	6.0	≤7.0	12.5	>12.0	不液化

评析

从表可见,选项A、B、D都符合条件可不考虑液化影响,只有选项C需要考虑液化影响。

上面这个判别表是很清楚的。当然在考试时,不一定花时间绘这样的表,可以选择答案为选项C($d_u+d_w<1.5d_0+2d_b-4.5$)。

对于地基的液化初步判断,以下几个条件和算式应熟悉,即使记不住,也应在第一时间查到:

(1)$d_u > d_0 + d_b - 2$。

(2)$d_w > d_0 + d_b - 3$。

(3)$d_u + d_w > 1.5d_0 + 2d_b - 4.5$。

以上3个条件不同时满足，才需要考虑液化影响。

(4)粉土的黏粒含量$\rho_c \geqslant 10\%$(7度)，$\rho_c \geqslant 13\%$(8度)，$\rho_c \geqslant 16\%$(9度)，可不考虑液化(此题没给出ρ_c)。

(5)对于7、8度地区地质年代等于或早于Q_3，可不考虑液化。

这些公式如果不能记住，可以用一张表归纳总结；也可把抗震这一章的常用公式，总结成一张表。或者在抗震规范这一页加一个不干胶纸条，并且注明。

例题13　2008年上午案例题27

已知场地地震烈度7度，设计基本地震加速度为0.15g，设计地震分组为第一组。对建造于Ⅱ类场地上，结构自振周期为0.40s，阻尼比为0.05的建筑结构进行截面抗震验算时，相应的水平地震影响系数最接近下列哪个选项的数值？

(A)0.08　　(B)0.10　　(C)0.12　　(D)0.16

答案　B

解答

根据《建筑抗震设计规范》(GB 50011—2001)：

(1)第5.1.6条，截面抗震验算应考虑多遇地震。

(2)查规范表5.1.4-1，可得$\alpha_{max}=0.12$。

(3)查规范表5.1.4-2，可得$T_g=0.35s$。

(4)阻尼比$\zeta=0.05$时，$\gamma=0.9$，$\eta_2=1.0$。

(5)由规范图5.1.5，当$T>T_g$时：

$$\alpha=\left(\frac{T_g}{T}\right)^{\gamma}\eta_2\alpha_{max}=(0.35/0.40)^{0.9}\times1.0\times0.12=0.106$$

评析

按照《建筑抗震设计规范》(GB 50011—2010)也基本是一致的。对于地震的影响系数，规范中的图5.1.5(图7-3)是非常有用的，并且在地震这一章这类考题较多，对于此图要在10秒钟内从规范中找到。那么此题就可以节省一些时间，如果不熟练，查表、计算，可能在规定的时间内解决不了。

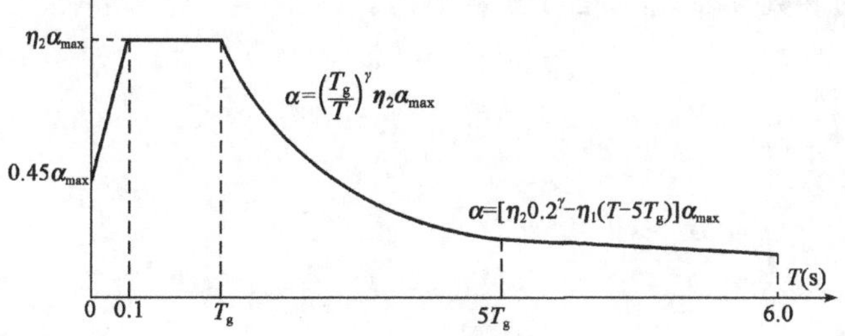

图　7-3

近年来,由于行业范围的拓宽,《公路工程抗震规范》(JTG B02—2013)、《水电工程水工建筑物抗震设计规范》(NB 35047—2015)等抗震规范被纳入大纲,它们的反应谱曲线和相关公式与建筑行业规范并不完全一致,因而也要注意熟悉。

例题14 2011年上午案例题27

某黄土试样的室内双线法压缩试验数据见表7-10。其中一个试样保持在天然湿度下分级加荷至200kPa,下沉稳定后浸水饱和;另一个试样在浸水饱和状态下分级加荷至200kPa。按此表计算黄土湿陷起始压力最接近下列哪个选项的数据?

表7-10

压力 p(kPa)	0	50	100	150	200	200浸水饱和
天然湿度下试样高度 h_p(mm)	20.00	19.79	19.53	19.25	19.00	18.60
浸水饱和状态下试样高度 h'_p(mm)	20.00	19.58	19.26	18.92	18.60	

(A)75kPa (B)100kPa (C)125kPa (D)150kPa

答案 C

解答

根据《湿陷性黄土地区建筑规范》(GB 50025—2004)第2.1.8条、第4.3.5条及条文说明,湿陷起始压力下

$\delta_s=\frac{h_p-h'_p}{h_0}=0.015, h_p-h'_p=0.015\times20=0.3\text{mm}$

当 $p=100\text{kPa}$ 时, $h_p-h'_p=0.27\text{mm}$;当 $p=150\text{kPa}$ 时, $h_p-h'_p=0.33\text{mm}$

$\frac{p_{sh}-100}{0.3-0.27}=\frac{150-100}{0.33-0.27}, p_{sh}=125\text{kPa}$

评析

《湿陷性黄土地区建筑规范》(GB 50025—2004)规定,可以用这里所提的双线法确定湿陷起始压力。$\delta_s=0.015$ 为湿陷的界限标准;确定湿陷起始压力 p_{sh} 时,双线法中,假设 Δh_p 与压力 p 间呈线性关系,用内插法求起始压力。对于黄土的湿陷系数0.015是一个必须记住的数字,我国规定湿陷系数 $\delta_s=0.015$ 的黄土就是湿陷性黄土。无论是湿陷性、自重湿陷性和湿陷起始压力都要由它来判断。

在第9章特殊条件下的岩土工程,湿陷性黄土、膨胀土、盐渍土、软黏土、冻土及岩溶等部分,都有一些特定的参数与公式,应当了解和熟悉。

第八讲

最大概率

所谓最大概率,也就是解答中所谓的“猜”与“蒙”。由于岩土工程的范畴太广,任何考生也不可能样样精通。对于案例题还可以通过选做来回避,对于知识题就必须硬着头皮做选择,不可避免就要猜与蒙。这就要动用各种统计规律、形式逻辑、心理学的知识以及语言学知识来猜和蒙。

所谓“猜”,它的基础还是考生掌握的理论概念、工程经验和判断能力,配合逻辑学中的排除、试错、推理等技巧。由于现今命题与答题都已经习惯于遵循与查找规范,见到了白纸黑字的规范条文才敢取舍。如果每道题都如此,那么时间肯定远远不够,因而相当部分的知识题要灵活判断。

对于单选题,如果考生对其中一个选项有绝对的把握认定其是答案,就不必再多花时间去证伪其他选项。如果考生有把握否定其中3个选项,即使对第四个选项踌躇不定,也不必非要找到规范上的条文才去选择。多选题相对较难,费时。但如果考生已经可以肯定有两个选项不是答案,那么另两个也不必逐项认定,直接就选它们。因为多选题的正确选项不能为一个。

所谓“蒙”,是基于概率的分布,有时在不能判断、不解题意甚至不看题意的情况下进行选项。在时间不够时,知识题选项也要靠蒙,并且尽量使正确选项的概率更高。但是“蒙”不等于作弊,它是建立在科学的方法论的基础上的。对于案例题,也可帮助考生提高选对正确答案的概率,有利于判断计算是否正确。在命题时,要求命题专家必须对各选项按一定次序排列。如按A→B→C→D的选项数字由小到大(或者由大到小)排列,并且考虑计算的误差,各个选项之间的差距又必须大于计算误差。可是,各选项的答案又不能太离谱,例如计算安全系数,选项为:(A)1.0,(B)1.2,(C)1.4,(D)1.6,正确答案往往就处于中间的位置(1.2～1.4)。所以在组卷时,尽管专家们费尽心机地调整,也无法使四个选项都各占四分之一。总是中间的B、C两个选项的比例高,尤其是涉及具体数字的案例题。表8-1～表8-3是早些年的答案选项的统计结果。

历年单选题答案选项分布统计(%) 表8-1

年份	A	B	C	D
2005	15	26.3	32.5	26.2
2006	21.2	26.2	28.8	26.2
2007	25	26.3	28.8	21.3
2008	27.5	20	32.5	20
2009	26.2	30	26.3	17.5
2010	20	33.8	27.5	18.8
2011	12.5	26.2	35	26.2
2012	17.5	32.5	29	21
2013	20	24	29	27
2014	20	27.2	31.3	22.5
平均	20.5	27.2	30	22

历年多选题答案选项分布统计(%) 表 8-2

年份	AB	AC	AD	BC	BD	CD	ABC	ABD	ACD	BCD
2004	8.3	5	5	10	11.7	13.3	11.7	10	13.3	11.6
2005	6.7	8.3	10	6.7	11.7	6.7	6.7	18.3	18.3	8.3
2006	8.3	6.7	10	15	5	11.7	11.7	21.7	5	5
2007	8.3	13.3	10	11.7	10	0	13.3	13.3	11.7	8.3
2008	15	11.7	15	10	16.7	1.7	8.3	8.3	6.7	6.7
2009	13.3	13.3	13.3	8.3	10	8.3	6.7	10	15	1.7
2010	10	15	5	8.3	5	5	21.7	8.3	5	15
2011	16.7	15	11.7	5	10	5	6.7	11.7	11.7	5
2012	18.3	8.3	11.7	10	10.3	8.3	3.3	11.7	10	8.3
2013	13.3	21.7	8.3	5	3.3	1.7	13.3	20	3.3	10
2014	10	8.3	6.7	13.3	11.7	3.3	11.7	8.3	20	6.7
合计	11.7	11.6	9.5	9.1	9.5	5.8	10.5	13.2	11	7.9

历年案例题答案选项分布统计(%) 表 8-3

年 份	A	B	C	D
2008	20	23	38	18
2009	15	25	37	12
2010	17	32	30	22
2011	13	37	37	12
2012	15	28	45	12
2013	12	33	40	15
2014	10	33	35	23
2016	7	47	32	15
2017	18	37	33	12
平均	14	32.6	36.4	16

表 8-4～表 8-6 是近 3 年的答案选项的统计结果。

知识单选题答案选项分布统计(%) 表 8-4

年 份	A	B	C	D
2018 上午	6	13	11	10
2018 下午	6	12	12	10
2019 上午	6	12	10	12
2019 下午	5	13	11	11
2020 上午	8	9	12	11
2020 下午	10	12	10	8
平均	17.1	29.6	27.5	25.8

2018—2020年知识多选题答案选项分布统计(%) 表8-5

年份	上下午	AB	AC	AD	BC	BD	CD	ABC	ABD	ACD	BCD
2018	上午	1	10	3	4	2	0	4	1	3	2
	下午	0	2	1	1	4	3	3	9	2	5
2019	上午	3	4	4	2	3	2	3	4	3	2
	下午	3	3	3	1	6	1	5	5	1	2
2020	上午	5	3	4	2	2	2	4	2	3	3
	下午	6	1	1	2	2	2	3	2	10	1
合计		18	23	16	12	19	10	20	25	22	15
平均		10	12.8	8.9	6.7	10.6	5.5	11.1	13.9	12.2	8.3

2018—2020年案例题答案选项分布统计(%) 表8-6

年　份	A	B	C	D
2018	4	44	32	8
2019	14	40	32	14
2020	18	26	28	28
平均值	10.7	36.7	30.7	16.7

从上述各表可以得出如下的结论：

(1)单选题中，答案为选项B和C的概率高于1/4，约为30%，而答案为选项A和D的概率则为20%左右。这近10%的概率差是应当利用的，例如在只剩下2～3分钟的情况下，还有15道单选题未选，可以全部盲选为B或C。

(2)在多选题中，答案比例最高的是ABD，这是由于一些多选题是用单选题改造的，例如将单选题的“哪个选项是错误的”改成多选题的“哪些选项是正确的”，由于单选题答案中选项C最多，那么理所当然的多选题答案中ABD也就最多。选项AB与AC比例高，选项CD比例低，说明在有两个选项的情况下，命题者更倾向于把正确的选项放在前面或隔开，这可能与人的思维过程有关：先把正确的选项想出来，再凑两个错误的选项。在多选题中，三个选项的题目占43%左右，超过合理的40%的比例，说明不少题是从单选题改造而来的，尤其是工程经济与管理这一章。在相关文献中选4条，改错其一，要比改错两条更省事。

(3)案例题的概率偏差更突出。选项B和C的概率高得多。原因有两个：一是案例题多以数字为选项，如上所述，合理的数字常常居中；二是由于案例题还要人工复审评分，选项正确不一定有效，也就是“蒙”得对也不一定得分，所以专家在组卷时也就不费心费力去调整比例了。但是，这种概率分布对于考生作答还是有意义的：如果最后的答案是B或C，就会比较放心，因为它平均有30%～40%的概率；如果在计算后得到的选项是A或D，建议再检查一下，因为这毕竟是小概率事件。

在注册岩土工程师考试中，具备岩土工程的理论基础、数理计算能力、工程经验是考试取得分数的根本。但在同样的条件下，考场的临场发挥，选题、做题的策略，案例题合理地取舍,合理地分配精力和时间,这些考试的经验和技巧,也起很大作用。其中,利用最大概率是十分重要的技巧。首先要认识到,这种注册岩土工程师考试不是高考,不是托福考试或公务员考试,它不要求高分,也没有所谓的考试"状元",60 分足矣。以案例题为例,计算机评分后可能给出 80 分或 90 分,但那只是第一步,最终还以人工评分为准。例如有的考卷,计算机判定已经等于或超过 60 分,被送入人工评分环节,结果只得了 14 分(可能是考场的纪律很差)。由于各省派来的评分员和命题专家组成员面对几千份考卷,时间很紧,因为评到 60 分就已通过,把考卷扔到筐里再审下一位,所以实际上承认的最高分也就是 60 分。反而是对 58 分的考卷十分重视,要经过评分员的一审,评分组长的二审,命题专家组长的三审,看是否可以"挽救"。

了解了这种情况,就应有一个正确的战略考虑。例如案例题,如果考生做了 25 题,每题用时 7 分 12 秒,正确率是 60%,可得 30 分,全天 60 分;如果考生做了 20 题,每题用时 9 分钟,正确率为 80%,则全天得分 64 分。因为这种考试的分数常常不取决于会不会,而取决于是否能够按时做完做对。伤其十指,不如断其一指,广种薄收不是取胜之道。有的题一看就认为"这题会做",马上动手,但是其计算量很大,结果掉进了泥塘,进退两难。所以如果某道题很熟悉,知道没有 15 分钟做不完,那么坚决放弃它。

知识题必须全部给出答案,没有选做的余地。但是也不要平均投入时间,例如总共 70 题,对其中 35 题很有把握(可称为 A 类题),要把它们在平均时间内全部拿下!准确率为 90%,则可得 45 分;若还有 20 题有把握通过查规范、资料和分析做出来(称为 B 类题),可以用超过平均(2 分 34 秒)的时间,将它们尽量答对,若正确率 80%,就可得 23 分,则已经到手 68 分了。剩下的约 15 道题感到没有希望(包括少量花了很长时间也没解决的 B 类题),就只留最后的 3～5 分钟,不费脑筋,也不细看题意了,按照最大概率,单选题选 B 或 C,多选题选 ABD,平均可得 4 分左右,总分就有把握通过了,可能比平均使用时间划算。

考试是一门技术活,要有正确的战略战术,有清醒的头脑,利用优选、运筹和概率方法,能拿到的分数一定要拿到;没把握拿到的分数也要以大概率拿到;根本没希望的分数也要争取拿到。这就是本讲的精髓。

例题1 2018年上午知识题4

关于中等风化岩石的地基承载力深度修正,按《建筑地基基础设计规范》(GB 50007—2011)的规定,下列哪个选项的说法是正确的?

(A)埋深从室外地面高程算起　　(B)埋深从室内地面高程算起
(C)埋深从天然地面高程算起　　(D)不修正

答案 D

评析

根据《建筑地基基础设计规范》(GB 50007—2011)第5.2.4条表5.2.4。强风化和全风化的岩石,深度修正按风化形成的相应土类取值,其他状态下的岩石不修正。

岩石地基多数人接触不多,土是碎散的颗粒集合体,各种承载力理论都是在土质地基中形成极限剪切平衡状态的滑动面,其中的三个主要部分:基底埋深、基础宽度和黏聚力也是发生在滑动面上。强风化和全风化的岩石可以认为是碎散介质;而中风化以上的基岩基本上属于有结构面的连续介质,可以推知到它的承载力不会服从土力学的承载力理论。

此题的选项还有一个特点,选项A、B、C三项都是问“修正从何处算起”,选项D则是涉及修正与否。这是两个完全不同层次的问题。如果要回答“从何处算起?”则需要基础是内还是外、地基填方与否等一系列条件,题目没给这些条件,本来就无法回答,这是命题者的疏漏。答题者马上会意:你是让我选D,从逻辑上也只能是选项D。

例题2 2018年上午知识题16

根据《建筑结构荷载规范》(GB 50009—2012),下列关于荷载的论述中,哪个选项是错误的?

(A)一般构件的单位自重可取其平均值
(B)自重变异较大的构件,当自重对结构不利时,自重标准值取其下限值
(C)固定隔墙的自重可按永久荷载考虑
(D)位置可灵活布置的隔墙自重应按可变荷载考虑

答案 B

评析

根据《建筑结构荷载规范》(GB 50009—2012)第4.0.3条、第4.0.4条:不利时,取上限值。

这是一道单选题,只有一个选项内容错误。尽管“常识”往往不一定符合真理,但工程技术人员的常识是经验的积累,还是很宝贵的。“自重变异较大的构件,当自重对结构不利时,自重标准值取其下限值”,取“自重变异较大的构件”自重的下限作为荷载,则安全成为小概率事件。

反之,对结果有利的自重(如重力式挡土墙),则肯定取其下限值。例如有由民工砌筑的浆砌片石重力式挡土墙,其尺寸、密度等变异很大,属于“自重变异较大的构件”,应考虑取其下限。

例题3 2018年下午知识题18

拟采用抗滑桩治理某铁路滑坡时，下列哪个选项对抗滑桩设计可不考虑？

(A)桩身内力　　(B)抗滑桩桩端的极限端阻力
(C)滑坡推力　　(D)抗滑桩的嵌固深度

答案 B

评析

根据《铁路路基支挡结构设计规范》(TB 10025—2006)第10.2.1条，抗滑桩的桩侧摩阻力和黏聚力以及桩身重力、桩底反力(即桩端阻力)可不计算，即选项B不考虑。

好在这是一道单选题，并且只讲"抗滑桩桩端的极限端阻力"。从常识可知：对于受拉拔和横向力的桩，桩的端阻力应当没有影响。

但是如果有"抗滑桩的桩侧阻力"选项，就很难不查规范回答了。因为桩侧阻力对于抗滑桩上的土压力的方向和大小是有影响的。

例题4 2018年下午知识题15

某铁路土质路堤边坡坡高6m，拟采用浆砌片石骨架护坡。以下拟定的几项护坡设计内容，哪个选项不满足规范要求？

(A)设单级边坡，坡率1：0.75
(B)采用浆砌片石砌筑方格形骨架，骨架间距3m
(C)骨架内种植草灌防护其坡面
(D)骨架嵌入边坡的深度为0.5m

答案 A

评析

根据《铁路路基设计规范》(TB 10001—2016)第12.3.4条"不应陡于1：1，每级不大于12m"，选项A不满足规范要求。

"浆砌片石骨架护坡"是以土质填筑体为主体，以浆砌片石在坡面上砌筑成框格骨架，仅对填土体表面的冲刷、风化、人为破坏等进行保护和绿化。而1：0.75的土质坡对任何土类都是不允许的，除非为"浆砌片石重力式挡土墙"。所以此题确认选项A以后即可选择了，下面就不看了。

例题5 2019年下午知识题4

确定基础埋置深度时，可不考虑下列哪个因素？

(A)基础的类型　　(B)扩展基础的配筋量
(C)场地的冻结深度　　(D)建筑物的抗震要求

答案 B

评析

根据《建筑地基基础设计规范》(GB 50007—2011)第5.1.1条第1款，选项A需要考虑；

第5款，选项C需要考虑；第5.1.4条，选项D需要考虑。亦即在查规范时可以查到3项"要考虑"，用排除法，选项B只能是"可不考虑"了。

如果通过自己的知识与经验：

选项A，基础的类型肯定与埋深有关，沉井基础为深基础，而浆砌石基础不能为深基础。

选项C，最小埋深受冻胀控制。

选项D，高层建筑最小埋深受抗震控制，如不小于1/15h。

根据经验与常识肯定了这3项，则选项B就是不考虑的因素。

例题6 2019年下午知识题12

下列哪种桩型的挤土效应最小？

(A)实芯预制方桩　　(B)敞口预制管桩

(C)闭口钢管桩　　(D)沉管灌注桩

答案 B

评析

根据《建筑桩基技术规范》(JGJ 94—2008)附录A表A.0.1。

实芯预制方桩、闭口钢管桩为挤土成桩，沉管灌注桩的施工工艺为挤土成桩。敞口预制管桩为部分挤土成桩。"挤土效应最小"也就只能是敞口预制管桩。

这对于有一定工程经验的考生，完全可以直接选项。工程经验不足的初出茅庐的考生可能不了解"沉管灌注桩"的施工，它用于软土地基，首先将闭口的钢管沉下，然后在管中灌注流态混凝土，拔管同时打开管底活门，浇灌桩身混凝土。这与闭口钢管桩几乎是一样的。

例题7 2019年下午知识题29

关于采空区地表移动盆地的特征，下列哪个说法是错误的？

(A)地表移动盆地的范围均比采空区面积大得多

(B)地表移动盆地的形状总是与采空区对称

(C)移动盆地中间区地表下沉最大

(D)移动盆地内边缘区产生压缩变形，外边缘区产生拉伸变形

答案 B

评析

根据《工程地质手册》(第五版)第695、696页，选项B错误。

此题作为单选题，同样可以依据现有知识判断：

地表移动盆地的范围均比采空区面积大得多，选项A正确。

移动盆地中间区地表下沉值最大，选项C正确。

移动盆地内边缘区产生压缩变形，外边缘区产生拉伸变形，选项D正确。

排除了选项A、C、D，只剩下选项B说法错误。

选项B，其条件应当地质分层对称、开挖时间、深度均衡。还有一个关键，有"总是"这个说

法的，大概率是错误的。

例题8 2020年上午知识题61

山岭围岩硐室开凿过程中，下列现象相互对比，哪些可以初步判断硐室处于高应力地区？

(A)围岩产生岩爆、剥离　　(B)隧道收敛变形大

(C)围岩渗水　　(D)节理面内有加泥现象

答案 AB

评析

根据《公路工程地质勘察规范》(JTG C20—2011)附录D，高应力软岩在隧道开挖后，发生应力释放和回弹，进而导致结构面张开或滑移，岩体剪胀扩容，使隧道断面减小，收敛变形大。

此题正确与错误选项各占2项，从选项C、D看与高应力无关；选项A是高应力区的主要表现特点；选项B也可从高应力回弹判断，选项A、B与硐室围岩高应力有关。如果选项B拿不准，则可排除选项C、D，从多选项不少于两项来确认选项A、B为正确选项。

例题9 2020年下午知识题5

矩形基础底面宽度2.4m，受基底偏心力作用，宽度方向偏心距$e=0.6$m，其基底边缘最小压力为下列哪个选项？

(A)零　　(B)正值　　(C)负值　　(D)不能确定

答案 A

评析

首先可以确定“不能确定”总是陪绑的，可以剔除。

“最小压力”为负值，基底与地基土间不能传递拉力，也可排除。

$e=0.6\text{m}>\frac{b}{6}=\frac{2.4}{6}=0.4\text{m}$，为大偏心。

此题更像是埋伏了一个陷阱，根据基底压力线性分布的材料力学公式可以算出$p_{\min}<0$，但基底面与土之间不能传递拉力，只能出现一个零压力区，所以$p_{\min}=0$。

例题10 2020年下午知识题7

某既有建筑基础采用静压桩加固，根据《既有建筑地基基础加固技术规范》(JGJ 123—2012)，以下关于静压桩设计与施工的要求，正确的是哪个选项？

(A)压桩孔宜布置在墙体的外侧或柱子的一侧

(B)压桩力不得大于该加固部分的结构自重荷载

(C)桩身不宜选用预应力混凝土管桩

(D)桩不宜一次连续压到设计高程，每节桩压入后的停压时间不得少于2小时

答案 B

评析

根据《既有建筑地基基础加固技术规范》(JGJ 123—2012)第11.4.2条第2款,选项B正确。

因为在既有建筑物加固中的"静压桩"实际是锚杆静压桩,"加固部分的结构自重荷载"是提供锚杆反力的,反力与桩的压力方向相反,大小相等。压桩力超过自重就会把既有建筑物抬起,造成事故。对于单选题,只要有这样的绝对控制选项就无须考虑其他。

例题11 2020下午知识题10

下列哪种工艺不适合进入微风化岩嵌岩桩的施工?

(A)长螺旋钻进　　(B)冲击钻进
(C)全套管回转钻进　　(D)旋挖钻进

答案 A

评析

根据《建筑桩基技术规范》(JGJ 94—2008)第6.2.1条,长螺旋钻进是钻机带动钻杆转动,使钻头上的螺旋叶片旋转来切削土层,切削下来的土屑靠与孔壁的摩擦力沿叶片上升带出孔外,很显然岩层不能采用螺旋钻进。

这是岩土工程师应具有的工程经验:长螺旋钻机无法用于岩层,甚至硬土层也难以钻进,对于有一定工程常识的考生,此题可谓是"一目了然",20秒足矣。其余的施工工艺可能不熟,就不要关心它们了,有兴趣考完回家再研究。

例题12 2020年下午知识题29

由地下水作用形成的土洞大部分分布在下列哪个位置?

(A)高水位以上　　(B)高水位与平水位之间
(C)低水位附近　　(D)低水位以下

答案 B

评析

根据《工程地质手册》(第5版)第647页,由地下水形成的土洞大部分分布在高水位与平水位之间。在高水位以上和低水位以下,土洞少见。

对于单选题,也可以从土洞的生成原理分析:水位变化区,水位每次下降都会将岩溶孔洞上部部分土颗粒带走,逐渐形成土洞,所以"大部分"土洞分布在这个区域。

例题13 2020年下午知识题67

下列哪些选项符合《勘察设计注册工程师管理规定》(建设部令第137号)关于注册工程师应当履行的义务?

(A)接受继续教育,努力提高执业水准
(B)不得涂改、出租、出借或者以其他形式非法转让注册证书或者执业印章
(C)在本专业规定的执业范围和聘用单位业务范围内从事执业活动

(D)未经注册的建设工程勘察、设计人员,不得以注册执业人员的名义从事建设工程勘察、设计活动

答案 ABC

评析

根据《勘察设计注册工程师管理规定》(建设部令第 137 号)第二十七条,选项 A、B、C 正确,选项 D 其实是"非注册工程师"不应做的事情。

工程经济与管理一章的多选题其选项以 3 项为多,例如 2018—2020 年 3 年间,这一章的多选题共 18 道,其中 3 个选项的有 13 道,两个选项的有 5 道,并且多为"哪一些选项是正确的"? 这是因为命题专家把条文中一项改错要比两项改错省事。所以往往能判断出一项错误,就可选另外的 3 个选项。

此题从逻辑上非常有趣,问的是"注册工程师应当履行的义务",选项 D 是"非注册工程师"不应做的事情(诈骗),显而易见。

例题 14 2011 年上午知识题 25

图 8-1 所示的为在均匀黏性土地基中采用明挖施工、平面上为弯段的某地铁线路基坑。采用分段开槽、浇注的地下连续墙加内支撑支护,没有设置连续腰梁。结果开挖到全段接近设计坑底高程时,支护结构破坏,基坑失事。在按平面应变条件设计的情况下,请判断最可能发生的情况是下列哪个选项?

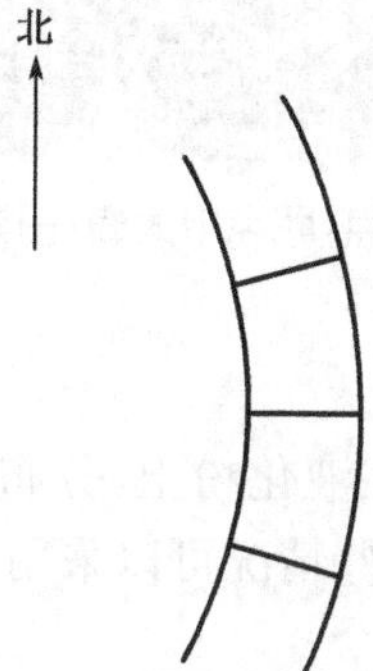

图 8-1

(A)东侧连续墙先破坏　　(B)西侧连续墙先破坏

(C)两侧发生相同的位移,同时破坏　　(D)无法判断

答案 B

评析

在命题中,根据规则必须列四个选项,并且按照一定的规则排列。可是有的单选题实际上只要求、也只能判断谁大谁小,谁对谁错,谁危险谁安全。为凑够四个选项,就只好杜撰出:二者相同,无法判断。岩土工程师注册考试已进行了十余年,到目前为止,还没有一个选项的答

案是"无法判断"它是聊以充数的。同样,因为这种题都有较强的概念性和经验性,包含很强的知识内涵,也不会是无事生非的"二者相同"。

因而此题可在不看题干的情况下,剔除选项C和D。从前述可知,在选项A和B中选择概率更大的B,这样考生就有60%以上的概率得到分数。如果考题都是这种单选题,那么一个厨师明白了这个道理,也有很大希望通过注册岩土工程师考试,尽管他以前的岩土工程实践只限于从米里挑砂。

但此题本身有很强的理论与实际背景与意义。此案例的原型是2004年新加坡的尼克尔大道地铁基坑支护。弯曲的基坑的支护墙外凸一侧发生较大位移,随后倒塌,造成4人死亡。原因在于:凸侧后面的土压力在地下连续墙的纵向(水平面上)产生拉力,而地下连续墙在纵向是分单元的,没有通长连续的钢筋,设计中也没有连续的冠梁和腰梁,这正如木桶外面没有加箍一样,一灌水就散了。土压力产生的拉力使弯段地连墙各单元分离倒塌。破坏情况如图8-2所示。在这种情况下,按平面应变问题只验算一个剖面是不行的,要考虑三维效应。

图8-2 基坑倒塌(地点:尼克尔大道;日期:2004年4月20日)

例题15 2011年上午知识题67

地震烈度7度区,某建筑场地存在液化粉土,分布较平坦且均匀,按照《建筑抗震设计规范》(GB 50011—2010)的规定,下列哪些情况可以采用不消除液化沉陷的地基抗液化措施?

(A)地基液化等级严重,建筑设防类别为丙类

(B)地基液化等级中等,建筑设防类别为丙类

(C)地基液化等级中等,建筑设防类别为乙类

(D)地基液化等级严重,建筑设防类别为丁类

答案 BD

评析

如果不翻规范,可以从几个选项的逻辑关系分析判断,这里问的是"采用不消除液化沉陷措施"的情况,即地震作用弱、建筑级别低损坏可能性与损失较小的情况。

(1)选项A和B:都是丙类,A液化等级严重,B为中等,如果选,优先选B。

(2)选项B和C:都是等级中等,B为丙类,C是乙类,仍然优先选B。

(3)选项A和D:都是严重,但A为丙类,D为丁类,优先选D。

从ABC三项看,B的概率是100%;A的概率是0%。

如果选两项,则B和D的概率最高。

因多选题不会有一个选项,三个选项的概率约为40%,两个选项的概率约为60%。所以选BD概率应为50%以上。

例题16　2005年上午知识题36

下列各选项中,哪一项关于岩土工程设计概算作用的说法是不正确的?

(A)是衡量设计方案经济合理性和优选设计方案的依据

(B)是签订工程合同的依据

(C)是岩土工程治理(施工)企业进行内部管理的依据

(D)是考核建设项目投资效果的依据

答案　C

评析

在工程经济与管理这一章中,全是知识题,涉及很多规章、制度、法规,如时间不够,这些题常可以根据常识与情理去"蒙",尤其是单选题。

此题的某项"工程设计概算"是算经济账,选项A、B、D都与经济有关,选项C"企业进行内部管理"与"工程设计概算"应当是无关,作为单选题,这是很容易选择的。

例题17　2011年上午知识题37

建筑场地位于地震烈度7度区的冲洪积平原,设计基准期内年平均地下水位埋深2m,地表以下由4层土层构成(表8-7),问按照《建筑抗震设计规范》(GB 50011—2010)进行液化初判,下列哪个选项是正确的?

表8-7

土层编号	土　名	层底埋深(m)	性质简述
①	粉土	5	Q_4,黏粒含量8%
②	粉细砂	10	Q_3
③	粉土	15	黏粒含量9%
④	粉土	50	黏粒含量6%

(A)①层粉土不液化　　(B)②层粉细砂可能液化

(C)③层粉土不液化　　(D)④层粉土可能液化

答案　C

评析

这是一道命题质量很高、迷惑性很强的单选题。因为受到题中所给的d_w、d_u和ρ_c的迷惑,笔者曾反复用液化初判的几个公式逐层验算,无论如何也无法排除其他而只得出一个选项,落入了陷阱和泥塘。此题的关键在土层②的Q_3(第四纪晚更新世及以前,在7、8级烈度可判不液化)。

首先土层①由于粉土的黏粒含量只有8%,不能判断为不液化;对于7度烈度地区,土层②为Q_3不会液化;而③、④两层在土层②之下,不可能晚于Q_3,它们肯定都是不液化的,这正如父亲的年龄不会小于儿子一样。很此题的巧妙之处在于②标注了Q_3,而③、④却没标注Q_3,使人忽略了上下层土的逻辑关系而陷入了迷惑。

例题18 2008年上午知识题6

对土壤中氡浓度进行调查,最合理的测氡采样方法是下列哪一选项?

(A)用特制的取样器按照规定采集土壤中气体

(B)用特制的取样器按照规定采集现场空气中气体

(C)用特制的取样器按照规定采集一定数量的土壤

(D)用特制的取样器按照规定采集一定数量的土中水样

答案 A

评析

氡是一种放射性的气体。从字形上可知它是气体;对土壤中氡浓度的测试取样,作为单选题,最合理的测氡采样方法是取自土壤中的气体。后三种不合情理,回答这种问题不一定需要岩土工程师,只需要通情达理即可。当然有时常识和情理可能是错的,但在多数情况下,它毕竟是概率最大的选择。

例题19 2008年上午知识题52

在极限承载力状态下,对下列各种桩型承受桩顶竖向荷载时的抗力的描述中,哪些选项是正确的?

(A)摩擦桩:桩侧阻力

(B)端承摩擦桩:主要是桩端阻力

(C)端承桩:桩端阻力

(D)摩擦端承桩:主要是桩侧阻力

答案 AC

评析

关于承受桩顶竖向荷载时的抗力,这种题需要的是语言学的知识:

(1)端承摩擦桩,摩擦桩是主语,端承是定语,定语用于修饰主语。

(2)摩擦端承桩,端承桩是主语,摩擦是定语。

选项B、D主次颠倒,是不正确的。

例题20 2008年上午知识题48

下列哪些选项可能是造成沉井下沉过程中发生倾斜的原因?

(A)沉井在平面上各边重量不相等

(B)下沉过程中井内挖土不均匀

(C)下沉深度范围内各层地基土厚度不均、强度不等

(D)抽水降低井内水位

答案 ABC

评析

这种题需要的也是语言学的知识：沉井“发生倾斜”是由于沉降不均匀，凡是带“不”字的选项都可入选，由于选项最多3个，选项D就无论如何不能入选了。

例题21 2008年下午知识题40

根据建设部颁布的《勘察设计注册工程师管理规定》，规定了注册工程师享有的权利，下列哪个选项不在此范围？

(A)在规定范围内从事执业活动
(B)保守在执业中知悉的他人的技术秘密
(C)保管和使用本人的注册证书和执业印章
(D)对本人执业活动进行解释和辩护

答案 B

评析

法律上有所谓“权利”和“义务”，二者往往是相对的。义务是对行为的约束。所以这里只要分清什么是权利，什么是义务即可。选项B“保守在执业中知悉的他人的技术秘密”属于义务，不属于权利。

例题22 2009年下午知识题64

关于饱和砂土的液化机理，下列哪些选项的说法是正确的？

(A)如果振动作用的强度不足以破坏砂土的结构，液化不会发生
(B)如果振动作用的强度已足以破坏砂土的结构，液化也不一定会发生
(C)砂土液化时，砂土的有效内摩擦角将降低到0°
(D)砂土液化以后，砂土将变更松散

答案 AB

评析

多选题最少有两个答案。我们逐项分析一下各个选项：对于选项A和B，多数人暂时看不懂，无法确定。

先看选项C，液化时孔隙水压力等于总应力，这时抗剪强度为零，是由于有效应力为零，“皮之不存，毛之焉在”，而不是由于“有效内摩擦角将降低到0”，无法确知有效应力强度指标。土的有效内摩擦角永远不会为零。

饱和松砂液化以后颗粒处于悬浮状态，超静孔压消散后，砂土在自重下固结，会变密实，所谓的“水撼砂”加密砂土就是同样道理。选项D错误。

排除了这两个错误选项，剩下的两个肯定是答案。所以说，对于四个选项不一定需要每一个都清楚，都熟知，有时只要“一知半解”也可正确回答知识题。甚至全然不解也不是就一定不能得分。

笔者对于土动力学知之不多,对于此题也是在写到这里时,翻看了谢定义先生的《高等土力学》第14.2.3节才明白。此书教导我们:

"饱和砂土液化必须同时满足两个基本条件:①振动足以使土体的结构发生破坏;②土体的结构发生破坏后,土颗粒移动趋势不是松胀,而是压密。密砂结构破坏时会松胀,不易发生振动液化。"可见选项A、B是正确的。

在考试的两分多钟时间里,考生休想找到这本《高等土力学》,只能根据现有知识,加上逻辑推理,利用最大概率巧取分数了。

命题时规定:多选题不能有4个答案和1个答案。所以有时它可能比单选题还容易蒙,例如考生肯定确知其中两个不是答案,那么剩下的两个肯定是答案了,而单选题则要肯定其中三个不是答案才行。

例题23 2014年上午知识题15

在以下的作用(荷载)中,通常不用于建筑地基变形计算的作用效应是哪项?

(A)风荷载 (B)车辆荷载

(C)积灰、积雪荷载 (D)安装及检修荷载

答案 A

评析

根据《建筑地基基础设计规范》(GB 50007—2011)第3.0.5条第2款"计算地基变形时,传至基础底面上的作用效应应按正常使用极限状态下作用的准永久组合,不应计入风荷载和地震作用。相应的限值应为地基变形允许值"。如果不查规范,作为单选题可以判断:

(1)风的作用方向不定。

(2)地基变形主要是固结沉降,风的作用时间很短。可以想到正确答案应是选项A。

因此题为单选,很容易凭常识给出"风荷载"这一选项。

第九讲 雾里看花

一些考题的题意似是而非、不知所云,使人坠入五里雾中、十里霾中。即使才高如苏轼,也只能哀叹"不识庐山真面目,只缘身在此山中"。

第一种情况是一些词语概念不清,使人费解,如"水头压力""等水头线""不均匀系数小于10的均匀砂"等。这些自造的很不专业的词语使考生莫名其妙,只好按照自己的意思猜测。

第二种情况是语言混乱、逻辑不清,让人迷惑。例如这样的题目:下面哪一个选项是错误的?

(A)1+1=2　　(B)3−1=2　　(C)1×1=2　　(D)2÷1=2

作为单选题,正确答案只能是选项C。但是这里就有一个悖论:作为正确选项的C,怎么又是"错误的选项"?正确的命题应当是:下面哪一个选项的计算(或内容)是错误的?

第三种是题目中的逻辑错误。例如我国规定:年龄大于或等于12周岁,小于或等于18周岁的女性为少女。一个考题是:

按照我国的规定,下面选项中的哪个人群属于少女?

(A)年龄大于12周岁的女性

(B)年龄小于18周岁的女性

(C)16周岁的女性

(C)20周岁的女性

作为单选题只能选择C。

但若是将题目改为"下面哪些选项中的人群不属于少女",作为多选题,就让人陷入进退失据的窘境,只好硬着头皮选择ABD,以避免使1岁幼童和60岁的老妇也变为少女。这种题目是形式逻辑三段论中的大前提的错误。如果题目改成:

下面哪些选项的说法不符合我国关于少女的规定?

(A)年龄大于12周岁的女性

(B)年龄小于18周岁的女性

(C)年龄大于等于12周岁,小于等于18周岁的女性

(D)年龄大于等于12周岁,小于等于18周岁的人群

这样答案为选项ABD就没有异议了。

第四种考题,是由于概念的不同理解会产生歧义。例如:

下面哪些选项是马?

(A)白马　　(B)马　　(C)鞍马　　(D)角马

大多数人会选择AB,也有知识面较窄的人会选择ABD。实际上,非洲大草原上的角马属于牛科,偶蹄目;而马属于马科,奇蹄目。

不可思议的是,"标准答案"居然是ABC。据解释说:鞍马就是配上鞍子的马,君不见《木兰辞》里有"愿为市鞍马,从此替爷征"之句,也有"鞍马劳顿"之说。这就属于偷换概念,很难让人服气。但也有个奇葩考生,选的是BC,此人博学,饱读诗书,不仅熟读《木兰辞》,还对诸子百家很精通。他认为春秋时公孙龙就提出过"白马非马":从概念外延来说,马包括所有种类的马,是个大概念,而白马只是白色的马,是一个具体的小概念,不是马。

当然，这属于诡辩论，我们都是凡人，在注册岩土工程师考试时不会纠缠于此。但是写明"体操用的鞍马""非洲草原上的角马"还是必要的，避免发生歧义与误解。

在考题中，另一个普遍的问题是答案不唯一。单选题由于存在多种可能而实际上变成了多选题；案例题可能有两个甚至更多的答案。出现这种现象的原因：一是没有指定规范，这本规范这么规定，另一本规范那么规定，而不按规范会又有另一种不同的计算结果；二是条件不充分，得不出唯一的答案；三是要求不明确，百思不得其解，解释权在专家组；四是给出了重复、矛盾、多余的条件，例如只需 3 个物性指标即可换算出其余的所有指标，可是题目中给出了不相容的 4 个指标。更无奈的是今年的标准答案是 A，明年同类考题的标准答案变成了 B，出现"一仆二主"的现象，命题人要专业精深，知识面广，保证考题严谨、准确。

在知识题中，单选题一般会掩盖一些逻辑、语法和概念的错误，通过猜测大体上会明白命题者的用意，只要不去较真，损失不大。多选题与案例题的情况比较复杂，对于这样的考题，考生首先要揣摩命题人的本意是什么：①几个可能的答案中，哪一个可能性最大；②从四个选项来看，命题者倾向哪一个或哪几个；③对于搞不清题意，有风险的案例题，可以果断放弃，以免影响答题心情造成更大的损失。

例题1　2018年上午知识题6

某土样进行固结快剪试验,其内聚力 $c=17\text{kPa}$,内摩擦角 $\varphi=29.6°$,以下最有可能错误的选项是哪一项?

(A)该土样是软土层样
(B)该土样塑性指数小于10
(C)该土样压缩模量 Es_{1-2} 大于5.0MPa
(D)可用厚壁敞口取土器取得该土样的Ⅱ级样品

答案　A

评析

此题的问题不明快,"最有可能"这样似是而非、含混不清、优柔寡断的语句不应在考题里出现;另外"错误的选项"叙述也很别扭。比如这里的选项A是所谓的"错误的选项",却是本题的正确的选项,即"此题的正确的选项A是错误的"。

可以明确表述的方法很多,如:

哪一个选项的判断是错误的?

哪一个选项中的土样与试验结果不符?

另外,这道题的4个选项排他性很差。一种土固结快剪有 $\varphi=29.6°$ 这么高的内摩擦角,只能是:①其渗透系数很高,比如砂质粉土或者根本就是砂土;②饱和度很低的黏性土。对于很高饱和度的土,因为直剪仪与三轴仪不同,它不能关闭阀门做到完全不排水,如果渗透系数大,即使快剪由于上下盒间缝排水,也可消散超静孔压。低压缩性、扰动土样都不是引起 $\varphi_{cq}=29.6°$ 的主因。土样塑性指数小于10的黏质粉土也不会是 $\varphi_{cq}=29.6°$。

例题2　2018年上午知识题24

关于软土地基进行预压法加固处理的说法,以下正确的选项是哪个?

(A)采用超载预压时,应设置排水竖井
(B)堆载预压多级加载时,各级加载量的大小应相等
(C)当预压地基的固结度、工后沉降量符合设计要求时,可以卸载
(D)地基处理效果的检验可采用重型圆锥动力触探试验

答案　C

评析

这里立即可以排除的是选项B、D,但是选项A和C都是有条件的。

选项A:《建筑地基处理技术规范》(JGJ 79—2012)第5.2.1条,"对深厚的软黏土地基,应设塑料排水带或砂井等排水竖井"。

选项C:第5.1.6条,"对主要以变形控制设计的建筑物,当地基土经预压所完成的变形量和平均固结度满足设计要求时,方可卸载。对以地基承载力或抗滑稳定性控制设计的建筑物,当地基土经预压后其强度满足建筑物地基承载力或稳定性要求时,方可卸载。"

这两个选项都是有条件的:前者为"深厚软黏土",后者是"以变形控制",选项C没有绝对

的优势，难以服众。

例题 3 2018年上午知识题 28

修建于Ⅴ级围岩中的深埋公路隧道，下列哪个选项是长期作用于隧道上的主要荷载？

(A)围岩产生的形变压力
(B)围岩产生的松散压力
(C)支护结构的自重力
(D)混凝土收缩和徐变产生的压力

答案 B

评析

如果按照个人常识的判断，通常会选择B。但是既然考试命题以规范为依据，那么按照《公路隧道设计规范 第一册 土建工程》(JTG 3370.1—2018)第6.1.1条表6.1.1(表9-1)，选项B、C、D均为“长期作用于隧道上的”永久荷载。并且此表下备注明确指出：“编号1~10为主要荷载”。选项B并没有排他性，三项中为什么独独青睐于围岩压力呢？

表 9-1

编号	荷载分类		荷载名称
1	永久荷载		围岩压力
2			土压力
3			结构自重
4			结构附加恒载
5			混凝土收缩和徐变的影响力
6			水压力
7	可变荷载	基本可变荷载	公路车辆荷载、人群荷载
8			立交公路车辆荷载及其所产生的冲击力、土压力
9			立交铁路列车活载及其所产生的冲击力、土压力
10			立交渡槽流水压力
11		其他可变荷载	温度变化的影响力
12			冻胀力
13			施工荷载
14	偶然荷载		落石冲击力
15			地震力

注：编号1～10为主要荷载；编号11、12、14为附加荷载；编号13、15为特殊荷载。

例题 4 2018年上午知识题 31

某公路隧道采用钻爆法施工，施工期遭遇Ⅲ级岩爆，下列哪项施工措施不能有效防治岩爆？

(A)减缓施工进度，采用短进尺掘进

(B)采用分部或超前导洞开挖,扩大开挖规模

(C)采用钻孔应力解除法,提前释放局部应力

(D)室开挖后及时进行挂网喷锚支护

答案 B

评析

根据《公路隧道设计规范 第一册 土建工程》(JTG 3370.1—2018)第14.8.3条条文说明,“采用分部或超前导洞开挖,限制开挖规模”,选项B错了半句。

命题者似乎对于隧道工程也并不熟悉,并且语文理解水平也比较差。这里的“采用分部或超前导洞开挖,限制开挖规模”是一句完整的话,在该条的条文说明中进一步解释:“在Ⅲ、Ⅳ级岩爆严重地段,采用分部或超前导洞开挖,限制开挖规模,减缓施工进度”。

很显然“采用分部或超前导洞开挖”亦即不采用一次全断面开挖,而是采用分部、导洞开挖,达到“限制开挖规模”是手段;“限制开挖规模”以超前解除应力是目的。这句话被命题人改成了“采用分部或超前导洞开挖,扩大开挖规模”,毫无道理,正如要给博尔特带上长度不超过1m的脚镣,让他再破9.58秒百米世界纪录一样荒唐。

命题者可以将规范某一款改为错误,但不要改成笑话。

例题5 2018年上午知识题45

关于地下水运动,下列选项中说法正确的有哪些?

(A)渗流场中水头值相等的点构成的面为等水头面

(B)等水头面是平面,不可以是曲面

(C)流线与迹线不同,是表示同一时刻不同液流质点的连线,且各质点的渗透速度矢量均和该线垂直

(D)在均质各向同性含水层中,等水头线与流线正交

答案 AD

评析

几个选项中的叙述均不专业、不科学:

(1)在水力学中,所谓水头有:位置(重力)水头+压力水头=测管水头(+速度水头=总水头),在土中水渗流中常常忽略速度水头,所以测管水头≈总水头。选项A、B和C所谓的等水头面指什么水头?

(2)在渗流计算与流网中,有等势线与流线。渗流场中单位重量的(N)水体所具有的能量可用水头(m)来表示;而单位体积(m^3)水体所具有的能量可用压力(Pa)来表示,所以$u=\gamma_w h$。“势”是一个更广义的能量概念,如果一个矢量场是某个标量场的梯度场,那么标量场便称为保守场,保守场亦称有势场。一个稳定渗流场就是有势场。因而讲“等势线”就意味着其上各点的能量(势)相等。不应用“等水头线”代替“等势线”。这在各种教材、文献中都是如此,英文是“equipotentials”。

例题 6　2018 年上午知识题 51

下列地基处理方法中，同时具有提高原地基土密实程度和置换作用的有哪些？

(A)打设塑料排水带堆载预压法处理深厚软土地基
(B)柱锤冲扩桩法处理杂填土地基
(C)沉管成桩工艺的 CFG 桩处理粉土地基
(D)泥浆护壁成孔砂桩处理黏性土地基

答案　BC

评析

这里的选项 D 值得讨论，似乎在施工过程中用泥浆护壁成孔，而不是沉管挤密成桩，说明其含水率与饱和度高，不易挤密。而砂桩既可通过桩土应力比提高地基承载力，也可在加载以后通过砂桩的排水作用加速固结，这种固结也有提高原地基土密实程度的作用。因为题中并没特指“施工期间”。

例题 7　2018 年下午知识题 4

关于《建筑地基基础设计规范》(GB 50007—2011)地基承载力理论公式，以下描述正确的选项为哪个？

(A)其承载力系数与临界荷载 $p_{1/4}$ 公式的承载力系数完全一致
(B)满足了地基的强度条件和变形条件
(C)适用于偏心距 $e \leqslant b/6$ 的荷载情况
(D)地基土假设为均匀土层条件

答案　B

评析

$p_{1/4}$ 代表基础下极限平衡区发展的最大深度等于基础宽度 b 的 1/4 时相应的荷载，规范基本上是将此公式作为承载力特征值的推荐公式，亦即 $p_{1/4}$ 公式较好地兼顾了强度条件和变形条件。但“地基承载力理论公式”与 $p_{1/4}$ 的计算公式并不完全相同，当 $\varphi > 20°$ 时，承载力系数就逐渐大于 $p_{1/4}$ 的系数。

在《土力学》教材中，通常以限制塑性区发展的界限承载力为“容许承载力”。对于丙级及以下建筑物，“容许承载力”一般就可保证沉降不超过容许值，也能保证地基稳定有足够的安全度。但是说它“满足了地基的强度条件和变形条件”却是不准确的，在《建筑地基基础设计规范》(GB 50007—2011)第 5.2.5 条最后有一句：“并应满足变形要求”。亦即对于除了表 3.0.3 的建筑物以外的丙级及以上的建筑物还是要进行沉降计算，不是必然满足“变形条件”。所以选项 B 并不正确。

例题 8　2018 年下午知识题 54

某重力式挡土墙，按照朗肯土压力理论计算墙后主动土压力，其主动土压力分布如图 9-1 所示，则下列哪些选项的情况可能存在？

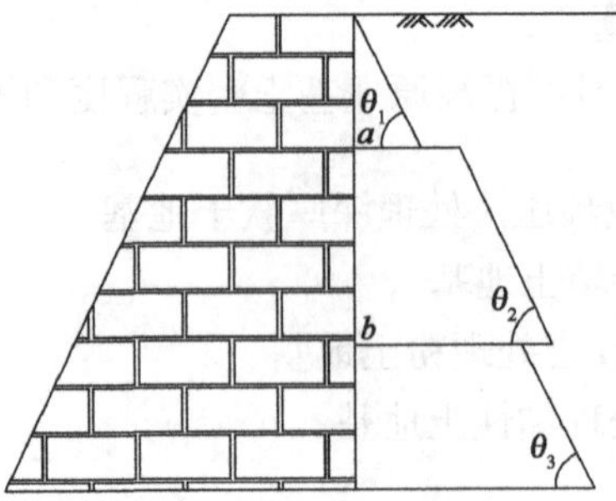

图 9-1

(A)当 $\theta_1=\theta_2\neq\theta_3$ 时,墙后土体存在内摩擦角不等的三层土,土层分界点为 a 点和 b 点

(B)当 $\theta_1=\theta_2=\theta_3$ 时,墙后填土可能为均质土,墙后地面距挡墙一定距离处存在均匀的条形堆载

(C)当 $\theta_1\neq\theta_2\neq\theta_3$ 时,墙后土体存在三层土,土层分界点为 a 点和 b 点

(D)当 $\theta_1\neq\theta_2=\theta_3$ 时,墙后填土为均质土,墙后地面有均布堆载

答案 BC

评析

对于主动土压力,在第三讲里分析过:

土压力强度 p_a:

$$p_a=K_a\gamma z-2c\sqrt{K_a}=\tan^2(45°-\varphi/2)\gamma z-2c\tan(45°-\varphi/2) \tag{9-1}$$

土压力 p_a分布线斜率:

$$\frac{dp_a}{dz}=K_a\gamma=\tan^2(45°-\varphi/2)\gamma \tag{9-2}$$

由式(9-1)可知,在墙后多层填土的界面处,土压力强度 p_a 的突变是由两层土 c 和 $\varphi(K_a)$ 的变化引起的;而其分布线的斜率(即 $\tan\theta$)变化则是由 $\varphi(K_a)$和 γ 决定的,见式(9-2)。

题目用了很含混的“哪些选项的情况可能存在”,如果考虑填土中的地下水位、局部条形荷载、各土层的黏聚力 c,以及 φ_i与 γ_i的组合等因素,每一种选项都可以有无限“可能”。

既然是问“哪些选项的情况可能存在”,并且肯定了选项 B、C 可能存在,那么选项 A、D 就是“不可能”的情况了,我们对此逐项分析。

(1)选项 A:当 $\theta_1=\theta_2\neq\theta_3$时,墙后土体存在内摩擦角不等的三层土。

选项 A 被判定为是不可能的。其实在以下两种情况下它却是可能的(图 9-2):

①假设三层都是砂土,由于界面 a 处下层土 p_a有突增,可能是 $\varphi_1>\varphi_2$;在界面 b 处下层土 p_a有突减,所以应是 $\varphi_1>\varphi_2$,$\varphi_2<\varphi_3$,即 φ_2 最小。

因为斜率变化可由 φ、γ 引起,若 $\varphi_1>\varphi_2$,同时 $\gamma_1>\gamma_2$,其斜率则可能相同,即 $\theta_1=\theta_2$。例如设:$\varphi_1=32°$,$\gamma_1=20\text{kN/m}^3$;$\varphi_2=30°$,$\gamma_2=18.435\text{kN/m}^3$;$\varphi_3=31°$,$\gamma_3=19\text{kN/m}^3$,亦即“内摩擦角不等的三层砂土,土层分界点为 a 点和 b 点”(选项 A)是普遍存在的。

这时:

$$\frac{dp_{a1}}{dz_1}=K_{a1}\gamma_1=\tan^2(45°-16°)\times 20=6.145$$

$$\frac{dp_{a2}}{dz_2}=K_{a2}\gamma_2=\tan^2(45°-15°)\times18.435=6.145$$

$$\frac{dp_{a3}}{dz_3}=K_{a3}\gamma_3=\tan^2(45°-15.5°)\times19=6.232$$

一二土层的内摩擦角不等，斜率相等，即 $\theta_1=\theta_2$；二三土层的内摩擦角不等，斜率不等，即 $\theta_2\neq\theta_3$，并且由于 φ_2 最小，在 a、b 两界面处 p_a 均突出于1、3层，那么选项A就是可能的，并且可以有无数种类似的组合。

②如果 $\varphi_1=30°$，$\gamma_1=18.435\text{kN/m}^3$；$\varphi_2=32°$，$\gamma_2=20\text{kN/m}^3$；$\varphi_3=28°$，$\gamma_3=17\text{kN/m}^3$，墙后地面距挡墙一定距离处存在均匀的条形堆载，墙后土体存在内摩擦角不等的三层土也是可能的（$\theta_1=\theta_2\neq\theta_3$）。

(2)选项B：当 $\theta_1=\theta_2=\theta_3$ 时，墙后填土可能为均质土，墙后地面距挡墙一定距离处存在均匀的条形堆载。

这是最简单的一种"可能"，但不是"只能"，还有无数种可能。

如前所述，满足 $\theta_1=\theta_2=\theta_3$ 的条件，无需"墙后填土为均质土"，也无需"墙后地面有均布堆载"，可以有无限种 φ_i 与 γ_i 的组合，例如：$\varphi_1=32°$，$\gamma_1=20\text{kN/m}^3$；$\varphi_2=30°$，$\gamma_2=18.435\text{kN/m}^3$；$\varphi_3=31°$，$\gamma_3=19.197\text{kN/m}^3$，这时：

$$\frac{dp_{a1}}{dz_1}=K_{a1}\gamma_1=\tan^2(45°-16°)\times20=6.145$$

$$\frac{dp_{a2}}{dz_2}=K_{a2}\gamma_2=\tan^2(45°-15°)\times18.435=6.145$$

$$\frac{dp_{a3}}{dz_3}=K_{a3}\gamma_3=\tan^2(45°-15.5°)\times19.197=6.145$$

(3)选项D：当 $\theta_1\neq\theta_2=\theta_3$ 时，墙后填土为均质土，墙后地面有均布堆载。

满足这两种条件，还有一些情况是可能的。在图9-3中：

①填土为均匀黏性土，只要 $c=\sqrt{K_a}q/2$，就可使 $z_0=0$。主动土压力分布如图9-3a)所示。

②如果填土内的地下水位在 a 点处，水位上下土的强度指标不变，土压力分布如图9-3b)所示。满足"当 $\theta_1\neq\theta_2=\theta_3$"的条件。

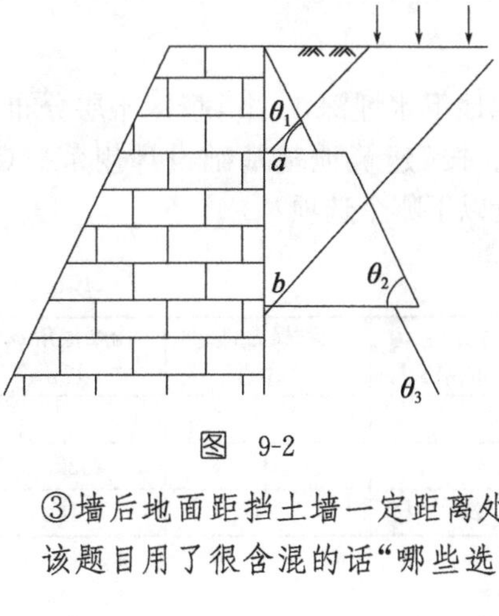

图　9-2

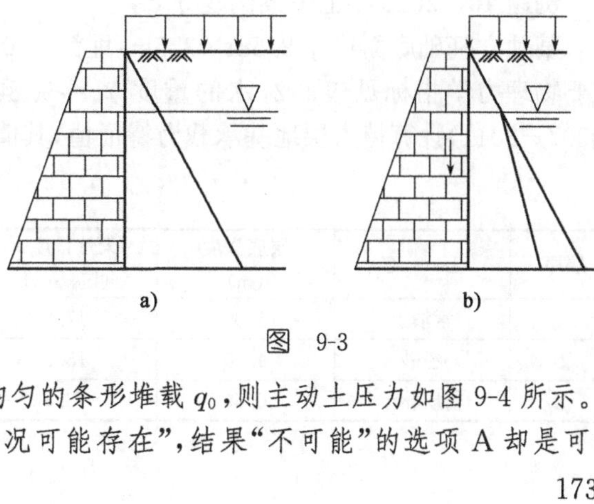

图　9-3

③墙后地面距挡土墙一定距离处存在均匀的条形堆载 q_0，则主动土压力如图9-4所示。

该题目用了很含混的话"哪些选项的情况可能存在"，结果"不可能"的选项A却是可能的,如果考虑地下水、局部荷载、黏聚力以及φ_i与γ_i的组合等因素,选项D也是可能的。对于"可能"的选项B,由完全不同的三层土组成也是可能的。

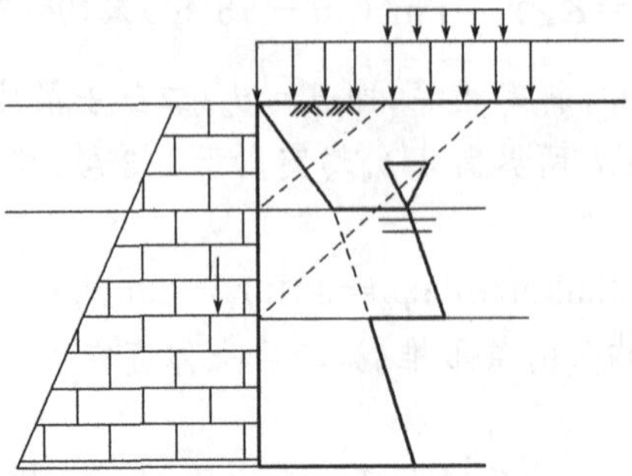

图 9-4

例题9 2018年下午知识题45

当基础宽度大于3m时,用载荷试验或其他原位测试、经验值等方法确定的地基承载力特征值,进行修正,按《建筑地基基础设计规范》(GB 50007—2011)相关要求,在下列哪些选项的情况下可以不进行宽度修正?

(A)大面积压实的粉土,压实系数为0.95且黏粒含量ρ_c=10%

(B)压实系数小于0.95的人工填土

(C)含水比a_w=0.8的红黏土

(D)孔隙比e=0.85的黏性土

答案 AB

评析

根据《建筑地基基础设计规范》(GB 50007—2011)和《建筑地基处理技术规范》(JGJ 79—2012),只要是人工填土地基的宽度修正系数η_b都是0。选项B没问题。但是选项A只是说"大面积压实的粉土"并没有指出是填土,如果是压实后的原位地基土,则η_b=0.3。

例题10 2018年上午案例题5

某独立基础底面尺寸2.5m×3.5m,埋深2.0m,场地地下水埋深1.2m,场区土层分布及主要物理力学指标见表9-2,水的重度γ_w=9.8kN/m^3。按《建筑地基基础设计规范》(GB 50007—2011)计算持力层地基承载力特征值,其值最接近以下哪个选项?

表9-2

层序	土　名	层底深度(m)	天然重度γ(kN/m^3)	γ_{sat}(kN/m^3)	黏聚力c_k(kPa)	内摩擦角φ_k(°)
①	素填土	1.00	17.5			
②	粉砂	4.60	18.5	20	0	29
③	粉质黏土	6.50	18.8	20	20	18

(A)191kPa (B)196kPa (C)205kPa (D)225kPa

答案 C

解答

根据《建筑地基基础设计规范》(GB 50007—2011)第5.2.5条。

基底位于②粉砂中，$\varphi_k=29°$，查规范表5.2.5，则

$M_b=(1.4+1.9)/2=1.65$

$M_d=(4.93+5.59)/2=5.26$

$\gamma_m=[1.0\times17.5+0.2\times18.5+0.8\times(20-9.8)]/2.0=14.68\text{kN/m}^3$

$f_a=M_b\gamma b+M_d\gamma_m d+M_c c_k=1.65\times(20-9.8)\times3+5.26\times14.68\times2.0+0=204.92\text{kPa}$

(采用抗剪强度承载力公式计算时，应注意，对于砂土，当基础宽度小于3m时，按3m取值)。

评析

遵照命题的规定，选项之间的级差不应小于计算误差，此题的级差在10～20kPa之间。此题要求按水的重度$\gamma_w=9.8\text{kN/m}^3$计算，而与$\gamma_w=10\text{kN/m}^3$计算比较差别在1～2kPa之间。这种要求纯属无事生非，难道考生选项正确、计算正确，只是用$\gamma_w=10\text{kN/m}^3$计算，在复审时就不给分吗？那就真是吹毛求疵了。

例题11 2018年上午案例题21

某建筑场地地下水位位于地面下3.2m，经多年开采地下水后，地下水位下降了22.6m，测得地面沉降量为550mm。该场地土层分布如下：0～7.8m为粉质黏土层，7.8～18.9m为粉土层，18.9～39.6m为粉砂层，以下为基岩。试计算粉砂层的变形模量平均值最接近下列哪个选项？(注：已知$\gamma_w=10.0\text{kN/m}^3$，粉质黏土和粉土层的沉降量合计为220.8mm，沉降引起的地层厚度变化可忽略不计)

(A)8.7MPa (B)10.0MPa (C)13.5MPa (D)53.1MPa

答案 C

解答

分层总和法：降水后地下水位在地面下25.8m。

(1)降水在砂土层中引起的附加应力

18.9m处：$\Delta p_1'=(18.9-3.2)\times10=157\text{kPa}$

25.8m处：$\Delta p_2'=22.6\times10=226\text{kPa}$

39.6m处：$\Delta p_3'=226\text{kPa}$

在18.9～25.8m中点处的平均附加应力为(157+226)/2=191.5kPa。

25.8～39.6m中点处的平均附加应力为226kPa。

(2)由砂土沉降量反算变形模量砂土层沉降量

$s=550-220.8=329.2\text{mm}$

则 $s_\infty=\sum\Delta p_i'H_i/E$，即 $329.2=191.5\times6.9/E+226\times13.5/E$

$E=13.5\text{MPa}$

评析

题目问的是"粉砂层的变形模量平均值最接近下列哪个选项?"这里所谓的变形模量是在围压不变情况下的竖向应力增量与竖向应变增量之比,即 $E_0=\frac{\Delta\sigma_z'}{\Delta\varepsilon_z}$。这显然不同于大面积降低地下水的情况。用此题的条件是不能得到变形模量的。其实大面积降低地下水使竖向有效应力增加,侧向有效应力也增加,$\Delta\sigma_h'=K_0\Delta\sigma_z'$,而侧向的变形应近似为零,试想一个装满饱和砂土的铁桶,底部漏水,水漏光了砂土既不会胀到桶外,也不会收缩到脱离桶壁。所以这里应为:"粉砂层的压缩模量平均值最接近下列哪个选项?"

例题 12　2018 年下午案例题 19

某土样质量为 134.0g,对土样进行蜡封,蜡封后试样的质量为 140.0g,蜡封试样沉入水中后的质量为 60.0g,已知土样烘干后质量为 100g,试样含盐量为 3.5%,该土样的最大干密度为 1.5g/cm³,根据《盐渍土地区建筑技术规范》(GB/T 50942—2014),其溶陷系数最接近下列哪个选项?(注:水的密度取 1.0g/cm³,蜡的密度取 0.82g/cm³,K_G 取 0.85)

(A)0.08　　(B)0.10　　(C)0.14　　(D)0.17

答案　B

解答

根据《盐渍土地区建筑技术规范》(GB/T 50942—2014)附录 D.2.3。

(1)天然密度

$$\rho_0=\frac{m_0}{\frac{m_w-m'}{\rho_{w0}}-\frac{m_w-m_0}{\rho_w}}=\frac{134}{\frac{140-60}{1.0}-\frac{140-134}{0.82}}=1.84\text{g/cm}^3$$

(2)干密度

$w=(134-100)/100=34\%$

$\rho_d=\rho_0/(1+w)=1.84/(1+0.34)=1.37\text{g/cm}^3$

(3)溶陷系数

$$\delta_{rx}=K_G\,\frac{\rho_{dmax}-\rho_d(1-C)}{\rho_{dmax}}=\frac{0.85\times1.5-1.37\times(1-0.035)}{1.5}=0.1$$

评析

《盐渍土地区建筑技术规范》(GB/T 50942—2014)是一个后纳入大纲的规范,由于环境岩土问题的提升,这也有其必然性。但对于大部分考生,其中的内容还是较为陌生。

但此命题有"土样烘干后质量为 100g"还可以理解;而"试样沉入水中后的质量为 60.0g"的说法则很不科学,物质的质量不灭是唯物论的基础。放在地球、月球、太空试样的质量都不会改变的,放在水里质量就减少了 80g,显然是荒谬的。所以命题要提高科学性。

例题 13　2018 年下午案例题 4

某拟建公路隧道工程穿越碎屑岩地层,平面上位于地表及地下分水岭以南 1.6km,长约 4.3km(图 9-5),埋深约 240m,年平均降水量 1245mm,试按大气降水入渗法估算大气降水引起的拟建隧道日平均涌水量接近下列哪个值？(该地层降水影响半径按 $R=1780\text{m}$，大气降水入渗系数 $\lambda=0.10$ 计算，汇水面积近似取水平投影面积且不计隧道两端入渗范围)

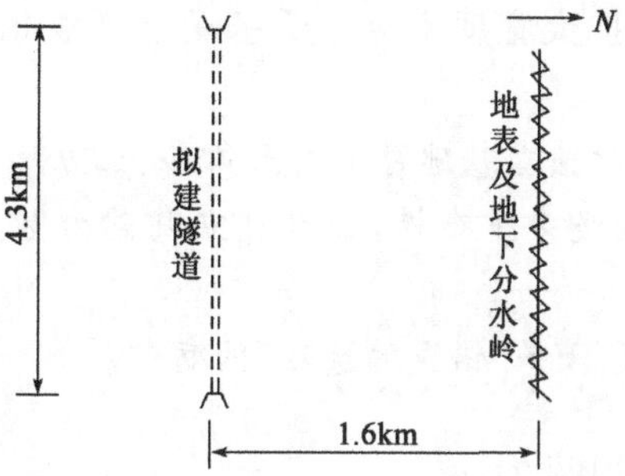

图 9-5

(A)4600m³/d　　(B)4960m³/d　　(C)5220m³/d　　(D)5450m³/d

答案　B

解答

根据《铁路工程水文地质勘察规范》(TB 10049—2014)附录 B. 1. 2 或《铁路工程地质手册》(修订版，1999)第 196 页。

$A=(1.6+1.78)\times4.3=14.534\text{km}^2$

$Q_s=2.74\lambda\cdot W\cdot A=2.74\times0.10\times1245\times14.534=4958.0\text{m}^3/\text{d}$

评析

此题所依据的两个文件《铁路工程水文地质勘察规范》(TB 10049—2014)和《铁路工程地质手册》(修订版，1999)都不在 2017 年、2018 年注册岩土工程师考试大纲所指定的规范标准之内。即使《铁路工程水文地质勘察规范》(TB 10049—2014)附录 B1. 2 也是 $A=LB$，亦即用隧道两侧的影响宽度计算汇水面积。作为线性延伸的隧道，使用所谓的"降水影响半径"也没有讲清其合理性。

这种考题有些超越了考试大纲的规则，尽管计算量不大，但对于以建筑行业为主的考生则会不知从何入手。

例题 14　2019 年上午知识题 20

根据《建筑地基处理技术规范》(JGJ 79—2012)，振冲碎石桩处理关于桩位布置的做法，错误的是哪个选项？

(A)布桩范围在基础外缘扩大 1 排桩

(B)处理液化地基时，桩位布置超出基础外缘的宽度为基底下液化土层厚度的 1/3

(C)对独立基础，采用矩形布桩

(D)对条形基础，沿基础轴线单排布桩

答案　B

评析

根据《建筑地基处理技术规范》(JGJ 79—2012)第7.2.2条第1款。

地基处理范围宜在基础外缘扩大1～3排桩,选项A正确。

对液化地基,在基础外缘扩大宽度不应小于基底下可液化土层厚度的1/2,且不应小于5m,选项B错误。

根据第7.2.2条第2款,对独立基础可采用三角形、正方形、矩形布桩,对条形基础可沿基础轴线采用单排布桩或对称轴线多排布桩,如果独立基础为圆形,条形基础宽5m,选项C、D是否正确就值得商榷了。

这里又出现了正确的选项B是“错误的选项”的病句。

例题15 2019年上午知识题21

关于复合地基桩土应力比的论述,正确的是哪个选项?

(A)荷载越大,桩土应力比越大
(B)桩土模量比越大,桩土应力比越大
(C)置换率越大,桩土应力比越大
(D)桩间土承载力越大,桩土应力比越大

答案 B

评析

复合地基与桩基之间的最主要区别在于前者必须设置褥垫层。桩基础一般不计承台底部地基土的承载力,亦即桩土应力比无穷大。在复合地基中,褥垫层才是控制和调节桩土应力比的关键。离开了褥垫层讲桩土应力比就难以讲清,所以题目最起码应有“在褥垫层相同情况下”。

例题16 2019年上午知识题31

对与竖向斜撑结合的支护排桩(图9-6,不考虑桩身自重),还需要按下列哪种受力类型构件考虑?

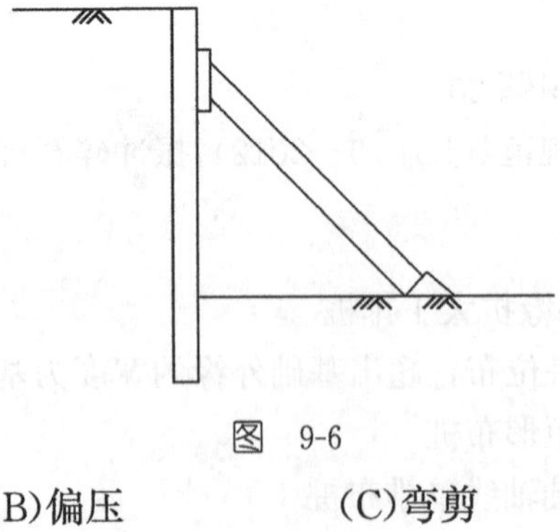

图 9-6

(A)纯弯　　(B)偏压　　(C)弯剪　　(D)偏拉

答案 B

评析

根据《建筑基坑支护技术规程》(JGJ 120—2012)第 4.9.5 条第 5 款,竖向斜撑应按偏心受压杆件进行计算。

此题词不达意,“与竖向斜撑结合的支护排桩”,“还应需要按下列哪种受力类型构件考虑?”这个问题的对象是“支护排桩”,它是主语,是问题的主体,与“竖向斜撑”无关。按题意会被误解为“这个支护排桩除了是受弯构件以外,还应按哪种受力构件考虑?”

合理的问话应是“对于与竖向斜撑结合的排桩支护结构,除排桩外,还存在哪种受力类型构件?”

例题 17 2019 年上午知识题 52

关于加筋垫层作用机理正确的是哪些选项?

(A)提高地基稳定性

(B)加快地基土固结

(C)增大地基应力扩散角

(D)调整不均匀沉降

答案 ACD

评析

对于多选题,尽管已经选择了选项 A、C、D,选项 B 就被判了死刑。但是此题的选项缺少严密性和排他性。加筋垫层一般采用砂石垫层中分层铺设筋材,对于软黏土地基肯定有排水加快固结的作用。

一般假定软土地基上的路堤施工期间假设为地基土不排水。然而事实工程检测表明,在有加筋垫层情况下,在通常的施工速度下能产生显著的部分固结,在采用竖直排水来改善排水条件时这点尤为显著。图 9-7 表示施工期筋材拉力的变化及其影响因素。可见如果施工速率慢,土的固结速率快,土的强度显著提高,筋材的实际拉力就减小了。

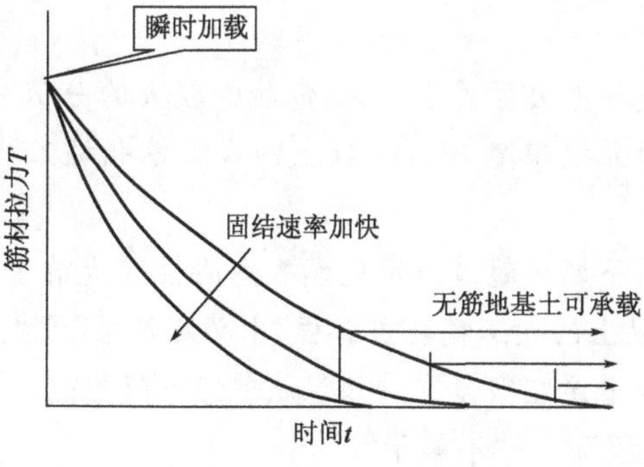

图 9-7 固结速度对于筋材拉力的影响

例题 18 2019年上午知识题 62

下列哪些选项可作为直接划分次生红黏土与原生红黏土的因素?

(A)成因　　(B)矿物成分
(C)土中裂隙　　(D)液限值

答案 AD

评析

其中选项D是不准确的,仅凭液限值无法"直接"划分。根据《岩土工程勘察规范》(GB 50021—2001)(2009年版)第6.2.1条,颜色为棕红或褐黄,覆盖于碳酸盐岩系之上,其液限大于或等于50%的高塑性黏土,应判定为原生红黏土。原生红黏土经搬运、沉积后仍保留其基本特征,且其液限大于45%的黏土可判定为次生红黏土。

由于次生红黏土结构性受扰动,液限有少量下降。这里有一个关键的"且"字,液限大于45%的黏土其中包括液限大于或等于50%的部分。如果没有上面的"原生红黏土经搬运、沉积后仍保留其基本特征"的条件,液限不能独立成为"直接划分次生红黏土与原生红黏土的因素"。如果"液限大于或等于50%的高塑性黏土为原生红黏土;液限大于45%的黏土可判定为次生红黏土",那么液限等于55%的黏土属于何种红土?岂不是完全陷入了混乱?

例题 19 2019年下午知识题 35

根据《住房和城乡建设部办公厅关于实施〈危险性较大的分部分项工程安全管理规定〉有关问题的通知》(建办质〔2018〕31号)的规定,下列哪一选项不属于超过一定规模的危险性较大的分部分项工程范围?

(A)开挖深度超过5m(含5m)的基坑
(B)开挖深度15m及以上的人工挖孔桩工程
(C)搭设高度50m及以上的落地式钢管脚手架工程
(D)搭设高度8m及以上的混凝土模板支撑工程

答案 B

评析

根据《住房和城乡建设部办公厅关于实施〈危险性较大的分部分项工程安全管规定〉有关问题的通知》"七、其他(三)开挖深度16m及以上的人工挖孔桩工程"。看似选项B与《规定》的原文不一致。

但是问题是"哪一选项不属于超过一定规模的危险性较大的分部分项工程范围",那么从逻辑上"开挖深度15m及以上的人工挖孔桩工程"中必定包括"开挖深度16m及以上的人工挖孔桩工程"。这种逻辑上的错误在很多这种知识题中经不起推敲。严格的说法应是"开挖深度小于16m的人工挖孔桩工程"——"不属于"。

有一个包工头带领几个农民工专门进行挖孔桩作业。一次开挖深度20m的挖孔桩失事,两人被埋死亡。他主张按照国家注册岩土工程考试题目"开挖深度15m及以上的人工挖孔桩工程，不属于超过一定规模的危险性较大的分部分项工程范围"，所以事故属于天灾，法官也认为这有足够的权威，填补了《安全管理规定》的空白，可以免责。这个包工头很遗憾地跟我说，他没去参加注册岩土工程师考试命题真是人才的浪费。

例题 20　2019 年下午案例题 19

如图 9-8 所示，某岩坡坡顶有一高 7.5m 的倾倒式危岩体，其后缘裂缝直立，充满水且有充分补给，地震峰值加速度值为 0.20g，岩体重度为 22kN/m³，若采用非预应力锚索加固，锚索横向间距 4m，作用在危岩体 1/2 高度处，倾角 30°，则按《建筑边坡工程技术规范》(GB 50330—2013)，为满足地震工况，抗倾覆安全系数为 1.6，单根锚索所需轴向拉力最接近下列哪个选项？(不考虑岩体两侧阻力及危岩体底部所受水压力，水的重度 $\gamma_w=10\text{kN/m}^3$)

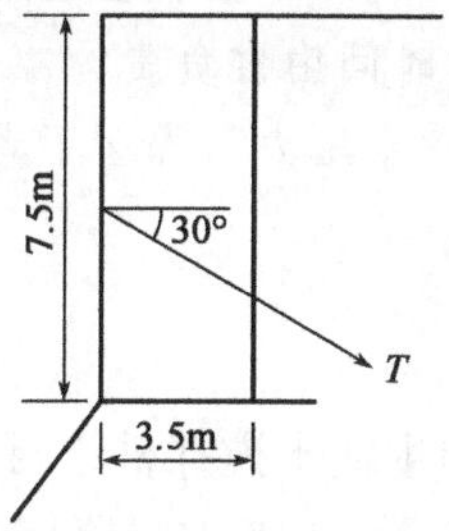

图　9-8

(A)50kN　　(B)300kN　　(C)325kN　　(D)355kN

答案　D

解答

根据《建筑边坡工程技术规范》(GB 50330—2013)第 5.2.6 条。

危岩体自重：$G=\gamma Hb=22\times7.5\times3.5=577.5\text{kN/m}$

力臂：$a_G=b/2=1.75\text{m}$

水压力：$P_w=\gamma_w H^2/2=10\times7.5^2/2=281.25\text{kN/m}$

力臂：$a_P=H/3=2.5\text{m}$

锚索拉力的力矩：$a_T=H/2\times\sin60°=3.25\text{m}$

危岩体的单位宽度地震力：$Q_e=\alpha_w G=0.05\times577.5=28.875\text{kN/m}$

力臂：$a_Q=H/2=3.75\text{m}$

抗倾覆稳定性：$F_t=\dfrac{Ga_G+\dfrac{T}{4}a_T}{P_w a_W+Q_e a_Q}=\dfrac{577.5\times1.75+T/4\times3.25}{281.25\times2.5+28.9\times3.75}=1.6$

解得

$T=354\text{kN}$

评析

此题的题意很费解：裂缝中"充满水且有充分补给"，如果题目的意思是缝里作用着静水压力。那么只强调"充满水"即可。但是其图中表明危岩底部也有缝；②题目和计算中都没有交代岩石底部的抗拉强度,说明底部有缝。同时水"有充分补给",那就说明有水源源不断地向外流出,这样,水压力就完全不同了。

$i=7.5/11=0.682$;$p_w=(7.5-0.682\times7.5)\times10=24\text{kPa}$

侧向水压力:$P_{w1}=89.5\text{kN/m}$;$a_{P1}=H/3=2.5\text{m}$

底部水压力:$P_{w2}=42\text{kN/m}$;$a_{P21}=3.5\times2/3=2.33\text{m}$

则:$$F_t=\frac{Ga_G+\frac{T}{4}a_T}{P_{w1}a_{W1}+P_{w2}a_{W2}+Q_ea_Q}=\frac{577.5\times1.75+T/4\times3.25}{89.5\times2.5+42\times2.33+28.9\times3.75}=1.6$$

解得

$T<0$

亦即无需锚索。到了这里,善于变通的考生就会理解命题的误导,马上回头按静水压力计算,但至少需要2×7.12分钟,损失的时间由谁负责?

此题后有"不考虑危岩体底部所受水压力",那么不考虑不代表水不流动,右侧水压力计算是否要扣除水头损失?

例题21 2019年上午案例题14

某建筑场地长60m,宽60m,采用水泥土搅拌桩进行地基处理后覆土1m(含垫层)并承受地面均布荷载p,地层条件如图9-9所示,不考虑沉降问题时,按承载力控制确定可承受的最大地面荷载p最接近下列哪个选项?($\beta=0.25$,$\lambda=1.0$,搅拌桩单桩承载力特征值$R_a=150\text{kN}$,不考虑桩身范围内应力扩散,处理前后土体重度保持不变)

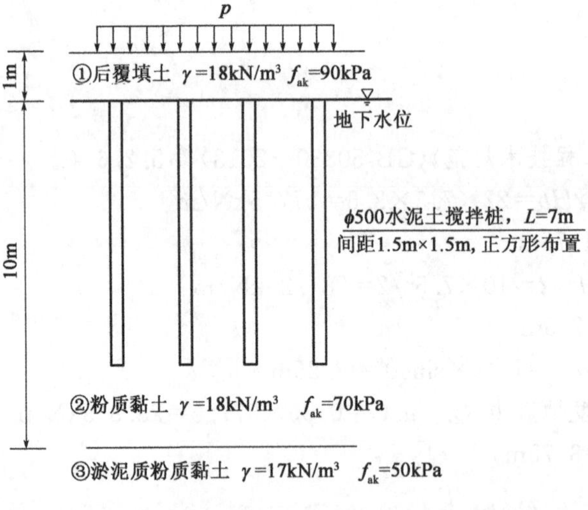

图 9-9

(A)25kPa (B)45kPa (C)65kPa (D)90kPa

答案 A

解答

根据《建筑地基处理技术规范》(JGJ 79—2012)第7.1.5条。

(1)按填土承载力控制

$p \leqslant f_{ak}=90\text{kPa}$

(2)按复合地基承载力控制

$m=d^2/d_e^2=0.5^2/(1.13\times1.5)^2=0.087$

$f_{spk}=\lambda mR/A_p+\beta(1-m)f_{sk}$

$=1.0\times0.087\times150/(3.14\times0.25^2)+0.25\times(1-0.087)\times70=82.5\text{kPa}$

$p+1\times18\leqslant f_{spk}=82.5\text{kPa}$

解得：$p\leqslant64.5\text{kPa}$

(3)按软弱下卧层承载力控制

$f_{az}=f_{ak}+\eta_d\gamma_m(d-0.5)=50+1.0\times8\times(10-0.5)=126\text{kPa}$

$p_z+p_{cz}\leqslant f_{az}$

不考虑应力扩散，即

$p_z=p+18$

$p_{cz}=8\times10=80\text{kPa}$

$p+18+80\leqslant126$

解得：$p\leqslant28\text{kPa}$

评析

此命题有些方面超前，有些方面不清：

①关于复合地基的软弱下卧层验算，各种规范都没有规定："什么情况下叫软弱下卧层？应力扩散角如何取？"都无案可查。

②地基处理后覆土1m是大面积覆土，还是在地面均布荷载p范围附近的局部垫层？从图可见，①似乎是大面积填土，则应加入承载力深度修正：

$p_z+p_{cz}\leqslant f_{az}$

$p_z=p$

$p_{cz}=8\times10+18\times1.0=98\text{kPa}$

$f_{az}=f_{ak}+\eta_d\gamma_m(d-0.5)=50+1.0\times8.91\times(11-0.5)=143.6\text{kPa}$

$p+98\leqslant143.6$

解得：$p\leqslant46\text{kPa}$

则正确答案为选项B。

例题22　2019年下午案例题23

某民用建筑的结构自振周期为0.42s，阻尼比取0.05，场地位于甘肃省天水市麦积区，建设场地类别均为Ⅱ类，在多遇地震作用下其水平地震影响系数为下列哪个选项？

(A)0.15　　(B)0.16　　(C)0.23　　(D)0.24

答案　C

解答

(1)查《建筑抗震设计规范》(GB 50011—2010)(2016年版)附录A(第212页)、表5.1.4-2，

麦积区的地震动峰值加速度取0.30g,特征周期取$T_g=0.40$s。

(2)查《建筑抗震设计规范》(GB 50011—2010)(2016年版)表5.1.4-1,多遇地震的水平地震影响系数最大值:$\alpha_{max}=0.24$,$T=0.42\text{s}>T_g=0.40$s。阻尼比为0.05,$\eta_2=1$,$\gamma=0.9$。

(3)计算水平地震影响系数。

$$\alpha=\left(\frac{T_g}{T}\right)^{\gamma}\eta_2\alpha_{max}=\left(\frac{0.40}{0.42}\right)^{0.9}\times1.0\times0.24=0.23$$

$\alpha=0.23$

评析

如果按《中国地震动参数区划图》,麦积区刚好位于不同分区的界线上,在分界线附近应采用就高不就低的原则,应取$T_g=0.45$s,则按照抗震规范选C;按照区划图选D。由于《建筑抗震设计规范》(GB 50011—2010)(2016年版)和《中国地震动参数区划图》都是大纲所规定的标准,二者存在局部的不一致,导致出现这种情况。

题目加上"按照《建筑抗震设计规范》(GB 50011—2010)(2016年版)",就不会有此异议。

例题23 2020年上午知识题6

现场直剪试验可以获得岩体的抗剪断强度、摩擦强度和抗切强度,对同一处岩体,三类强度关系正确的是哪个选项?

(A)抗剪断强度>摩擦强度>抗切强度
(B)摩擦强度>抗剪断强度>抗切强度
(C)抗切强度>抗剪断强度>摩擦强度
(D)摩擦强度>抗切强度>抗剪断强度

答案 A

评析

根据《工程地质手册》(第五版)第264页,现场直剪试验可分为:

岩土体在法向应力作用下的沿剪切面剪切破坏的抗剪断试验:$\tau_f=c+\sigma_n\tan\varphi$;

岩土体剪断后沿剪切面继续剪切的抗剪试验(摩擦试验):$\tau_f=c_r+\sigma_n\tan\varphi_r$;

法向应力为零时岩体剪切的抗切试验:$\tau_f=c$。

对于抗剪断强度,由黏聚力强度与摩擦强度两部分组成。

抗剪试验测定的强度,由衰减后的黏聚力强度和摩擦强度两部分组成,且以摩擦强度为主。

抗切强度则全部为黏聚力强度,显然可知抗剪断强度最大,摩擦强度次之,抗切强度最小。

抗剪断强度最大,似乎没有异议。一是由于它是原位初始的摩擦与黏聚强度,二是由初始摩擦和黏聚两部分强度组成。

摩擦强度是剪断以后继续剪切,黏聚强度很小,近于0,摩擦强度也是残余强度部分;抗切强度由于没有正压力,只有黏聚力。但是摩擦强度与抗切强度是无法判断的,如果所加的正应力很小(接近于0)则$\sigma\tan\varphi_r$常常会小于黏聚强度c。

命题的情况不应按照一般情况,也应包括特殊情况。

例题 24 2020 年上午知识题 37

根据《水电工程水工建筑物抗震设计规范》(NB 35047—2015),对于地基中的软弱黏性土层,可根据建筑物的类型和具体情况,采用以下抗震措施,其中错误的是下列哪个选项?

(A)砂井排水 (B)振冲碎石桩 (C)预压加固 (D)修建挡土墙

答案 D

评析

根据《水电工程水工建筑物抗震设计规范》(NB 35047—2015)第 4.2.9 条,软弱黏性土抗震处理措施有:挖除或置换、预压固结、压重和砂井排水、桩基或振冲桩复合地基。

这道题本来十分简单,只要采用排除法,选项 D 就是正确的"错误选项"。但是这个扮演错误的角色也有些太另类了,挡土墙与软土地基抗震处理措施风马牛不相及,命题人可以编一个稍微靠谱的选项,比如"土挤密桩"。

例题 25 2020 年下午知识题 27

下列关于膨胀土性质的表述,错误的是哪个选项?

(A)蒙脱石含量越高,膨胀性越强

(B)硅铝分子比 $SiO_2/(Al_2O_3+Fe_2O_3)$越大,膨胀性越强

(C)黏粒含量越高,胀缩变形越大

(D)密度越大,失水收缩越强

答案 D

评析

选项 C:黏粒含量越高,胀缩变形越大,这是不对的,关键要看黏土矿物的成分、比表面积。按照《特殊岩土工程土质学》(谭罗荣、孔令伟,科学出版社)的表 5.2.2,湖北荆门 207 国道的膨胀土黏粒含量为 28%,自由膨胀率为 101%,而安徽合肥某处的膨胀土黏粒含量为 49%,自由膨胀率为 64%。

所以命题的条件一定要清晰、明确、严密,不可想当然。

例题 26 2020 年上午案例题 4

某河流相沉积地层剖面及地下水位等信息如图 9-10 所示,①层细砂渗透系数 $k_1=10\text{m/d}$,②层粗砂层厚 5m,之下为不透水层。若两孔之间中点断面的潜水层单宽总流量为 $q=30.6\text{m}^3/\text{d}$,试计算②层土的渗透系数最接近下列何值?

(A)12.5m/d (B)19.7m/d (C)29.5m/d (D)40.2m/d

答案 D

解答

根据《土力学》,水力梯度 $i=\dfrac{\Delta h}{L}=\dfrac{13-8}{50}=0.1$。

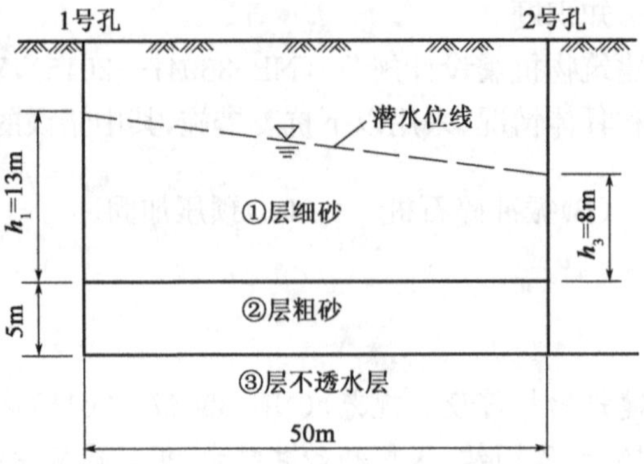

图 9-10

(1)①层单宽渗流量：

$$q_1=k_1iA_1=10\times0.1\times\frac{13+8}{2}\times1=10.5\text{m}^3/\text{d}$$

(2)②层单宽渗流量：

$$q_2=q-q_1=30.6-10.5=20.1\text{m}^3/\text{d}$$

(3)②层渗透系数：

$$k_2=\frac{q_2}{iA_2}=\frac{20.1}{0.1\times5}=40.2\text{m/d}$$

评析

此题的命题原意是很好的，题目简单，计算量也小，考查了土力学的基础知识。但其图有一个概错的误念，对于专业人员很可能起误导的作用。

如果出下面一道知识题，大家怎么选择?

图 9-11 砂土渗流中的哪一自由水面线(浸润线)的选项是正确的?

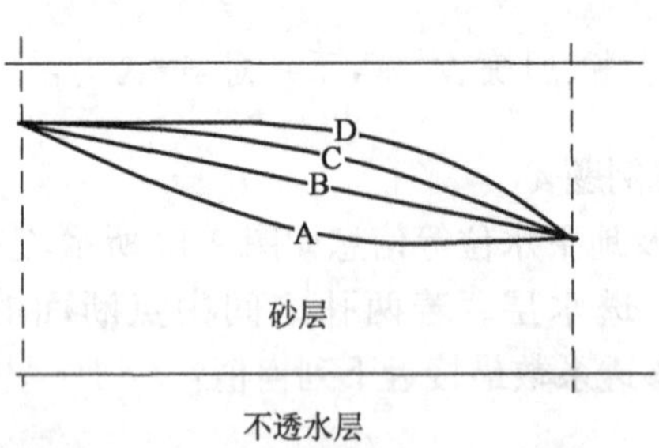

图 9-11

其答案为 C。

在自由水面线上，总水头即为其位置水头。

曲线 A：曲线的后一段反翘，水向高处流，在不计速度水头的情况下，违反了能量守恒原理。

曲线 B:水面线为直线,其水力坡降 i 为常数,对于位于不透水层上的均匀砂土的稳定渗流,根据 $v=ki$,则流速 v 也是常数,但渗流断面面积越来越小,起始流出的部分水哪里去了?

曲线 C:正确,随着过流断面积减小,水力坡降增加,渗流流速增加,总流量 Q 不变。

曲线 D:起始段为水平线,$i=v=0$,不会有水流出,后面的渗流水难道是“黄河之水天上来”?

所以此案例题应对水位线进行说明:“假设自由水面线为直线”。由于细砂下有渗透系数较大的粗砂层,自由水面线的曲率会较小,水力坡降也不大。所以此题不会影响考生的计算与选项,也不会造成灾难性的后果。但指出还是必要的。

例题 27 2019 年上午案例题 19

某饱和砂层开挖 5m 深基坑,采用水泥土重力式挡墙支护,土层条件及挡墙尺寸如图 9-12 所示,挡墙重度按 20kN/m^3,设计时需考虑周边地面活荷载 $q=30\text{kPa}$,按照《建筑基坑支护技术规程》(JGJ 120—2012),当进行挡墙抗滑稳定性验算时,请在下列选项中选择最不利状况计算条件,并计算挡墙抗滑移安全系数 K_{sl} 值。(不考虑渗流的影响)

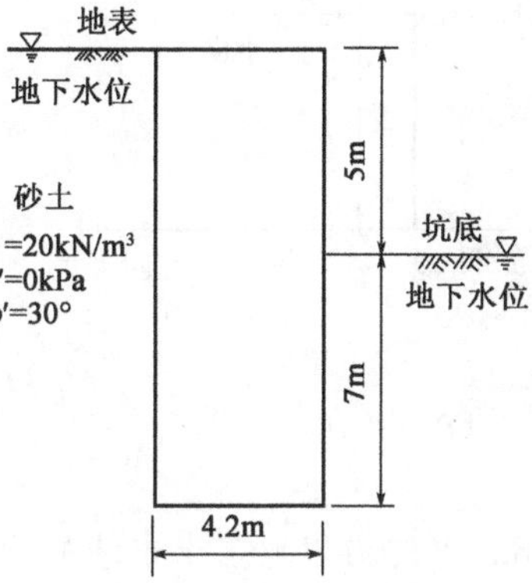

图 9-12

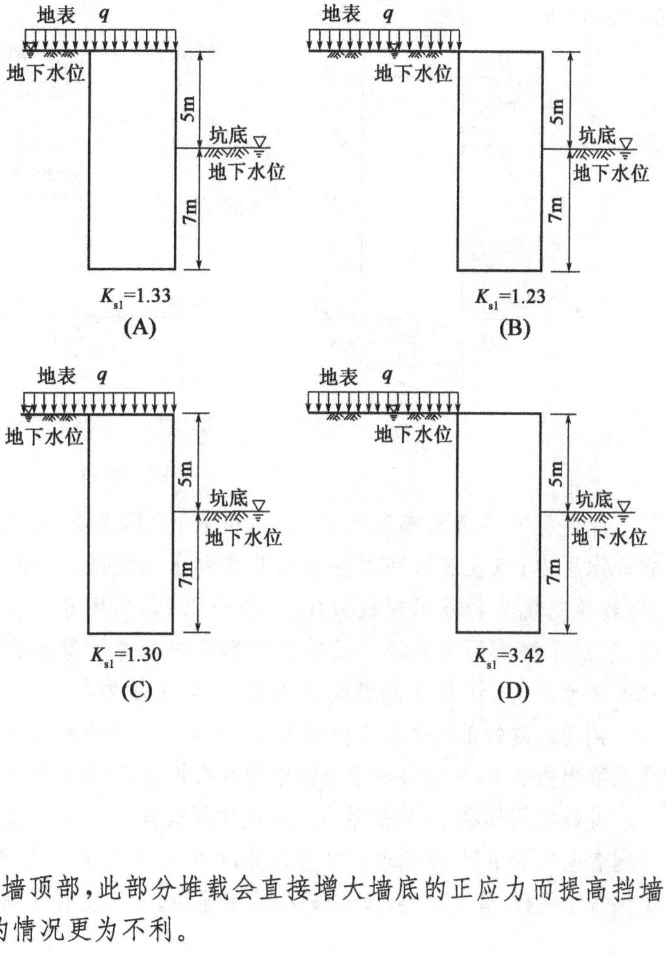

答案 B

解答

选项 A 与 C 的堆载部分位于挡墙顶部,此部分堆载会直接增大墙底的正应力而提高挡墙的抗滑移稳定性,故而选项 B 和 D 的情况更为不利。

(1)主、被动土压力系数

$\varphi=30°, K_a=1/3, K_p=3.0$

(2)水压力计算

根据《建筑基坑支护技术规程》(JGJ 120—2012)式(6.1.1)。

两侧水压力：$E_{aw}=\gamma_w H^2/2=10\times12^2/2=720\text{kN/m}$

$E_{pw}=\gamma_w h^2/2=10\times7^2/2=245\text{kN/m}$

底部扬压力：$u_m B=\gamma_w(H+h)/2\times B=95\times4.2=399\text{kN/m}$

(3)土压力计算

$E_a=K_a\gamma' H^2/2+K_a qH=240+120=360\text{kN/m}$

$E_p=3\times\gamma' h^2/2=735\text{kN/m}$

(4)抗滑安全系数计算

$$K_{sl}=\frac{E_p+E_{pw}+(G-u_m B)\times\tan30°}{E_a+E_{aw}}=\frac{980+(1008-399)\times0.577}{1080}=1.23$$

评析

此命题源于《建筑基坑支护技术规程》(JGJ 120—2012)式(6.1.1)。其水压力分布如图9-13a)所示。

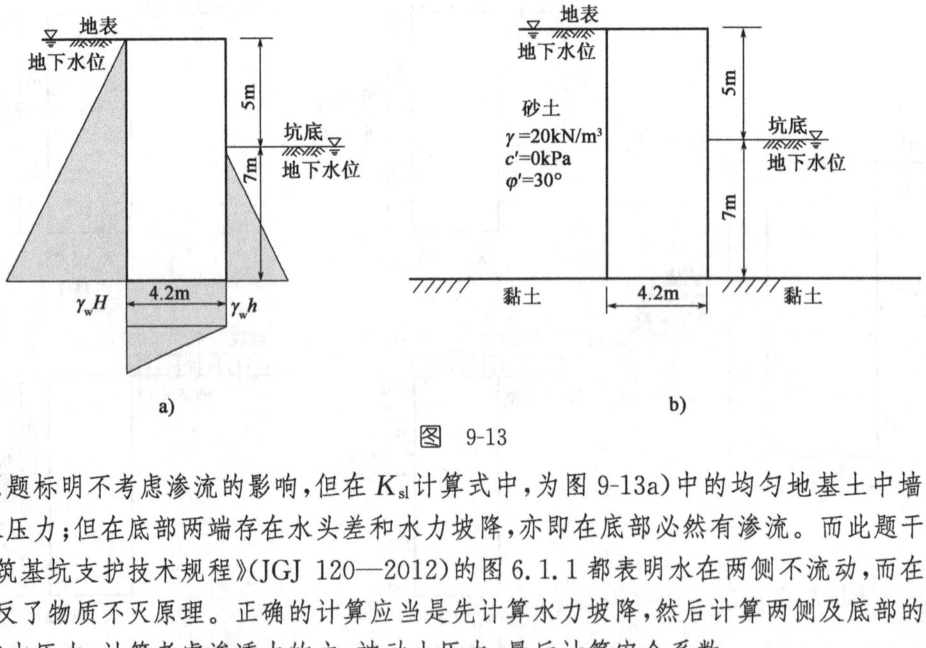

图 9-13

原题标明不考虑渗流的影响，但在K_{sl}计算式中，为图9-13a)中的均匀地基土中墙的两侧的静水压力；但在底部两端存在水头差和水力坡降，亦即在底部必然有渗流。而此题干的附图及《建筑基坑支护技术规程》(JGJ 120—2012)的图6.1.1都表明水在两侧不流动，而在底部流动，违反了物质不灭原理。正确的计算应当是先计算水力坡降，然后计算两侧及底部的渗透力和渗流水压力，计算考虑渗透力的主、被动土压力，最后计算安全系数。

因而此题的正确命题应被视为图9-13b)，亦即墙底部为黏土，上部为砂土，由于砂土与黏土渗透系数相差很大，可忽略砂土渗流中的水头损失，两侧按静水压近似计算，底部水压力为梯形分布。

此题的问题在于《建筑基坑支护技术规程》(JGJ 120—2012)的编制者对于土中渗流没搞清楚，命题者也未予追究，答题者按规程计算，尽管大家都错了，好在题干中指明了"规程"，你我他都错，把错误推给规程，皆大欢喜，没有歧义，没有争论，也就没有麻烦。但道理还是要讲的。

例题 28　2007 年上午知识题 47

下列关于特殊条件下桩基设计的说法中，哪些选项是正确的？

(A)为消除冻胀、膨胀深度范围内的胀切力影响，季节性冻土和膨胀土地基中的桩基桩端应进入冻深线或膨胀土的大气影响急剧层以下一定深度

(B)岩溶地区的桩基，宜采用钻、冲孔桩，岩层埋深较浅时，宜采用嵌岩桩

(C)非湿陷性黄土地基中的单桩极限承载力应按现场浸水载荷试验确定，或按饱和状态下的土性指标，根据经验公式估算

(D)在抗震设防区，为提高桩基对地震作用的水平抗力，可考虑采用加强刚性地坪和加大承台埋置深度的办法

答案　ABD

评析

按照《建筑桩基技术规范》(JGJ 94—2008)第 3.4.4 条："岩溶地区的桩基，宜采用钻、冲孔桩；当单桩荷载较大，岩层埋深较浅时，宜采用嵌岩桩"。但选项 B 只写了"岩层埋深较浅时"，其实"岩层埋深较浅"只是其充分条件，而"单桩荷载较大"才是必要条件。命题为了省事、省字，不写前面一项，就使考生产生了分化。结果是总成绩在后 27%的考生此题的"正确率"(ABD)为 47%；而总成绩在前 27%的考生正确率为 34%。出现了学渣反压学霸的负区别度。这可能是由于一些不计小节的、比较马虎的考生不会计较选项 B 逻辑的不通，而严密的、谨慎的讲究逻辑的考生则认为选项 B 不对，填了选项 AD，被判错误，所谓"聪明反被聪明误"。

例题 29　2020 年下午知识题 62

对软土特性描述正确的是下列哪几项？

(A)天然含水量大于液限

(B)孔隙比大于 1

(C)不均匀系数大于 10

(D)仅在缓慢流动的海洋环境下沉积形成

答案　AB

评析

在据《岩土工程勘察规范》(GB 50021—2001)(2009 年版)第 6.3.1 条，"天然孔隙比大于或等于 1.0"。对"软土特性"选项 B 是"孔隙比大于 1.0"。既然是"特性"，是具有排他的、界定性的意义。大于与等于是平等的、缺一不可。否则满足其他条件的 $e=1.0$ 的细粒土就不具备"软土特性"而被排除在外了。

例如我国对于成年人的定义是大于或等于 18 周岁。因而有杀人犯的家属花费巨资把嫌疑人户口的出生日期改小几天或几月，以期逃脱死刑。按照形式逻辑的三段论：①大于 18 周岁的成年人犯罪可判死刑；②××杀人时 18 周岁(未满 19 周岁)；③××属于未成年人，不能判死刑。这个推理与程式是正确的，关键在于大前提是错误的。

例题30 2012年上午知识题44

岩土工程勘察中对饱和软黏土进行十字板剪切和室内无侧限抗压强度对比试验，十字板剪切试验与无侧限抗压强度数据不相符的是下列哪些选项？

(A)十字板剪切强度5kPa，无侧限抗压强度10kPa

(B)十字板剪切强度10kPa，无侧限抗压强度25kPa

(C)十字板剪切强度15kPa，无侧限抗压强度25kPa

(D)十字板剪切强度20kPa，无侧限抗压强度10kPa

答案 BCD

评析

十字板剪切强度值是破坏时的莫尔圆的半径，无侧限抗压强度值是其直径，在校的本科生和研究生回答这个考题可能没有任何犹豫认为选项A正确。可是对于实际岩土工程实践丰富的工程师，这题就不好回答了。十字板剪切试验属于原状软土地基的现场测试。而无侧限抗压强度试验使用的是人工现场取的“原状”软土试样，进行实验室试验得到无侧限抗压强度q_c，无侧限压缩试验是UU试验的一种特殊情况，亦即施加的围压为0。用这种试验同样可以得到不排水抗剪强度$c_u=q_c/2$。但它对试样的要求极高。例如国外的一些标准要求：①试样完全饱和；②试样必须是原状、均匀、无缺陷的；③只有在黏土情况下，初始的有效围压等于残余毛细应力(负孔压)，没有回弹及固结；④取样后，试样必须快速地试验到破坏(5～15分钟)，以免发生水分蒸发和表面干燥。对于这样苛刻的条件，以我国目前的取样和试验水平，数据相符的合理选项大概率是C，甚至是D，而不是A。

所以命题要结合实际，符合实际，要有对我国国情的了解和基本的工程经验。以重大事故闻名的杭州地铁湘湖站基坑为例，根据杭州地矿勘察院的勘察报告，关于主要受力淤泥质土层④$_2$和⑥$_1$的数据见表9-3，可见其无侧限强度远小于十字板强度的2倍，甚至小于十字板强度的1倍。

某深基坑围护设计不排水强度一览表 表9-3

土层	三轴不固结不排水		无侧限抗压强度	十字板试验
	c_u(kPa)	φ_u(°)	q_c(kPa)	c_u(kPa)
④$_2$	11.0	0.2	25.34	28.4
⑥$_1$	9.0	0.4	24.06	34.1

例题31 2019年下午知识题41

理论上关于土的压缩模量与变形模量，下列说法正确的是哪些选项？

(A)压缩模量为完全侧限模量 (B)变形模量为无侧限模量

(C)压缩模量大于变形模量 (D)压缩模量小于变形模量

答案 ABC

评析

压缩模量是在无侧向变形条件下得出的(试样横截面面积不变)，即三向应力、单向应变，选项 A 正确。

变形模量是在侧向自由变形(侧向围压不变)时,土的竖向应力与竖向应变增量之比,是在单向应力、三向应变条件下得出的,选项 B 正确。

按照《土力学》教材,选项 C 也是对的。但岩土注册技术考试毕竟不是大学本科期末考试,也不是资格考试中的基础部分,应注重于"工程"。由于土性质的复杂性,应力应变关系(模量)与其应力状态、应力历史和应力路径有关,因而,严格地讲这两种模量是无法相比的。"理论"的比较没有意义。一定要比较,以图 9-14 为示意图进行说明。

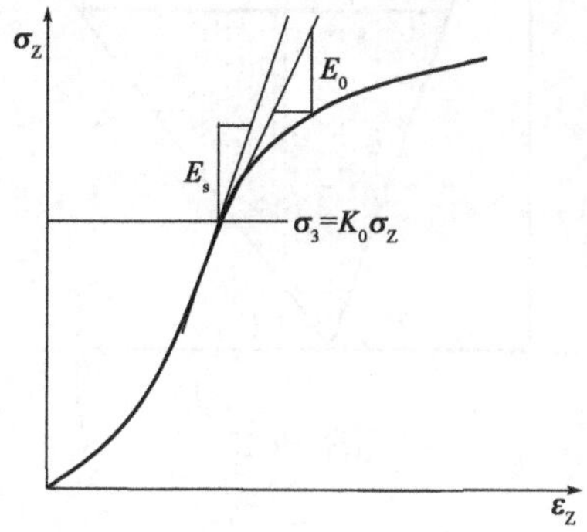

图 9-14

如图 9-14 所示,一个土试样首先在侧限(K_0)压缩条件下达到某一个竖向应力 σ_z,其侧向压力为 $\sigma_3=K_0\sigma_z$,然后将此仪器变为三轴仪,在围压 $\sigma_3=K_0\sigma_z=$常数条件下进行常规三轴压缩试验,这样在两种试验的拐点处的切线分别为 E_s 和 E_0,并且 $E_0=\beta E_s=\left(1-\frac{2\nu^2}{1-\nu}\right)E_s$。这就是教材中二者间的关系,并且这个所谓的泊松比 ν 也很可疑,因为土本来就不是弹性的,在三轴试验中由于土的剪胀性,ν 值可能不合理。

在实际工程中,压缩模量 E_s 是从原位取样后在实验室进行试验得到的;而变形模量 E_0 常常是在现场进行载荷试验,用荷载—位移曲线反算得到的。二者原位、室内试验条件不同,应力状态、应力路径不同,基本没有可比性。例如在济南某工程的玄武岩残积土,勘察报告给出 $E_{s1-2}=4.3$MPa,$E_{s3-6}=8.6$MPa。而现场深层载荷试验给出变形模量 $E_0=28$MPa,旁压试验得 $E_0=20\sim27$MPa。

一些工程经验也表示二者的关系不符合上述公式,一些经验数值(表 9-4),反而更具有工程意义。

表 9-4

土类	E_0/E_s		土类	E_0/E_s	
	变化范围	平均值		变化范围	平均值
老黏土	1.45～2.80	2.11	新近沉积黏性土	0.35～1.94	0.93
一般黏性土	0.60～2.80	1.36	新近沉积淤泥质土	1.05～2.97	1.90
	0.54～2.68	0.98	红黏土	1.04～4.87	2.36

从以上两道例题可见,注册岩土工程师考试不是大学生的期末考试。目前《土力学》教材基本是饱和的重塑土力学,使一些学生毕业后到工地见到原状土后很不适应、不理解。作为

“注册岩土工程考试”应起到一定的导向作用,引导它们更贴近实践,而不是更脱离实际。

例题32 2012年下午案例题18

某建筑旁有一稳定的岩石山坡,坡角60°,依山拟建挡土墙,墙高6m,墙背倾角75°,墙后填料采用砂土,重度20kN/m³,内摩擦角28°,土与墙背间的摩擦角为15°,土与山坡间的摩擦角为12°,墙后填土高度为5.5m,如图9-15所示。问挡土墙墙背主动土压力最接近下列哪个选项?

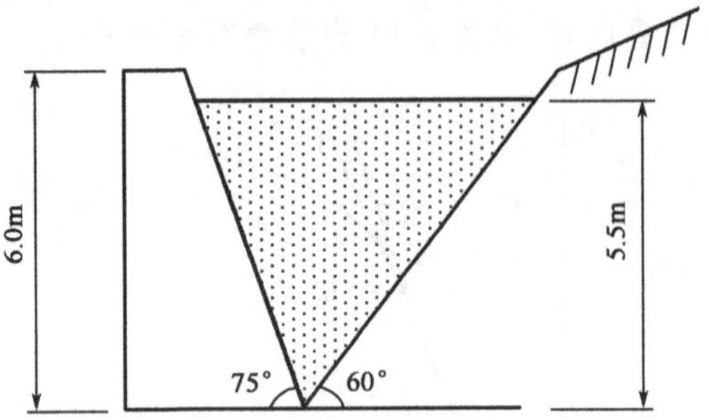

图 9-15

(A)160kN/m　　(B)190kN/m　　(C)220kN/m　　(D)260kN/m

答案 C

解答

根据《建筑地基基础设计规范》(GB 50007—2002)第6.6.3条[《建筑地基基础设计规范》(GB 50007—2011)第6.7.3条第2款]:

$$K_a=\frac{\sin(\alpha+\theta)\sin(\alpha+\beta)\sin(\theta-\delta_r)}{\sin2\alpha\sin(\theta-\beta)\sin(\alpha-\delta+\theta-\delta_r)}=0.66$$

$$E_a=1.1\times20\times5.5^2\times0.66/2=219.6\text{kN/m}$$

评析

2012年考试以后,有不少考生责难抱怨此题,可谓怨声载道。这里的焦点在于该规范规定:重力式挡土墙的主动土压力增大系数ψ_c,土坡高度为5~8m时,宜取1.1。如果不乘1.1,答案为200kN,很难确定选项。可是该题题干只交待了“某建筑”,并没有指定规范。并且命题者当年编写的《试题解答及分析》一书中又建议:“本题也可不依靠规范公式,采用力的矢量三角形直接求出主动土压力”。“不依靠规范”就不乘以放大系数,可是却不给分。

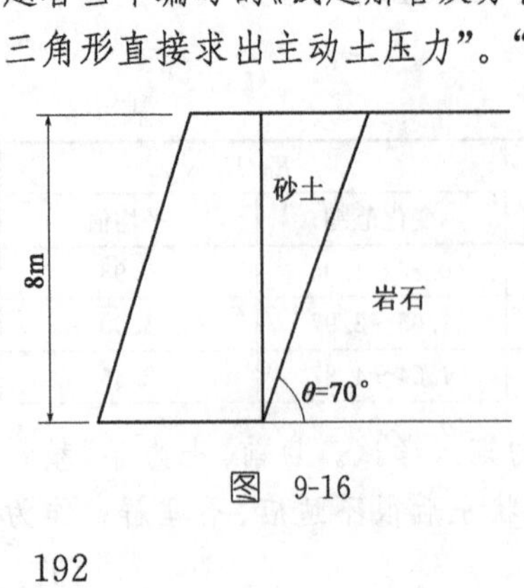

图 9-16

更难以服众的是,类似的考题已经出现过几次,都没有乘主动土压力增大系数。例如2011年上午案例题20重力式挡土墙墙高8m,墙背垂直、光滑,填土与墙顶齐平,填土为砂土,$\gamma=20\text{kN/m}^3$,内摩擦角$\varphi=36°$。该挡土墙建在岩石边坡前,岩石边坡坡脚与水平方向夹角为70°,岩石与砂填土间摩擦角为18°,如图9-16所示。计算作用于挡土墙上的主动土压力最接近于下列哪个数值?

同样是重力式挡土墙，并且墙高8m，这道题的标准答案就是直接求解，$E_a=W\tan52°=298kN$，也没有乘增大系数。同样2010年上午的案例题20也是如此。这种今年不知明年什么规定，朝令夕改的做法，使人无所适从，表明了命题人不负责任的态度。

笔者的一个博士参加当年考试，他就是从力的矢量三角形直接求出主动土压力$E_a=200kN/m$，可是这与4个选项数值相差都太大，超过了计算误差范围，他感觉似乎在《建筑地基基础设计规范》(GB 50007—2002)中有"增大系数"的规定，一查果然有超过5m，$\psi_c=1.1$，于是选择了(C)220kN/m。结果在2012年不足6%的通过率情况下，他也及格通过了。这种迎合命题专家以达到避灾的做法是十分明智的，值得学习。最近几年的类似考题对于是否要乘"土压力增大系数"，都有明确的提示，也算亡羊补牢吧。

对于规范中规定土压力放大系数的做法，笔者十分不解：挡土墙的设计通常采用安全系数法，或者叫"单一安全系数法"。这里的安全系数是个筐，所有的不确定性都往里装。不应再增加其他的系数了，可以规定高度较大的重力式挡土墙，安全系数适当增大。

例题33 2009年上午案例题1

某公路需填方，要求填土干重度$\gamma_d=17.8kN/m^3$，需填方量为40万m^3。对某料场的勘察结果为：其土粒相对密度$G_s=2.7$，含水率$w=15.2\%$，孔隙比$e=0.823$，问该料场储量至少要达到下列哪个选项(以万m^3计)才能满足要求？

(A)48　　(B)72　　(C)96　　(D)144

答案 C

解答

(1)先求料场土的干重度γ_{d0}。已知$G_s=2.70$，$e=0.823$，则：

$\gamma_{d0}=G_s\cdot\gamma_w/(1+e)=2.7\times10/(1+0.823)=14.8kN/m^3$

(2)计算填土与料场土干重度之比：

$\gamma_d/\gamma_{d0}=17.8/14.8=1.2$

(3)需要实际(设计)方量为：$1.2\times40=48$万m^3。

(4)按《公路工程地质勘察规范》(JTJ 064—1998)第5.5.1条，储量要达到设计量的2倍，则：

$48\times2=96$万m^3

评析

此题同样没有指定规范，同样要求按照《公路工程地质勘察规范》(JTJ 064—1998)规定乘以2倍没有道理。因为此前此后类似的考题都是只计算"至少要达到下列哪个选项"，都没有乘以2倍。此题中，48万m^3也出现在选项A中，让考生更容易落入这一个违规的"陷阱"。

类似的考题如2012年上午案例题26、2010年上午案例题3，要求计算"所需土料""应加入水量"，却没有要求将计算的结果以备损耗而放大。

例题34 2013年上午知识题12

渗流作用可能产生流土或管涌现象，仅从土质条件判断，下列哪一类型的土最容易发生管涌破坏？

(A)缺乏中间粒径的砂砾石,细粒含量为25%

(B)缺乏中间粒径的砂砾石,细粒含量为35%

(C)不均匀系数小于10的均匀砂土

(D)不均匀系数大于10的砂砾石,细粒含量为25%

答案 D

评析

此题在表述概念上不准确,不合理。

(1)砂土不均匀系数 $C_u \leqslant 5$,即定义为均匀砂土,而不是"小于10";选项C本身的概念叙述错误!不均匀系数小于10的砂土,不能叫均匀砂土。这正如在评定"杰出青年"时,年龄大于45周岁就没有资格了,不能说什么"年龄小于60周岁的青年"!

(2)流土或管涌被称为"渗透变形"(seepage deformation)而一般不叫渗透破坏是有道理的:容易发生管涌的土,却不一定容易发生管涌破坏,如果细粒含量很低,细粒被渗流带走以后,土粗骨架仍然可以支撑,则不会引起灾难性的破坏,被称为"非危险性管涌"。1998年长江堤防发生了6000余处管涌险情,也只发生了江西九江、湖北簰洲湾、湖南安造垸和江西江州圩四处发生堤防溃决。

(3)《水利水电工程地质勘察规范》(GB 50487—2008)附录G不管颗粒级配连续与否,只要不均匀系数>5,细粒含量 $p<25\%$,都属于管涌型土。$p \geqslant 25\%$,都属于过度型土。

因而此题的问题是:

①均匀砂土的不均匀系数为5,不是10。

②四个选项没有一个属于管涌型土:选项A、D为过度型;选项B、C为流土型。

③由于没有管涌型土,无法判断"管涌破坏"。如果发生管涌,选项D是最危险的。

例题35 2010年下午知识题6

对于埋深2m的独立基础,关于建筑地基净反力,下列哪个说法是正确的?

(A)地基净反力是指基底附加压力扣除基础自重及其上土重后的剩余净基底压力

(B)地基净反力常用于基础采用荷载基本组合下的承载能力极限状态计算

(C)地基净反力在数值上常大于基底附加压力

(D)地基净反力等于基床反力系数乘以基础沉降

答案 B

评析

根据《建筑地基基础设计规范》(GB 50007—2002)第8.1条,"p_j——扣除基础自重及其上土重后相应于荷载效应基本组合时的地基土单位面积净反力"。此题选项B是正确的,作为单选题其他3项的说法就是错误的了。

但是选项C就不能说是错。因为基底附加应力 p_0 是用于沉降计算的,对应于荷载准永久组合,而净反力是用于基础内力计算的,对应于荷载基本组合。

$p_0 = p_1 - \gamma_m d$

$p_j = p_2 - \bar{\gamma} d$

$\bar{\gamma} = 20kN/m^3$，γ_m 一般稍小于 $20kN/m^3$，所以似乎 $p_j < p_0$。

但是作为基本组合的 $p_2 \approx 1.35p_k$，p_k 为荷载标准组合值；作为准永久组合的 $p_1 < p_k$，因而选项C无法进行否定。

例题 36 2016年上午案例题18

某悬臂式挡土墙高6.0m(图9-17)，墙后填砂土，并填成水平面。其 $\gamma = 20kN/m^3$，$c = 0$，$\varphi = 30°$，墙踵下缘与墙顶内缘的连线与垂直线的夹角 $\alpha = 40°$，墙与土的摩擦角 $\delta = 10°$。假定第一滑动面与水平面夹角 $\beta = 45°$，第二滑动面与垂直面的夹角 $\alpha_{cr} = 30°$，问滑动土体 BCD 作用于第二滑动面的土压力合力最接近以下哪个选项？

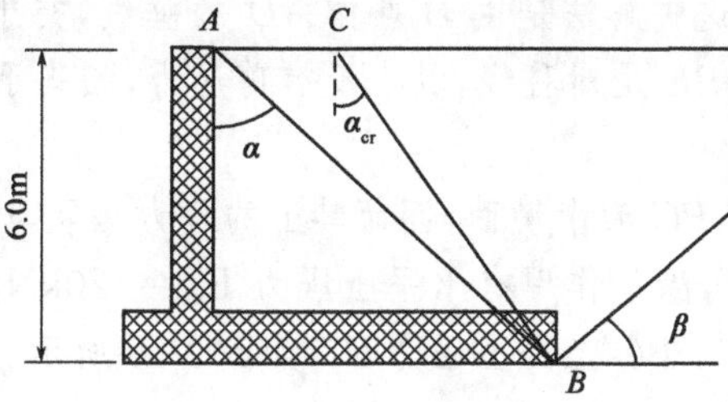

图 9-17

(A)150kN/m (B)180kN/m (C)210kN/m (D)260kN/m

答案 C

解答

按照三角形 BCD 的静力平衡，如图9-18所示。

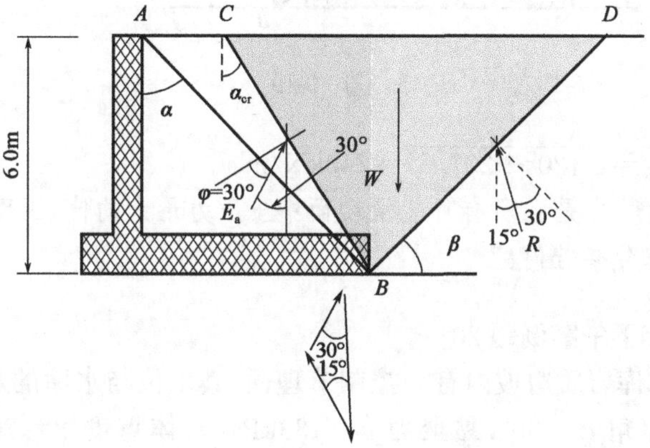

图 9-18

(1)计算三角形 BCD 的自重：

$W_{BCD} = 6 \times 6 \times (1 + \tan 30°) \times 20 \times \frac{1}{2} = 567.8kN$

(2)按照图9-18，根据正弦定理计算 E_a：

$W_{BCD}/\sin135° = E_a/\sin15°$

$E_a = 567.8 \times \sin15°/\sin135° = 207.8\text{kN}$

评析

按照以上的解答,是"假定第一滑动面与水平面夹角 $\beta=45°$"与"滑动土体 BCD 作用于第二滑动面的土压力合力"。如果命题就指定了第一滑动面与水平面夹角 $\beta=45°$,并且指定计算滑动土体 BCD 作用于第二滑动面的土压力合力,那么上述解答与答案是正确的。

但是这有些"包办婚姻"的意味,因为"第一滑动面"是客观存在的,不能随意假设与指定,题目并没有交代 $\beta=45°$ 右面是岩体,也没给出岩土界面的强度指标。注册岩土工程师考试是要考查考生解决实际工程问题的能力,不是脑筋急转弯。随便假设一个根本不存在的第一滑动面,让考生用理论力学的方法计算根本不存在的主动土压力,不是在有意制造混乱吗!

此题用朗肯土压力理论计算,这种解法是由 B 点作 AD 的垂线,交于 E 点,由于 BCC' 范围属于朗肯极限平衡状态,竖直线 BE 是对称线,其上没有剪应力,相当于垂直光滑的墙壁,用朗肯土压力理论计算得 $K_a=1/3$。

考虑三角形 BEC 的静力平衡,BC 为滑动面,因而其上的合力必须与其法线的夹角为 $\varphi=30°$。三角形 BEC 上作用有三个力,除了作用有水平土压力 $E_{a1}=120\text{kN}$,竖向力自重 $W_{BEC}=207.8\text{kN}$ 外,还有一个作用于滑动面 BC 上的土压力 E_a,如图 9-19 所示。

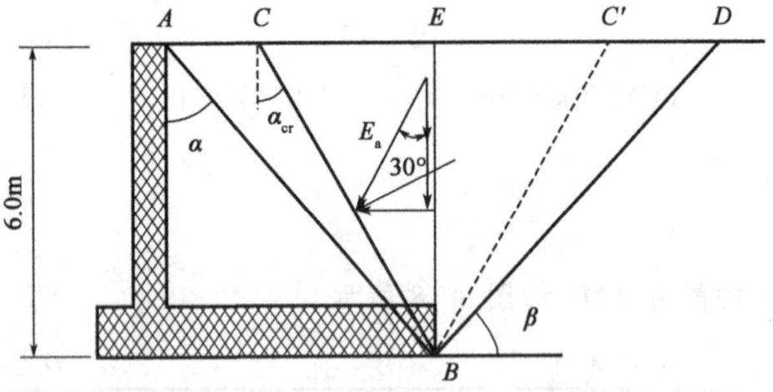

图 9-19

$$E_a = \sqrt{E_{a1}^2 + W_{BEC}^2} = \sqrt{120^2 + 207.8^2} = 240\text{kN/m}$$

这才是正确的答案,它是在所有可能滑动面中土压力最大的值,因而是主动土压力。可惜选项里没有。"虞兮虞兮奈若何!"

例题 37 2017 年下午案例题 20

图 9-20 所示临水库岩质边坡内有一控制节理面,其水位与水库的水位齐平,假设节理面水上和水下的内摩擦角 $\varphi=30°$,黏聚力 $c=130\text{kPa}$,岩体重度 $\gamma=20\text{kN/m}^3$,坡顶高程为 40.0m,坡脚高程为 0.0m,水库水位从 30.0m 剧降至 10.0m 时,节理面的水位保持原水位。按《建筑边坡工程技术规范》(GB 50330—2013)相关要求,该边坡沿节理面的抗滑移稳定安全系数下降值最接近下列哪个选项?

(A)0.45 (B)0.60 (C)0.75 (D)0.90

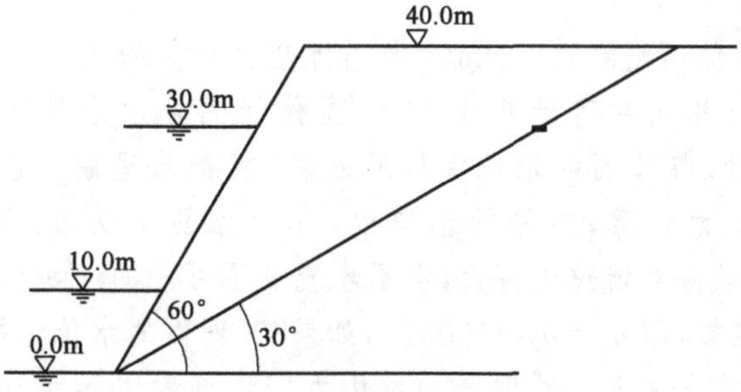

图 9-20

答案　D

解答

(1)降水前的安全系数

①滑动岩体自重：$W=20\times40\times(40\times\tan60°-40\times\tan30°)/2=18475\text{kN/m}$

②滑面长度：$l=40/\cos60°=80\text{m}$

③计算浮力：$F=W\times30^2/40^2\times(10/20)=5196\text{kN/m}$

④浮重量：$W'=W-F=13279\text{kN/m}$

⑤滑动力：$T=W'\sin30°=6640\text{kN/m}$

抗滑力：$R=cl+W'\cos30°\tan30°=130\times80+13279\times0.866\times0.577=17040\text{kN/m}$

⑥安全系数：$F_{s1}=167604400=2.566$

(2)降水后的安全系数(图 9-21)

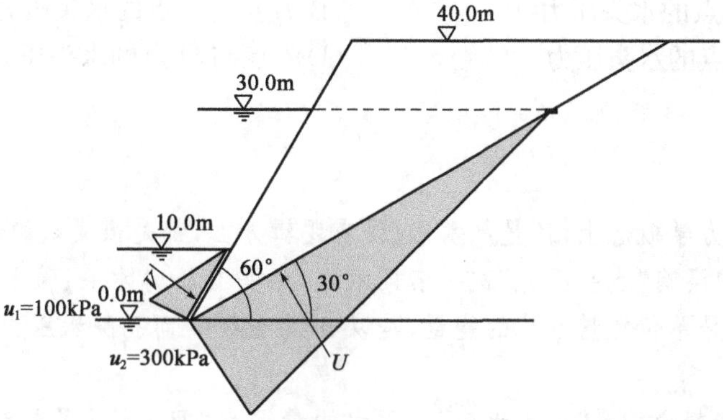

图　9-21

①$u_1=10\times10=100\text{kPa}$；$u_2=30\times10=300\text{kPa}$

②自重的滑动力与法向力：$T_1=W\sin30°=9237.5\text{kN/m}$；$N_1=W\cos30°=16000\text{kN/m}$

③滑面上的总水压力(法向力)：$U=-N_2=-(300\times80\times3/4)/2=-9000\text{kN/m}$

④坡面上的水压力：$V=(100\times10/\cos30°)/2=577\text{kN/m}$

$N_3=V\cos30°=500\text{kN/m}$，$T_3=-V\sin30°=-289\text{kN/m}$

⑤安全系数：$F_{s2}=[80\times130+(16000-9000+500)\tan30°]/(9237-289)=14730/8949=1.646$

⑥安全系数下降值：$\Delta F_s=F_{s1}-Fs_2=2.566-1.646=0.92$

评析

这里降水后滑动岩体两侧的水压力都是按静水压力计算的。

从开始时两侧水位相同并可计算浮力看,显然缝内外水应是连通的,而"水库水位从30.0m剧降至10.0m时,节理面的水位保持原水位"就很难理解。水库水位不是瞬时可降20m的,如均按静水压力计算,在缝的出口处,一侧水压力为100kPa,另一侧为300kPa(图9-21),此处的水力坡降和流速无穷大,水不渗流是不可能的。如果左右节理缝是连通的,交界处的水压力必须相等,即$u_1=u_2=100$kPa,如果"节理面的水位保持原水位",那么只能是由于缝内有水源(降雨或水流入),这时缝内水压力按渗流考虑$u_2=100$kPa,$U=3000$kN/m,远小于9000kN/m。

上述计算的条件应是:"当节理缝下交界处完全淤堵,水库水位从30.0m较快降至10.0m时,节理面的水位保持原水位",这样就不会有异议了。

例题38 2013年下午知识题16

均质土石坝稳定渗流期的流网如图9-22所示,问b点的孔隙水压力为以下哪个选项?

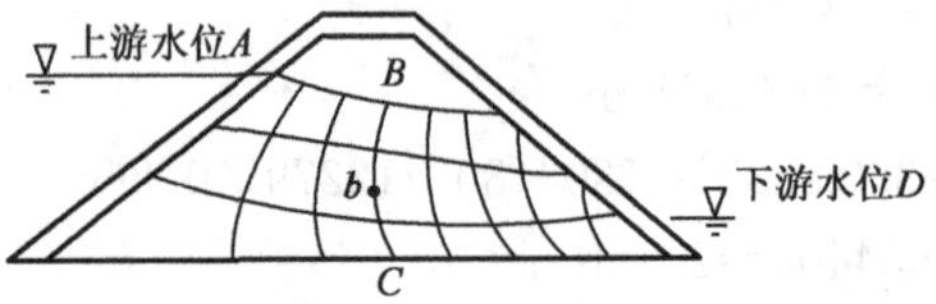

图 9-22

(A)A点与b点的水头压力　　(B)B点与b点的水头压力

(C)b点与C点的水头压力　　(D)b点与D点的水头压力

答案 B

评析

此题无论从土力学概念上,还是从术语、语言逻辑方面,都是很失败的命题。

(1)在土力学中没有"水头压力"这一名词术语,水头有压力水头、位置水头、速度水头、测管水头、总水头等;是单位重量水体的能量,是以m为量纲。而孔隙水压力是单位体积水滴的能量,量纲为kPa。

(2)如果命题者想说的是"压力水头"。压力的量纲为kPa;水头的量纲为m,(孔隙)二者差一个水的重度γ_w。

(3)如果想要的答案为B,则正确的选项说法应当是"b点的孔隙水压力为B点与b点的位置水头(重力势)之差乘以水的重度γ_w",或者"b点的孔隙水压力是b点与B点的压力水头(压力势)之差乘以水的重度γ_w"。因为二者在同一等势线上,总水头(或测管水头)相等,差别只是位置水头与压力水头。

(4)土坝断面与流网的绘制很不规范。

例题39 2012上午知识题57

重力式挡墙设计工程中,可采取下列哪些措施提高该挡墙的抗滑移稳定性?

(A)增大挡墙断面尺　　(B)墙底做成逆坡
(C)直立墙背上做卸荷台　　(D)基础之下换土做砂石垫层

答案 ABD

评析

此题命题不严密,例如选项D基础之下换土做砂石垫层,那么原来在基础之下是什么呢?如果是密实的、级配良好的卵砾石,或者坚硬完整的基岩,换土会使抗滑稳定性降低,适得其反,何必换填?选项D就无法能作为答案。

选项C直立墙背上做卸荷台,可以加大墙的自重(增加一部分土体的重量),减少水平土压力,对抗滑稳定应当是有利的,如图9-23所示。像这种多选题,存在着多种组合的可能,所以命题必须严密,不能模棱两可,授人以柄。

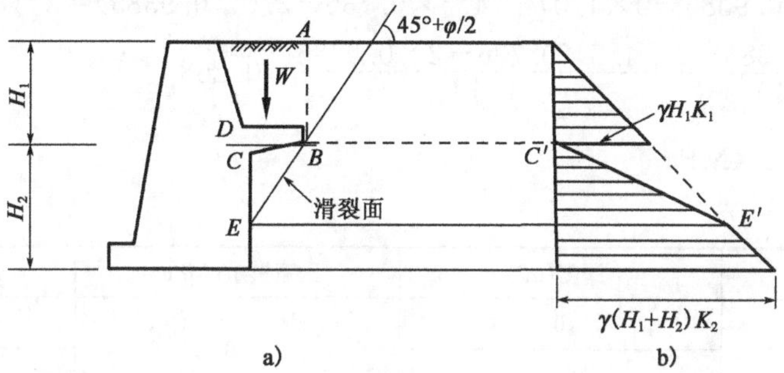

图 9-23

例题40 2008年上午案例题8

天然地基上的独立基础,基础平面尺寸为5m×5m,基底附加压力为180kPa,基础下地基土的性质和平均附加应力系数见表9-5。问地基压缩层的压缩模量当量值最接近下列哪个选项的数值?

表9-5

土 名 称	厚度(m)	压缩模量(MPa)	平均附加应力系数
粉土	2.0	10	0.9385
粉质黏土	2.5	18	0.5737
基岩	>5		

(A)10MPa　　(B)12MPa　　(C)15MPa　　(D)17MPa

答案 B

解答

根据$\overline{E}_s=\dfrac{\sum A_i}{\sum \dfrac{A_i}{E_{si}}}$,$A_i=p_0(z_i\overline{\alpha}_i-z_{i-1}\overline{\alpha}_{i-1})$

$$\overline{E}_s=\frac{2.0\times0.9385+2.5\times0.5737}{\frac{2.0\times0.9385}{10}+\frac{2.5\times0.5737}{18}}=12.4\text{MPa}$$

评析

仔细观察一下,就会发现,上式$\sum A_i$的计算是将附加应力系数的平均值分段(层)相加。因而表9-5中的所谓“平均附加应力系数”实际上是一段厚度内附加应力系数的平均值。

“平均附加应力系数”$\overline{\alpha}$并不是附加应力系数α在一个土层厚度内的平均值(表9-6),而是附加应力在此深度范围内的积分值!它只对应于某一个深度z,而不是对应于一个分层厚度Δh,作为命题专家,在概念上犯这样极为低级的错误是不应该的。正确的解答是:

$$\overline{E}_s=\frac{\sum A_i}{\sum\frac{A_i}{E_{si}}}\quad A_i=\rho_0(Z_i\overline{\alpha}_i-Z_{i-1}\overline{\alpha}_{i-1})$$

$$\sum A_i=(2.0\times0.9385-0\times1.0)+(4.5\times0.736-2.0\times0.9385)=3.312$$

$$\sum\frac{A_i}{E_{si}}=\frac{2\times0.9385-0}{10}+\frac{4.5\times0.736-2\times0.9385}{18}=0.268$$

$$\overline{E}_s=\frac{3.312}{0.268}=12.4\text{MPa}$$

表9-6

土 名 称	深度(m)	压缩模量(MPa)	平均附加应力系数$\overline{\alpha}$
粉土	0	10	1.0
	2.0		0.9385
粉质黏土	2.0	18	0.9385
	4.5		0.736
基岩	>5		

其实这两种算法结果是一样的,但是既然规范中已经定名“平均附加应力系数$\overline{\alpha}$”,就不能与“附加应力系数的平均值$\overline{\alpha}$”混淆。

否则就会有考生按照表9-7中的$\overline{\alpha}$计算,得到:

$$\sum A_i=(2.0\times0.9385-0\times1.0)+(4.5\times0.5737-2.0\times0.9385)=2.58$$

$$\sum\frac{A_i}{E_{si}}=\frac{2\times0.9385-0}{10}+\frac{4.5\times0.5737-2\times0.9385}{18}=0.228$$

$$\overline{E}_s=\frac{2.58}{0.228}=11.32\text{MPa}$$

表9-7

土 名 称	深度(m)	压缩模量(MPa)	平均附加应力系数$\overline{\alpha}$
粉土	0	10	1.0
	2.0		0.9385
粉质黏土	2.0	18	0.9385
	4.5		0.5735
基岩	>5		

第十讲

百密一疏

注册岩土工程师考试的命题要经过多次的校核和审查，首先是命题小组内专家之间的互审，组长的初审；然后是专家组的初审与终审；之后是组卷；最后是在河北满城监狱进行终校，再提交印刷。可是，即使经历这么多环节，有的试题或者答案还是有误，有的题目依然不准确、不严谨。一方面是由于命题专家来自不同领域，水平和认识参差不齐；另一方面是由于队伍不太稳定，人员流动较多，命题经验难以积累。对于这些考题中的问题，有的在命题期间被提出，相关人员进行修改与完善，有的在案例题评卷期间发现，专家组尽量进行补救。但是难免有无法补救的情况，比如原答案有误，在计算机阅卷时就已经误判，可能出现对错颠倒的情况。使处于边缘的考生不得入门而“冤沉海底”，也就时有申诉。好在此前这种情况的概率较低，考生对此也都谅解，没有发生较大的纠纷。但近年来，错题的比例偏高，严重影响了注册岩土工程师考试的严肃性和权威性，是很值得关注的。

考试中的错题大体上可分为4类。

第一类，题目与解答都存在岩土力学的概念错误，其中以“天行有常”这一讲的题目为多，因为这一讲多数没有规范为依托，而且常常会有一些概念性很强的题目，尤其是与土中水有关的题目。这种错误会影响选项，有时会让概念清楚的考生失分，而概念不清者反而得分，一些投诉也常常针对这些题目。另一方面，这些错误出现在国家级注册考试中，会被视为权威性很高的定论，导致谬种流传，误导岩土技术人员，甚至会引发灾害与事故。

第二类，题目或规范有误，或者错误在岩土界很普遍，大家习惯于以错为对。规范、命题与考生都认为没错，于是没有歧义，没有纠纷，平安无事。但是，如果没人对之进行分析与改正，其危害也是很大的，特别不利于我国岩土工程科技水平的提高。

第三类，错误是笔误或疏忽。例如尺寸错误、量纲错误，或者给的条件不合理、若干条件之间不封闭。这会影响答案与选项，使受害者怨声载道，影响了注册岩土工程师考试的声誉。

第四类，错误颇有戏剧性。例如2008年一道关于复合地基的案例题，给出了搅拌桩的端承力为200MPa，我们命题专家在考试期间值班时，考场来电问是否为200kPa之误。考虑到搅拌桩单桩承载力都是由桩身强度控制，就回答按照题目解答，避免了向全国考场通告修改而造成干扰。也有的考题给出的“标准解答”是错误的，按照正确解法所得到的选项在误差范围之内，机评与复审时就都给分了。只要有错误，就会在考生心里引起波动，还是要尽量消灭错误。

对于这类“天灾”，考生应尽量“避灾”：对于案例题，觉得不对劲，可以不选；对于单选题，则可揣摩命题人的意图，尽量选其中最明显的答案。考试期间千万别较真、埋怨、慌乱，更不要钻死胡同。

例题 1　2020 下午知识题 57

关于土坡稳定性及其验算，下列说法哪些是正确的？

(A)一般黏性土土坡的失稳滑移，破坏滑移面必有一定深度
(B)无黏性土坡的稳定验算也常采用条分法
(C)黏性土坡高度小于一定值时，坡面可以是竖直的
(D)含水但非饱和砂土也可有一定的无支撑自立高度

答案　ACD

评析

由于选项 A、C、D 已经为正确的选项，只有选项 B 为错误的选项了。土按其黏聚力划分有黏性土(黏土与粉质黏土)、少黏性土(通常指粉土类)与无黏性土。无黏性土主要就是粗粒土。但无黏性土不一定是 $c=0$kPa 的土：①粗粒土中含很少黏土即可表现出明显的黏聚力；②粗粒土通常具有假黏聚力：基质吸力、咬合力、原状土结构性强度表现的黏聚力、强度非线性也可通过直线强度包线推算出黏聚力 c。

(1)原状的结构性砂石土以及严格压实的碎石、堆石、块石土由于其咬合与嵌固作用，都会表现出明显的“黏聚力”，在现场开挖基坑、竖井时碎石土竖向垂直几米不会塌滑。青海的沟后水库高达 71m 的面板堆石坝，其纯净的砾石、卵石、漂石筑坝土料压实干密度高达2.23g/cm^3，试验给出 $c=20$kPa、$\varphi=39°$，溃坝以后的 70m 高的断面坡度稳定在 70°以上，如图 10-1 所示。

图　10-1

(2)大粒径的碎石、块石料在高围压下由于颗粒的破碎，内摩擦角会显著减小，可表示为 $\varphi=\varphi_0-\Delta\varphi\lg\dfrac{\sigma_3}{p_a}$，其中$\Delta\varphi$ 可超过 10°，因而高堆石坝的最危险滑动面都延续到深层，采用圆弧滑动面的条分法进行抗滑稳定分析。在此坝的事故分析中，也是采用了圆弧条分法，在事故评估时。专家对其进行了渗流情况下的局部圆弧条分法抗滑稳定分析，结果安全系数小于 1.0。

《建筑边坡工程技术规范》(GB 50330—2013)第 5.2.3 条规定：“计算土质边坡、极软岩、破碎或极破碎岩质边坡的稳定性时，可采用圆弧滑动面”。这里的土质边坡就包括无黏性土坡，破碎的岩质边坡也多无黏性。

《碾压土石坝设计规范》(DL/T 5395—2007)第10.3.10条规定:“对于均质坝、厚心墙坝或厚斜墙坝,可采用计及条块间力的简化毕肖甫法”。这里的均质坝就包括面板堆石坝。所以选项B“无黏性土坡的稳定验算也常采用条分法”在水利工程中是很正常的、正确的。

在《土力学》教材中,对于纯净砂土讲授的滑动都是平面的滑动,因为本科教材《土力学》实际上是“重塑土力学”,还没有涉及非饱和、结构性、强度的非线性等知识。工程中是很复杂的,对于无黏性土坡常常采用圆弧条分法是确实存在的,不应误导考生。

例题2 2020年下午知识题19

某边坡工程,暴雨过程中,坡体重度增加,假定潜在滑裂面浸水后强度不变,但未出现滑动,坡脚雨水汇集,淹没部分边坡。暴雨前到暴雨过程中(坡脚未被淹没)到坡脚汇水淹没,边坡的安全系数的变化为下列哪个选项?

(A)先变大后变小　　(B)先变小后变大

(C)一直在变小　　(D)先变小然后不变

答案 B

评析

此题的选项多为B,但未见“标准”答案。解释说:“坡脚未被淹没时,(降雨)滑体自重增加,下滑力增加,安全系数减小;部分边坡被淹没时,由于土坡下部浸水,滑体有效自重减小,潜在滑动面抗剪强度不变,安全系数增加”。

这种仅仅从重度变化来考虑的思想是很狭窄、片面和有害的。首先介绍一个工程案例:

1961年3月6日18时30分左右,位于湖南省安化县资水河谷的总库容为35.7亿m^3的柘溪水库工程尚未竣工,还有一些工人在坝面的溢洪道上和两岸施工,但水库已经蓄水,水位在距正常高水位高程约20m处。经历了连续8天降雨后,18时40分,随着一声闷响,库水骤然掀起20m高的涌浪冲过尚未建完的坝顶,漫过坝面,席卷了坝顶上的临时挡水建筑物和左右岸施工现场,将在大坝中段溢洪道和两岸施工的工人冲向下游谷底,造成伤亡88人的特别重大伤亡事故,其中64人淹溺死亡,24人受伤。

事后人们发现上游库区右岸,距坝址1.5km处的塘岩光地段发生了大滑坡,滑坡体体积达165万m^3。滑下的百万方土石以高达25m/s的速度滑入水深50余米的库内,坝前水位上升了4m,激起的涌浪造成库水漫顶,使毫无提防的人们遭到灭顶之灾。

事后分析其原因是:1961年3月,库区已经连续降雨8天,与此同时水库初次蓄水到148m高程,淹没了库区岸坡的下部,如图10-2所示。

事后分析认为,造成库区的岸坡抗滑稳定性急剧下降的主要原因如下:

(1)由于降雨和浸水使板岩的含黏土夹层泥化,抗剪强度和抗滑力降低。

(2)降雨产生了岩坡堆积体内的渗流,其渗透力增加了滑动力。

(3)由于库水位上升,淹没了堆积体下部,减少了抗滑力矩,如图10-3所示。

柘溪水库库区的地质条件十分复杂,在库区右岸的塘岩光地段是含黏土夹层的板岩,坡的节理倾向与岸坡坡向一致,向着库区;并且受到断层节理的切割,滑坡发生在两个断层和层间错动之间,降雨与饱和使其无法得到两侧岩体的牵制也是可能的原因。

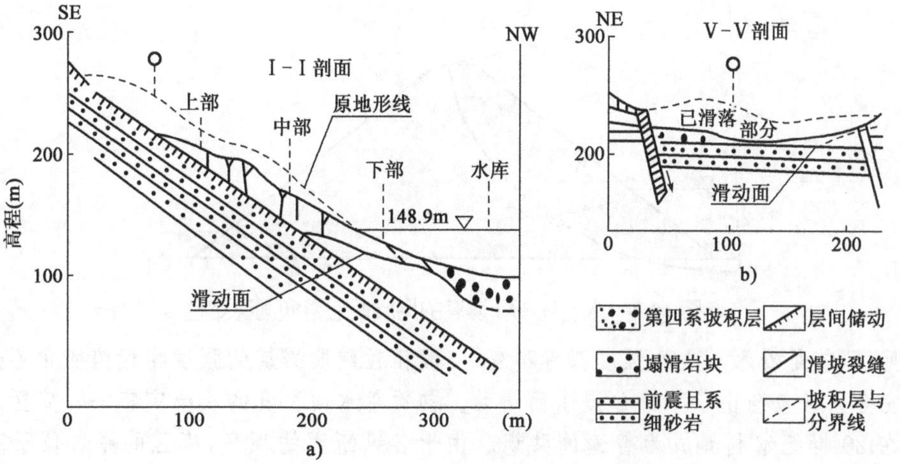

图 10-2 库区塘岩光滑坡纵横断面图

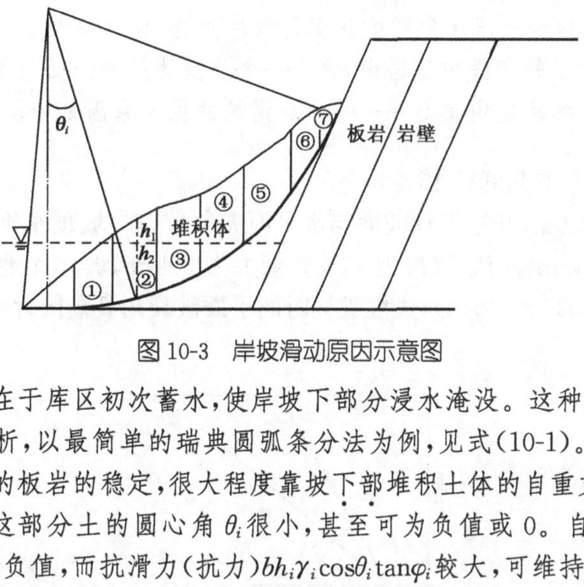

图 10-3 岸坡滑动原因示意图

最主要的原因还在于库区初次蓄水，使岸坡下部分浸水淹没。这种岸坡前的堆积体可用圆弧滑动面条分法分析，以最简单的瑞典圆弧条分法为例，见式(10-1)。水库蓄水前，岸坡的堆积体与含黏土夹层的板岩的稳定，很大程度靠坡下部堆积土体的自重支撑，与上部岩土体比较，对于圆弧滑动面，这部分土的圆心角 θ_i 很小，甚至可为负值或 0。自重产生的滑动力(荷载) $bh_i\gamma_i\sin\theta_i$ 较小或为负值，而抗滑力(抗力) $bh_i\gamma_i\cos\theta_i\tan\varphi_i$ 较大，可维持着坡体的平衡。一旦库水位上升将其部分淹没，它们的自重从天然重度 γ 变为浮重度 γ'，这相当于挖坡脚，抗滑力急剧减小，引起滑坡。

$$F_s=\frac{M_R}{M_S}=\frac{\sum(c_il_i+bh_i\gamma_i\cos\theta_i\tan\varphi_i)}{\sum(bh_i\gamma_i\sin\theta_i)} \tag{10-1}$$

在《碾压式土石坝设计规范》(DL/T 5395—2007)中规定的坝坡稳定分析工况有：①施工期及竣工时上下游坡；②稳定渗流期上下游坡；③水位降落上游坡；④正常运用＋地震上下游坡。其他情况都可以理解，只是为什么②中的“稳定渗流期上游坡”也要进行稳定分析？在其条文说明中指出：“上游坝坡在库水位为高水位情况下虽不会滑动，但在库水位为中间某一水位(正常高和死水位之间)时，由于上部为湿重度，下部为浮重度，存在比正常蓄水位或空库时稳定安全系数低的情况。该水位一般称为不利水位，对均质坝该水位约为坝高的1/3，因此对上游坡也应进行安全分析(图 10-4)。”

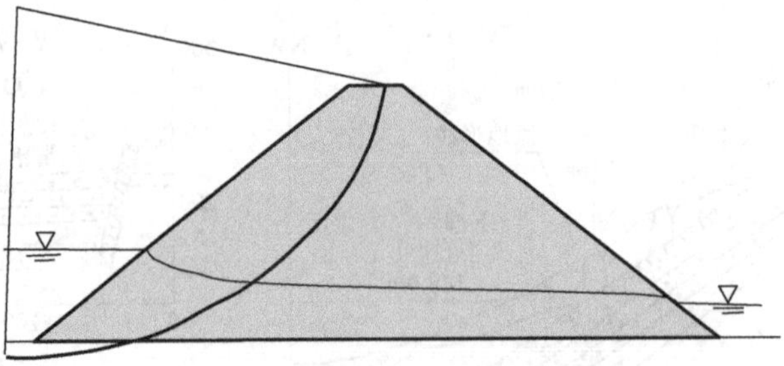

图 10-4　水位在 1/3 坝高的均质坝上游坝面稳定性

可见,即使是浸水后土的强度指标不变(一般粗粒硬质岩屑的强度指标值变化不大),其边坡稳定安全系数也会由于下部分浸水而滑动。初次蓄水而引发的次生灾害——库区滑坡和诱发地震在 20 世纪水利界成为普遍的共识。由于各纵断面的坝高,库区的岸坡位于不同的高程,所以在水库初次蓄水的不同水位都可诱发滑坡,包括引起初次滑动和引起古滑坡的再次滑动。三峡水库蓄水引起的一系列库区滑坡此起彼伏,就是这个原因。

如果选择选项 B,这种只限于重度的认识是很片面的,也容易误导年轻的岩土工程技术人员,导致他们在以后的工程实践中犯错误,这是一个严重的问题。必须使岩土工程技术人员知道,水库初次蓄水引发的次生灾害之一——库坡滑坡的主要原因之一就是坡下部浸水。

例题 3　2018 年上午案例题 15

某建筑边坡高 10.0m,开挖设计坡面与水平面夹角为 50°,坡顶水平,无超载(图 10-5),坡体黏性土重度为 19kN/m³,内摩擦角为 12°,黏聚力为 20kPa,坡体无地下水,按照《建筑边坡工程技术规范》(GB 50330—2013),边坡破坏时的平面破裂角 θ 最接近哪一个选项?

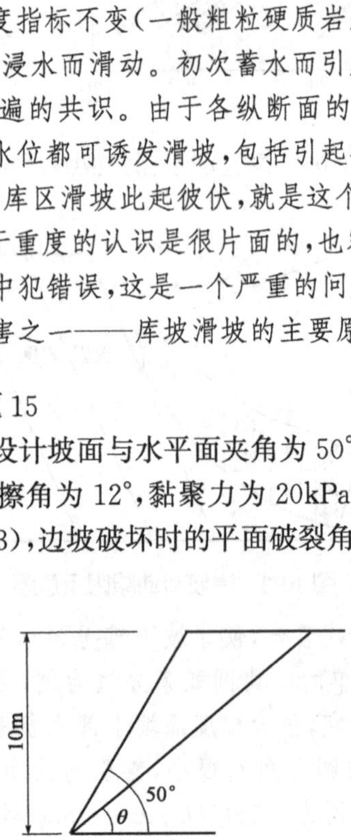

图　10-5

(A)30°　　(B)33°　　(C)36°　　(D)39°

答案　B

解答

笔者所见到答案和解答如下(并非“官方解答”):

根据《建筑边坡工程技术规范》(GB 50330—2013)第 6.2 节:

$$\theta=\arctan\left[\frac{\cos\varphi}{\sqrt{1+\frac{\cot\alpha'}{\eta+\tan\varphi}}-\sin\varphi}\right] \quad (6.2.10\text{-}3)$$

土坡坡顶水平，无超载，$\varphi=12°$，$c=20\text{kPa}$，$\alpha'=50°$，$\eta=\dfrac{2c}{\gamma H}=\dfrac{2\times20}{19\times10}=0.21$。

$$\theta=\arctan\left[\frac{\cos12°}{\sqrt{1+\dfrac{\cot50°}{0.21+\tan12°}}-\sin12°}\right]=32.785°$$

评析

(1)命题者的错误

见到题干“某建筑边坡高 10.0m”后，将《建筑边坡工程技术规范》(GB 50330—2013)翻了几遍，也没有发现有关合理地确定这种“裸坡”破裂角的内容。最后按照上述解答的提示，才发现是在规范条文的“6.2　侧向土压力”一节中。图 6.2.10(图 10-6)明明是挡土墙土压力问题，怎么变成了边坡问题？本是风马牛不相及的两种课题，竟然堂而皇之让考生计算黏性土边坡破坏时的平面破裂角。

本考题附图 10-5 也竟然是光秃秃的“没穿衣服的一幅裸坡”，取消了原规范图中左侧的仰斜式挡土墙(图 10-6)。

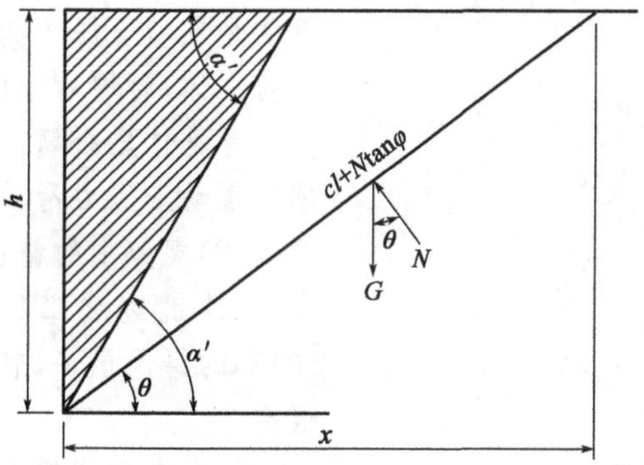

图　10-6

“边坡”的合法定义是：具有倾斜表面的岩土体。原图明明是有垛墙挡着，是并无裸露的“倾斜表面”。

①作为黏土裸坡，倾角为 θ 的平面是否为其破裂面？

如果它是黏性土坡的破裂面(不考虑挡墙)，则应当是对应的安全系数 $F_s=1.0$，亦即处于极限平衡状态。从图 10-5 和 $\theta=33°$可以计算：

$$W=\gamma\times10^2[\tan(90°-\theta)-\tan(90°-\alpha)]/2=665\text{kN},l=10/\sin33°=18.4\text{m}$$

$$F_s=\frac{W\cos\theta\tan\varphi+l\times20}{W\sin\theta}=\frac{486}{362}=1.32>1.0 \tag{10-2}$$

这表明此坡是足够稳定的，此平面并不是破裂面，此坡的安全系数最小的滑动面需要通过圆弧条分法来搜索。

这正如在砂土中，天然松砂裸坡的破裂面倾角为 φ(天然休止角)，挡土墙后朗肯理论的主动土压力土体内的破裂面倾角为 $\theta=45°+\varphi/2$，θ 是当墙上土压力达到主动土压力，土体达到极限平衡时，在土体内产生的破裂面倾角。

对于黏性土边坡，不可能产生平面破裂面，应当是近似的圆弧破裂面，可用圆弧(条分)法分析其抗滑稳定性。在挡土墙后土体也不会是平面滑动面,只有库仑土压力理论是假设挡土墙后土体的破裂面为直线。

②作为挡土墙,倾角为θ的平面是否为破裂面?

有趣的是此题按照上面计算得到的θ和η用《建筑边坡工程技术规范》(GB 50330—2013)式(6.2.10-1)、式(6.2.10-2)计算,会得到:$K_a=-0.136$,水平向主动土压力$E_a=-129$kN,亦即因为此坡无需挡土墙,是自然稳定的土坡,根据图解法可知其高度稍小于临界高度。有人就会辩解:既然无需挡土墙,不就变成了边坡了吗?因为式(6.2.10-3)就是有墙的公式,只有将$E_a=-129$kN计入式(6.2.10-2),计算的$F_s=1.0$,墙后楔体也就达到静力平衡(图10-7)。要求挡土墙施加力水平张拉黏性土体,岂不荒谬?!

所以尽管无需挡土墙,平面也不是土坡的破裂面。真正要搜索黏性土坡对应安全系数最小的破裂面,需要用圆弧条分法+各种搜索技术手段。$\theta=33°$的安全系数$F_s=1.32$的直线滑动面绝不是其最小安全系数的滑动面。

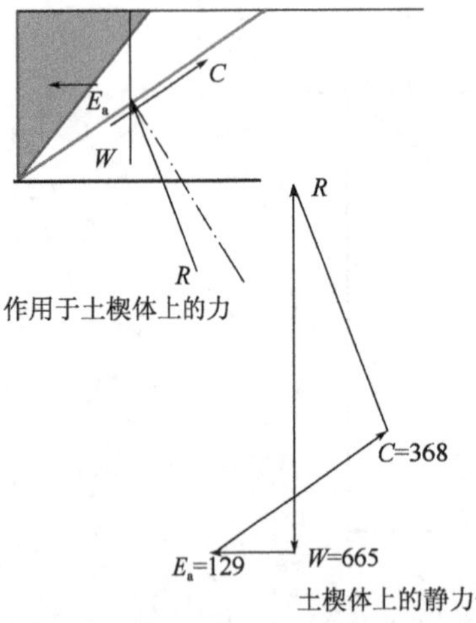

图10-7　负主动土压力下墙后土体的楔体平衡

图10-7是按照仰斜式挡墙计算的$E_a=-129$kN黏性土楔体的静力平衡,可见$\theta=33°$确实是主动土压力为负值(墙体前移通过锚杆张拉土体)时墙后土体的破裂面。

可见这里命题人混淆了边坡滑动面与挡土墙后主动土压力滑动面的概念,二者是不同的。

(2)规范中的错误

《建筑边坡工程技术规范》(GB 50330—2013)的错误很多,有关此题内容方面规范的错误有:

①条文叙述错误

在第6.2.10条中,规范写道:"当边坡的坡面为倾斜,坡顶水平、无超载时(图6.2.10),土压力的合力可按下列公式计算,边坡破坏时的平面破裂角可按公式(6.2.10-3)计算"。

正是这一系列"边坡",误导了命题者。如前所述,图10-6表示的是一种仰斜式挡土墙,用库仑土压力理论计算时,$\alpha=\alpha'-90°<0$。这里的土体属于"墙后土体",没有自由的、裸露的倾斜表面,没有所谓的边坡。

②挡土墙总土压力的方向错误

在该规范的一系列土压力计算中都没有讲土压力的方向与墙背与土间的摩擦角δ,经常把两种不同方向的土压力简单相加。

对于图10-6这种情况,其实只需将$\alpha<0$按照库仑土压力理论计算即可计算出E_a,并且规范中的计算暗含$\delta=-\alpha$的条件,即计算的土压力方向是水平的。

规范第3.2.3条是估算建筑土坡破坏区域的内容,其中指出"对直立的岩质边坡可按本规范6.3.3条确定;对倾斜坡面的岩质边坡可按6.3.4条确定"。注意这两条都是计算岩体支护结构上的主动岩压力的,不是针对岩体的裸坡。

此题是由《建筑边坡工程技术规范》(GB 50330—2013)边坡与墙后土体的混淆在先,命题者盲目追随在后所酿成成的一枚苦果。

例题 4　2014 年上午案例题 25

如图 10-8 所示某山区拟建一座尾矿堆积坝，堆积坝采用尾矿细砂分层压实而成，尾矿细砂的内摩擦角为 36°，设计坝体下游坡面坡度 $\alpha=25°$。随着库内水位逐渐上升，坝体下游坡面下部会有水顺坡渗出，尾矿细砂的饱和重度为 $22kN/m^3$，水下内摩擦角为 33°。试问坝体下游坡面渗水前后的稳定系数最接近下列哪一选项？

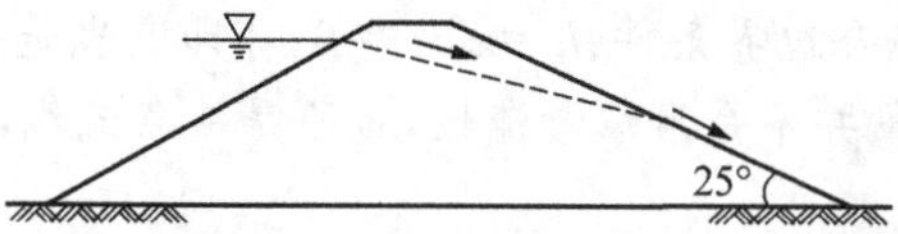

图　10-8

(A)1.56，0.76　　(B)1.56，1.39　　(C)1.39，1.12　　(D)1.12，0.76

答案　A

解答

(1)在坡面取一小块土体，设其体积为 V，重力为 W；根据题意尾矿细砂的饱和重度为 $22kN/m^3$，内摩擦角为 36°，水下内摩擦角为 33°。

(2)渗水前稳定系数：

$$F_s=\frac{抗滑力}{滑动力}=\frac{W\cos\alpha\tan\varphi}{W\sin\alpha}=\frac{\tan\varphi}{\tan\alpha}=\frac{\tan36°}{\tan25°}=1.56$$

(3)渗水后稳定系数：

$$F_s=\frac{\gamma' V\cos\alpha\tan\varphi}{\gamma' V\sin\alpha+\gamma_w V\sin\alpha}=\frac{\gamma'\tan\varphi}{\gamma_{sat}\tan\alpha}=\frac{12\tan33°}{22\tan25°}=0.76$$

评析

在绘制流网和进行渗流计算时，必须明确土中水的渗流边界条件。一些从事建筑工程的岩土工程师对于土中水的渗流不甚了解，而对渗流边界条件就更搞不清了。这道考题无论是命题人还是答题人都没明白。最后大家都错了，反而都得分了，皆大欢喜，但却不是一件让人高兴起来的事。

此题的解答是认为坝体浸润线之上为天然土坡，$F_s=\frac{\tan\varphi}{\tan\alpha}$；而浸润线逸出点以下的渗流为沿坡渗流，$F_s=\frac{\gamma'\tan\varphi}{\gamma_{sat}\tan\alpha}$。这是一种容易犯的错误，实际上逸出段并非沿坡渗流。在图 10-9a)中，这时渗流的逸出段为 JF 段，但 JF 并非浸润线，也非流线。

在图 10-9b)中的渗流问题中，有 4 种边界条件：

①水头边界条件：这类边界一般本身就是一条等势线，其上压力势与重力势之和为常数。

②流速边界条件：在这类边界上，给定了法向流速 v_n，例如边界②(不透水边界线)就是一条流线，其上 $v_n=0$。

③渗出段(逸出段)：其上压力势为零，总(测管)水头 $h=z$，亦即总水头等于位置水头，且

$v_n>0$,亦即有法向的速度分量,它不是一条流线;

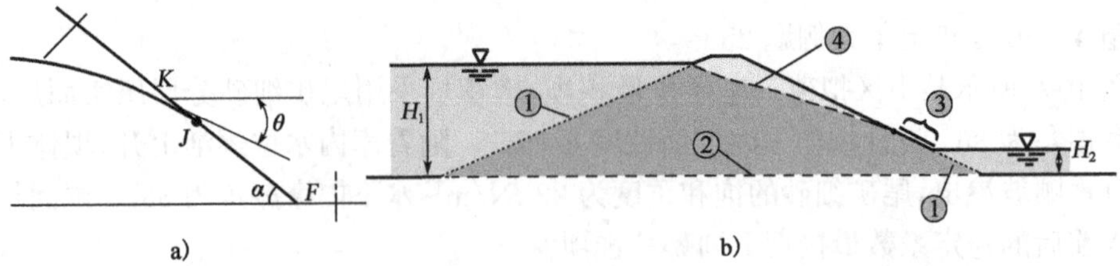

图 10-9

④浸润线(自由水面)混合边界条件:$h=z, v_n=0$,亦即它也是一条流线。

从图10-10可见,逸出段并不是沿坡渗流段,也不是一条流线,不同的流线都可与它相交,各点的渗流方向也不等。

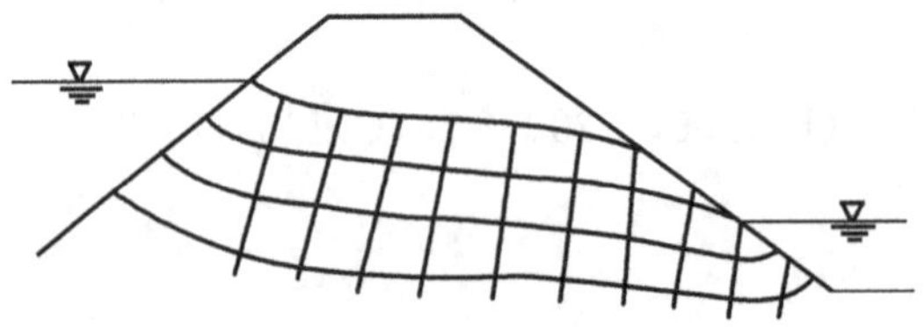

图10-10　土坝的流网

以图10-9a)的逸出点J为例,逸出点渗流的流线方向与水平夹角为θ,坡角为α,则该点的稳定系数为:

$$F_s=\frac{[\gamma'\cos\alpha-\gamma_w i\sin(\alpha-\theta)]\tan\varphi}{\gamma'\sin\alpha+\gamma_w i\cos(\alpha-\theta)} \tag{10-3}$$

可见在这条边界条件下,各点的滑动稳定安全系数是不同的。命题者对于渗流中的深层次问题不清,好在考生中真正清楚者也不多,即使是明白以上的道理,因为无路可走,也只好顺从命题者的意思,将错就错了。

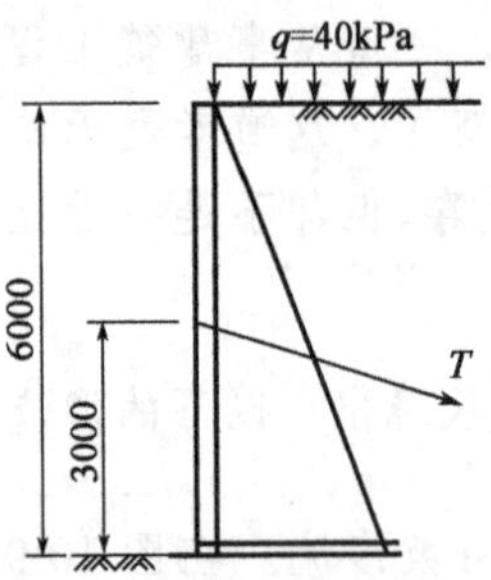

图　10-11(尺寸单位:mm)

例题5　2014年下午案例题18

某砂土边坡,高6m(图10-11),砂土的$\gamma=20\text{kN/m}^3$、$c=0$、$\varphi=30°$。采用钢筋混凝土扶壁式挡土结构,此时该挡墙的抗倾覆安全系数为1.70。工程建成后需在坡顶堆载$q=40\text{kPa}$,拟采用预应力锚索进行加固,锚索水平间距为2.0m,下倾角15°,土压力按朗肯理论计算,根据《建筑边坡工程技术规范》(GB 50330—2002),如果要保证坡顶堆载后扶壁式挡土结构的抗倾覆安全系数不小于1.60,问锚索的轴向拉力设计值应最接近以下哪个选项?

(A)162kN　　(B)325kN　　(C)345kN　　(D)365kN

答案　B

解答

(1)坡顶堆载前作用在钢筋混凝土扶壁式挡土结构的主动土压力E_{a1}:

$$K_a=\tan^2\left(45°-\frac{\varphi}{2}\right)=\tan^2\left(45°-\frac{30°}{2}\right)=\frac{1}{3}$$

$$E_{a1}=\frac{1}{2}\gamma H^2K_a=\frac{1}{2}\times20\times6^2\times\frac{1}{3}=120\text{kN/m}$$

(2)坡顶堆载前挡土结构的抗倾覆弯矩 M_{R1}：

$$M_{R1}=\frac{K_1E_{a1}H}{3}=\frac{1.7\times120\times6}{3}=408\text{kN}\cdot\text{m}$$

(3)坡顶堆载后钢筋混凝土扶壁式挡土结构的抗倾覆弯矩 M_{R2}：

$$M_{R2}=K_2\left(\frac{E_{a1}H}{3}+\frac{K_aqH^2}{2}\right)=1.60\times\left(\frac{120\times6}{3}+\frac{1/3\times40\times6^2}{2}\right)=768\text{kN}\cdot\text{m}$$

(4)锚索的轴向锚拉力设计值 N_a[《建筑边坡工程技术规范》(GB 50330—2002)第 7.2.1 条]：

$$T=b\gamma_Q\frac{M_{s2}-M_{s1}}{H/2}\cdot\frac{1}{\cos\alpha}=2.0\times1.30\times\frac{768-408}{3}\times\frac{1}{\cos15°}=323\text{kN}$$

评析

这是一道很有趣的考题，它的错误是系统与连锁式的，几乎一无是处。是一朵很难得的奇葩，写出来供欣赏。

错误一

扶壁式挡土墙墙背既不垂直，也不光滑，一般不能用朗肯理论计算墙上的主动土压力。只有在"坦墙"情况下，由于出现了第二滑裂面，图 10-12 中的墙后竖直线即为对称轴，因其上没有剪应力(反对称的量)，才可假设它是光滑、竖直的墙背。以左侧的墙与土一起当作重力式挡土墙，在这种情况下其抗倾覆安全系数远不止 1.7。例如墙的倾角为 50°(墙底宽最小为 5m)，墙土混合重度为 22kN/m^3，则倾覆力矩：

$M_s=E_a\times6/3=120\times2=240\text{kN}\cdot\text{m}$

抗倾覆力矩按最小计算，为：

$M_R=G\times5/2=22\times6\times5\times2.5=1650\text{kN}\cdot\text{m}$

可见它要比倾覆力矩高近 6 倍。

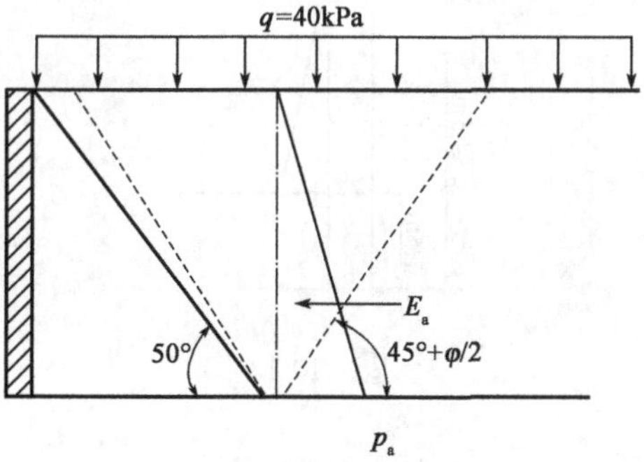

图 10-12　案例题 18 附图

错误二

从原题的附图 10-11 可见，在坡顶堆载 $q=40\text{kPa}$ 是一直加到墙面板的外缘，它不但产生了倾覆力矩，也要产生抗倾覆力矩。并且抗倾覆力矩远比倾覆力矩更大，那么还需要锚索吗？

扶壁式挡土墙的一个主要优点就是可利用土体的自重保持稳定,不计这份抗倾覆力矩,连墙土体的静力平衡也不满足。值得提出的是,近年考题中,不满足静力平衡的解答常常出现。

则 q=40kPa 产生的倾覆力矩增量(由于原题没有给出墙的底宽,按图 10-12,B=5m):

$\Delta M_s = K_a \times q \times 6^2/2 = 40\times 6 = 240\text{kN}\cdot\text{m}$

抗倾覆力矩增量按最小计算,为:

$\Delta M_R = q\times 5\times 5/2 = 40\times 5\times 5/2 = 500\text{kN}\cdot\text{m}$

可见其单宽的抗倾覆力矩增量要比倾覆力矩增量高到2倍多,加锚索纯属多此一举。

错误三

岩土工程的设计主要分为安全系数法与分项系数法。安全系数法计算荷载采用标准组合的效应,抗力采用极限抗力(强度)的标准值;分项系数法荷载采用基本组合的效应(标准值乘以荷载分项系数),抗力则使用设计值(标准值乘以小于1.0的分项系数)。这是两种截然不同的设计方法与理念,不允许混淆。

在其解答式中,既有分项系数 γ_Q,M_s 中也有安全系数1.6,这种同时包括荷载的分项系数与安全系数的做法,反映了命题者概念的混乱。

既然命题中已经给出了安全系数为1.6,只能是 $T = b\dfrac{M_{s2}-M_{s1}}{H/2}/\cos\alpha$,计算的 T 为锚杆极限拉力的标准值,此题无法计算出"锚杆轴向拉力设计值"。在这方面《建筑边坡工程技术规范》(GB 50330—2002)的规定也是不合理的。

一道考题能出现三处错误,也是十分难得的。

例题6 2013下午案例题18

某砂土边坡,高4.5m,如图10-13所示。原位钢筋和泥土扶壁式挡土结构,建成后变形较大,再采用水平预应力锚杆(水平间距为2m)进行加固。砂土的 $\gamma = 21\text{kN/m}^3$,c=0kPa,φ=20°。按朗肯土压力理论,锚杆的预应力值达到下列哪一个选项时,砂土将发生被动破坏?

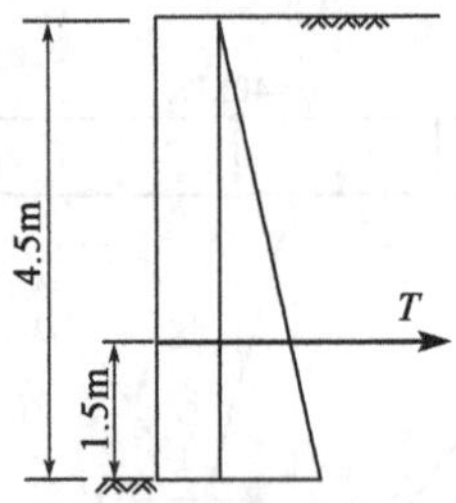

图 10-13

(A)210kN (B)280kN (C)435kN (D)870kN

答案 D

解答

若使挡土结构后砂土沿坡发生被动破坏,则 $T \geqslant 2E_p$,按朗肯土压力理论:

$$K_p = \tan^2\left(45° + \frac{\varphi}{2}\right) = 2.04$$

$$E_p = \frac{\gamma H^2 K_p}{2} = \frac{21 \times 4.5^2 \times 2.04}{2} = 433.75\text{kN}$$

$$T \geqslant 2E_p = 867.5\text{kN}$$

评析

这也是一道错得很有“水平”的考题。

如果把扶壁式挡土墙按朗肯土压力计算，则只能如图 10-14 所示，产生第二滑动面的坦墙，取墙宽 b 的矩形的断面(包括墙体和部分土体)为隔离体，当它被锚索张拉力推向土体时，使土体发生被动破坏，这个隔离体受到水平方向上的力有自重产生的墙底摩擦力 F(它原来是作为抵抗主动土压力的抗力，现在方向向着墙的前面)、墙后的被动土压力 $2E_p$ 以及锚索的拉力 T，所以应当是 $T=F+2E_p$。

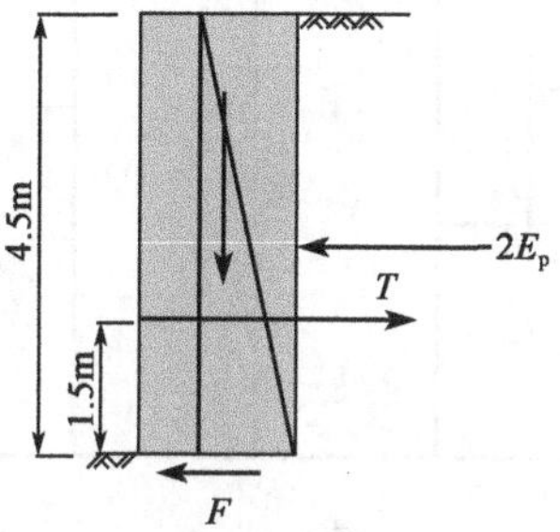

图 10-14

可见上述解答漏掉了墙底的摩阻力。这正如按次序排列的 A、B、C 三个人，A 要推倒 C，如果 B 不是其同党，他首先要推动 B，用 B 身上剩余的力去推 C，可惜我们没有当头炮那种“隔山打牛”的本领，直接把 C 推倒。

再分析力 F，由于挡土墙“建成后变形较大”，表明当时挡土墙近于朗肯主动极限平衡状态，所以可近似认为 $F=2E_a$(间距为 2m)，在锚杆向填土方向推墙时，F 方向向左；当锚索预应力施加过度，首先是墙体向右滑移，墙体移动后，才有余力向右推动土体，发生被动破坏。所以近似正确的解答是：

$$T = 2E_a^* + 2E_p = 2 \times 21 \times (0.49 + 2.04) \times 4.5^2/2 = 1076\text{kN}$$

除此以外，此题的不当之处还有：

(1)不知是哪里的砂土，$\gamma=21\text{kN/m}^3$，$c=0\text{kPa}$，$\varphi=20°$。作为“命题专家”是否应有起码的土的强度参数常识？如此密实的砂土，怎会有如此小的内摩擦角！

(2)扶壁式挡土墙，墙背并不垂直，也不光滑，除了坦墙，是不能用朗肯理论计算的。

(3)设想一个挡土墙由于变形过大，请一位工程师采用锚索加固它。起码他应计算主动土压力和静止土压力分别为：$E_a=104\text{kN/m}$，$E_0=140\text{kN/m}$；施加的最大预应力应为 $T=2(E_0-E_a)=68\text{kN}$。如果加到原错误答案的 867.5kN，或者加到正确答案的 1076kN，使墙后土体发生了被动破坏，这种岩土工程师即使注册考试通过了，还能给他注册资格吗？从锚索的抗拉、锚固体的抗拔、自由段的长度，以及钢筋混凝土扶壁式挡土结构来考虑，这都是不可能或做不到的。

作为命题的土力学专家连最基本的隔离体、静力平衡、土的参数、工程常识都不清,以其昏昏,使人昭昭,这就不能以疏忽来搪塞了。

例题 7 2006 年上午案例题 24

一个矩形断面的重力挡土墙设置在均匀地基土上。墙高 10m,墙前埋深 4m,墙体混凝土重度 $\gamma_{cs}=22kN/m^3$。墙后地下水位在地面以下 4m,墙前地下水位在地面以下 2m(图 10-15)。墙后的水平方向的主动土压力与水压力的合力为 1550kN/m,作用点距墙底 3.6m。墙前水平方向的被动土压力与水压力的合力为 1237kN/m,作用点距墙底 1.7m。在满足抗倾覆稳定安全系数 $F_s=1.2$ 的情况下,墙的宽度 b 最接近下列哪一个选项?

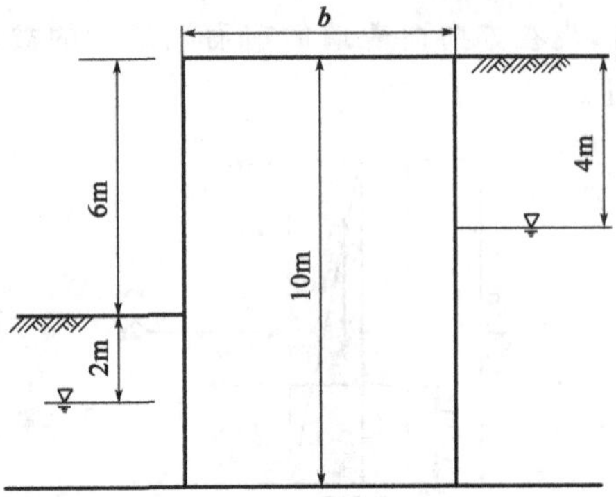

图 10-15

(A)5.62m (B)6.16m (C)6.94m (D)7.13m

答案 C

解答

墙体自重:$W=10\times22b=220b$

矩形扬压力 1 :$P_{w1}=2\times10b=20b$

三角形扬压力 2 :$P_{w2}=(6-2)\times10b/2=20b$

倾覆力矩:$M_S=1550\times3.6-1237\times1.7=3477kN\cdot m$

抗倾覆力矩:$M_R=220b\times0.5b-20b\times0.5b-20b\times2b/3=86.7b^2$

$F_s=M_R/M_S=86.7b^2/3477=1.2$

$b=6.94m$

评析

如图 10-16 所示,在以上的解答中,该重力挡土墙受到的力有:墙自重 W、主动侧水土合力 E_a+E_{w1}、被动侧水土合力 E_p+E_{w2},墙底的扬压力 P_{w1} 与 P_{w2}。在解答里,墙自重 W 的力矩是抗力;而两个扬压力的力矩是负的抗力(从自重里扣除);主动侧合力 E_a+E_{w1} 的力矩作为荷载,而被动侧合力 E_p+E_{w2} 的力矩则从荷载中被扣除。毫无疑问,在挡土墙的稳定分析中,被动土压力是抗力,不能从主动土压力扣除(即不是负的荷载)。因而此解答是错误的。

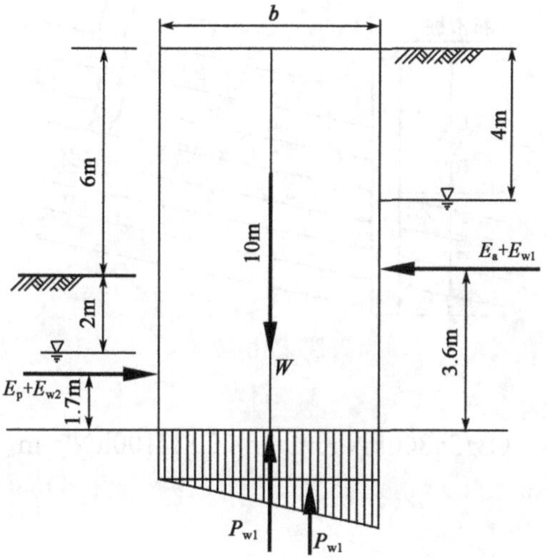

图 10-16

此题的错误是受《建筑基坑工程技术规程》(JGJ 120—1999)的影响。在水土分算中,该规程是把主动和被动侧的土压力与水压力合起来计算的。这显然是不对的。此题的命题不应将水土压力合起来给 E_a、E_p 数值,如果墙底以下为黏土,以上为砂土,水头损失主要发生在黏土段,则计算如下:

墙体自重: $W=10\times22b=220b$

主动侧(静止)水压力: $E_{wa}=10\times6^2/2=180kN$;土压力 $E_a=1550-180=1370kN$

被动侧(静止)水压力: $E_{wp}=10\times2^2/2=20kN$;土压力 $E_p=1237-20=1217kN$

矩形扬压力 1 : $P_{w1}=2\times10b=20b$

三角形扬压力 2 : $P_{w2}=(6-2)\times10b/2=20b$

则倾覆力矩(主动侧土压力+主动侧水压力-被动侧水压力):

$M_S=1370\times3.33+180\times2-20\times2/3=4913kN\cdot m$

抗倾覆力矩(墙体自重+被动侧土压力-扬压力 1-扬压力 2)

$M_R=(220b\times0.5b)+(1217\times4/3)-(20b\times0.5b)-(20b\times b2/3)=1623+86.7b^2$

$F_s=M_R/M_S=(1623+86.7b^2)/4913=1.2$

$b=6.16m$,正确答案为选项 B。

在此题中,自重是抗力;主动土压力为荷载;被动土压力为抗力;水的扬压力从自重中扣除;以两侧的水压力差作为荷载。这是合理的,也是行业内的共识。

此题的混乱部分来源于《建筑基坑工程技术规程》(JGJ 120—1999),但是被动土压力作为抗力是行业内的共识,因而解答是错误的。

例题 8 2012 年上午案例题 24

如图 10-17 所示的顺层岩质边坡,已知每延米滑体作用在桩上的剩余下滑力为 900kN,桩间距为 6m,悬臂段长 9m,锚固段 8m,剩余下滑力在桩上按矩形分布,试问抗滑桩锚固段顶端截面上的弯矩是下列哪个选项?

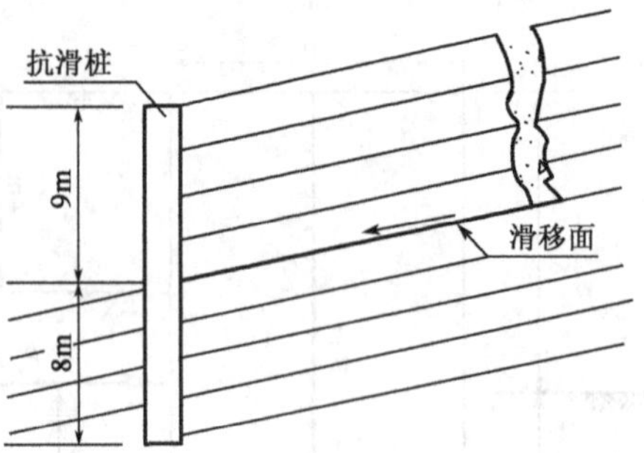

图 10-17

(A)28900kN·m　(B)24300kN·m　(C)32100kN·m　(D)19800kN·m

答案　B

解答

根据规定,悬臂段可按悬臂桩计算。

(1)矩形分布荷载在桩上所产生的作用力为:

$E=F\times S=900\text{kN/m}\times 6\text{m}=5400\text{kN}$

(2)作用点距锚固段顶端的距离为:

$9/2=4.5\text{m}$

(3)锚固段顶端的弯矩为:

$M=5400\times 4.5=24300\text{kN}\cdot\text{m}$

评析

题中既然提出了“剩余下滑力”的概念,就是在利用传递系数法解题。传递系数法最基本的假设是“剩余下滑力方向平行于上一个滑块的滑动面”,所以锚固段顶端截面上的弯矩应当是$M=5400\times\cos\theta\times 4.5<24300\text{kN}\cdot\text{m}$,$\theta$为滑动面倾角。

正确答案可能为选项D。但岩层的倾角θ未给出,此题怎么解?所以这道题的题干给的条件不全,解答错误,是一道很失败的考题。

例题9　2014年上午案例题20

如图10-18所示,某填土边坡,高12m,设计验算时采用圆弧条分法分析,其最小安全系数为0.88,对应每延米的抗滑力矩为22000kN·m,圆弧半径为25.0m,不能满足该边坡稳定要求。拟采用加筋处理,等间距布置10层土工格栅,每层土工格栅的水平拉力均按45kN/m考虑,按照《土工合成材料应用技术规范》(GB 50290—1998),该边坡加筋处理后的稳定安全系数最接近下列哪个选项?

(A)1.1　(B)1.2　(C)1.3　(D)1.4

答案 C

解答

依据《土工合成材料应用技术规范》(GB 50290—1998)第6.4.2条。

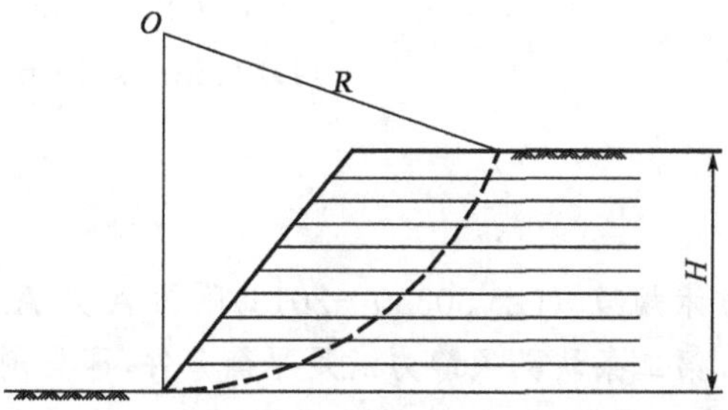

图　10-18

(1)力臂：$D=R-H/3=25-12/3=21\text{m}$

(2)总加筋力：$T_s=10\times45=450\text{kN/m}$

(3)稳定安全系数：

$$T_s=\frac{F_{sr}-F_{su}}{D}M_0=\frac{F_{sr}-0.88}{21}\times22000=450$$

$F_{sr}=1.31$

评析

《土工合成材料应用技术规范》(GB 50290—1998)第6.4.2条中："M_0——某未加筋土坡每一滑弧对应的滑动力矩(kN·m)"；而此题给出的22000kN·m是(未加筋时)"抗滑力矩"；可见滑动力矩为22000/0.88=25000kN·m。

$D=R-H/3=25-12/3=21\text{m}$

$T_s=10\times45=450\text{kN/m}$

$$T_s=\frac{F_{sr}-F_{su}}{D}M_0=\frac{F_{sr}-0.88}{21}\times25000=450$$

$F_{sr}=1.26$

(1)此题的答案为选项C有些勉强，计算结果会使人无所适从。

(2)原解答认为$M_0=22000\text{kN}\cdot\text{m}$，无疑是错误的，看来这是一个很好的陷阱，本来可成为一道质量很高的考题，可惜命题人自己落入了自设的陷阱之中。

例题10　2016年下午案例题17

如图10-19所示某折线形均质滑坡，第一块的剩余下滑力为1150kN/m，传递系数为0.8，第二块的下滑力为6000kN/m，抗滑力为6600kN/m。现拟挖除第三块滑块，在第二块末端采用抗滑桩方案，抗滑桩的间距为4m，悬臂段高度为8m。如果取边坡稳定安全系数$F_{st}=1.35$，剩余下滑力在桩上的分布按矩形分布，按《建筑边坡工程技术规范》(GB 50330—2013)计算作用在抗滑桩上相对于嵌固段顶部A点的力矩最接近于下列哪个选项?

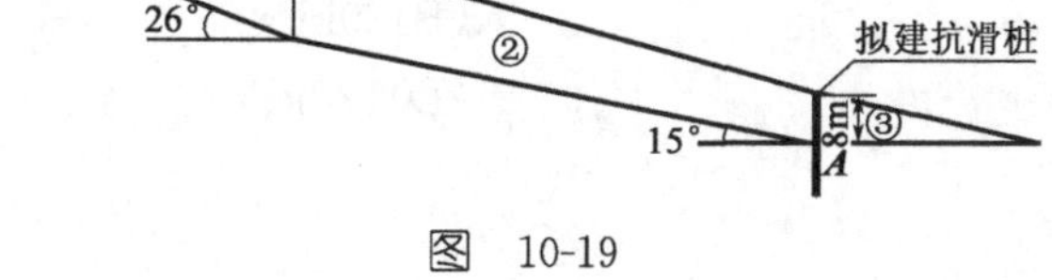

图　10-19

(A)10595kN·m (B)10968kN·m

(C)42377kN·m (D)343872kN·m

答案 C

解答

根据《建筑边坡工程技术规范》(GB 50330—2013)附录A第A.0.3条。设抗滑桩的反力为F,与滑动面方向一致。第二条块必须静力满足平衡条件,即其剩余下滑力$P_2=0$。

$P_2=P_1\psi_1+T_2-R_2/F_{st}-F/F_{st}=0$

$F=F_{st}(1150\times0.8+6000-6600/1.35)=2742\text{kN/m}$

$M=(Fld\cdot\cos\alpha)/2=(2742\times4\times8\cos15°)/2=42377\text{kN}\cdot\text{m}$

评析

(1)对于第二条块,由于滑动力$T_2=W_2\sin15°=6000\text{kN}$

则反算$W_2=6000/\sin15°=23182\text{kN}$;

抗滑力(假设$c=0$)$R_2=W_2\cos15°\tan\varphi_e=6600$,则$\tan\varphi_e=\dfrac{6600}{23182\times\cos15°}=0.295$

$\tan\varphi=\tan\varphi_e\times1.35=0.4$,$\varphi=21.7°$

这样:$\psi_1=\cos(\theta_1-\theta_2)-\sin(\theta_1-\theta_2)\tan\varphi_e=\cos11°-\sin11°\times0.295=0.925$,并不是0.8。

(2)不计黏聚力,从$\psi_1=0.8$反算内摩擦角。如果$\psi_1=\cos(\theta_1-\theta_2)-\sin(\theta_1-\theta_2)\tan\varphi_e=0.8$,则$\tan\varphi_e=(0.982-0.8)/0.191=0.953$,$\tan\varphi=0.953\times1.35=1.286$,$\varphi=52.1°$。这么大的内摩擦角,则$R_2$就远不是6600kN。则:

$$W_2=\frac{6000}{\sin15°}=23182\text{kN}$$

$$R_2=\frac{W_2\cos15°\tan\varphi}{1.35}=21230\text{kN}$$

如果还有黏聚力,则此坡本身就是以很大的安全系数平衡的,哪里还需要抗滑桩?因此命题要严谨,要求数据是可封闭的,不能漏洞百出。

例题11 2013年下午案例题5

某正常固结的饱和黏性土层,厚度4m,饱和重度为20kN/m^3,黏土的压缩试验结果见表10-1。采用在该黏性土层上直接大面积堆载的方式对该层土进行处理,经堆载处理后土层的厚度为3.9m,估算的堆载量最接近下列哪个数值?

表10-1

p(kPa)	0	20	40	60	80	100	120	140
e	0.900	0.865	0.840	0.825	0.810	0.800	0.794	0.783

(A)60kPa (B)80kPa

(C)100kPa (D)120kPa

答案 B

解答

黏土层层顶有效自重：$q_1=0\text{kPa}$

黏土层层底有效自重：$q_1=4\times20=80\text{kPa}$

黏土层平均有效自重：$\bar{q}=40\text{kPa}$

查表得：$e_1=0.84$

测得土层压缩量 4.0－3.9＝0.1m，根据下列公式计算压缩后的孔隙比：

$s=\frac{e_1-e_2}{1+e_1}h$，即 $0.1=\frac{0.84-e_2}{1.84}4.0$，解得 $e_2=0.794$

根据 $e_1=0.794$，查得黏土层平均总荷载 $p=120\text{kPa}$

堆载量：$\bar{\sigma}=120-40=80\text{kPa}$

评析

2013 年有个考生投诉道，他的知识题及格，而案例题 58 分。他认为此题的答案是错误的，而他的选项是正确的，要求予以平反、通过。其投诉材料转到笔者这里，笔者认为其意见是正确的。但只给他一人平反，似难以操作，因为冤枉者绝非一人。

此题的解答犯了一个土力学最基本概念的错误，即违背了有效应力原理（黏土层层底有效自重：$q_1=4\times20=80\text{kPa}$）。

正确的解答

黏土层层顶自重：$q_1=0\text{kPa}$

黏土层层底自重：$q_1=4\times10=40\text{kPa}$

黏土层平均自重：$\bar{q}=20\text{kPa}$

查表得 $e_1=0.865$，通过三相换算草图（图 10-20），可得：

$\varepsilon_z=\frac{e_1-e_2}{1+e_1}=\frac{0.1}{4}=2.5\%$，解得 $e_2=0.8184$

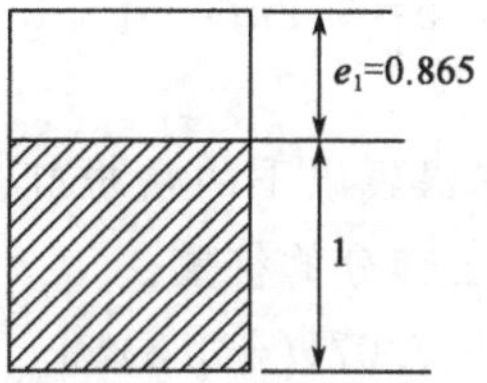

图 10-20　三相换算草图

查表：$p_2=68.8\text{kPa}$，$p=48.8\text{kPa}$。

对于这样的错误的答案与解答，我们是无能为力的。如果从避灾的角度，可以更灵活一些。例如选项里没有 48.8kPa，而采用选项 A 的 60kPa，误差太大，我们就可以琢磨一下命题者的思路：并不惮以更大的幅度低估命题专家的水平，即他可能不太清楚有效应力原理，错将自重应力 40kPa 当作了平均有效应力，于是就有了选项 B：$p=80\text{kPa}$。

所以在考试时，我们不能总是坚持有没有道理，而是要看有没有分数。即宁可做一个现实主义者，而不做理想主义者。

另外，《建筑地基处理技术规范》（JGJ 79—2012）第 5.2.16 条规定，堆载预压平均固结度不低于 90%。而题中 3.9m 是“经堆载处理后土层厚度”，那么最终厚度可能为 3.89m。

例题12 2014年下午案例题11

某位于季节性冻土地基上的轻型建筑采用短桩基础，场地标准冻深为2.5m，地面下20m深度内为粉土，土中含盐量不大于0.5%，属冻胀土，抗压极限侧阻力标准值为30kPa。桩型为直径0.6m的钻孔灌注桩，表面粗糙。当群桩呈非整体破坏时，根据《建筑桩基技术规范》(JGJ 94—2008)，自地面算起，满足抗冻拔稳定要求的最短桩长最接近下列何值？(N_G=180kN，桩身重度取25kN/m³，抗拔系数取0.5，切向冻胀力及相关系数取规范表中相应的最小值)

(A)4.7m　　(B)6.0m　　(C)7.2m　　(D)8.3m

答案 C

解答

根据《建筑桩基技术规范》(JGJ 94—2008)第5.4.7条式(5.4.7-2)。

(1)作用于桩上的冻拔力：

$Q=\eta_f q_f u z_0=0.9\times1.1\times60\times0.6\times3.14\times2.5=279.77$kN

(2)假设冻深线以下的最短桩长为l，群桩呈非整体破坏时基桩抗拔极限承载力标准值，由第5.4.6条式(5.4.6-1)得：

$T_{uk}=\lambda q_s ul=0.5\times30\times3.14\times0.6\times l=28.26l$

(3)抗拔稳定性应满足式(5.4.7-2)，则有：

$Q\leqslant T_{uk}/2+N_G+G_p$

$G_p=0.6^2\times\pi/4\times l\times25=7.07l$

则有

$279.77\leqslant14.13l+180+7.07l$

所以，$l\geqslant4.7$m。

从地面算起时，桩长应为4.7+2.5=7.2m。

评析

在以上解答中，假设桩长l为“冻深线以下的最短桩长”，则桩的全长应为$l_t=l+2.5$。则计算此基桩的自重时，就少算了2.5m部分的桩重。

$G_p=\pi/4\times0.6^2\times25\times(l+2.5)=7.07(l+2.5)$

则有$279.77\leqslant14.13l+180+7.07(l+2.5)$

所以，$l\geqslant3.88$m，$l_t=l+2.5=6.38$m。

可见正确答案为选项B。

此题并无严重的概念性错误，估计是笔误。亦即前面假设桩长l为“冻深线以下的最短桩长”，后面就忘记了前后的呼应，当成了桩的全长。

(1)为了避免这种错误，还是假设l为全桩长好一些，这样$T_{uk}=278(l-2.5)$，如图10-21所示。

(2)这种计算的错误和疏忽，是由于互校和终审的环节不够认真。命题专家自己的计算难免会有误，常常只有换另一个人才会发现。而专家组的初审和终审会议的环节，只能就命题的合理性进行审查，不可能审查计算的过程和计算的疏忽。

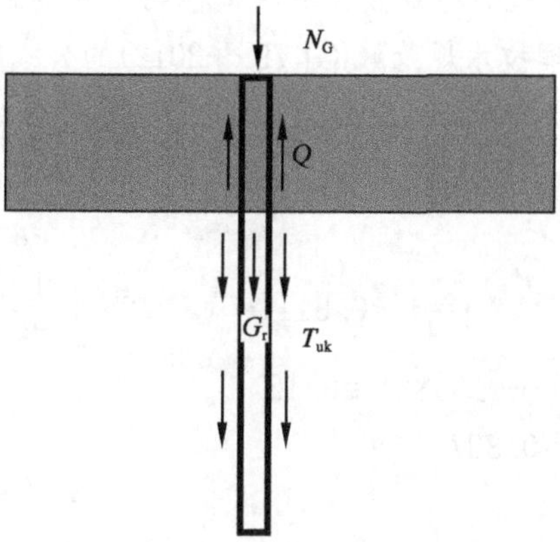

图　10-21

例题 13　2018 年上午案例题 14

某建筑场地上分布有 12m 厚的饱和软黏土，其下为中粗砂层，拟采用砂井预压固结法加固地基，设计砂井直径 d_w=400mm，井距 2.4m，正三角形布置。若饱和软黏土的竖向固结系数 c_v=0.01m²/d，水平固结系数 c_h 为 c_v 的两倍，预压荷载一次施加，加载后 20 天竖向固结度与径向固结度之比最接近于下列哪个选项？（不考虑涂抹与井阻的影响）

(A)0.2　　(B)0.3　　(C)0.42　　(D)0.56

答案　D

解答

没有见到"官方"的答案，但见到几份解答都是根据《建筑地基处理技术规范》(JGJ 220—2012)。

(1)根据第 5.2.1 条条文说明：

$$U=1-\alpha e^{-\beta t} \tag{10-5}$$

(2)再根据表 5.2.7，分别查得竖向固结度与径向固结度的系数 a 和 β。

①竖向固结：

$$U_z=1-\frac{8}{\pi^2}e^{-\frac{c_v\pi^2}{4H^2}t}=1-0.81e^{-\frac{\pi^2}{4}T_v};T_v=\frac{0.01\times20}{6^2}=0.00556$$

$$U_z=1-0.81\times e^{-2.467\times0.00556}=0.2$$

②径向固结：

$c_h=0.02m^2/d$；$d_w=0.4m$；$d_e=1.05\times2.4=2.52m$；$n=2.52/0.4=6.3$；$F_n=1.144$

$$U_r=1-e^{-\frac{8c_h}{F_n d_e^2}t}=1-e^{-8\times0.063/1.144}=0.356$$

③固结度比：

$U_z/U_r=0.2/0.356=0.5618$

评析

上述这种做法及解答似乎就是命题者的"标准答案"，在《土力学》的教材中，$U_z(U_v)$是一个时间变量的级数解，只有在 $T_v>0.06$ 时才可近似取其一项计算，即 $U_z=1-\frac{8}{\pi^2}e^{-\frac{C_v\pi^2}{4H^2}t}$；而在《建筑地基处理技术规范》(JGJ 79—2012)表5.2.7中也标明上式的适用条件为$\overline{U}_z>30\%$。从而可见此题不能使用《建筑地基处理技术规范》(JGJ 79—2012)的公式解答,此题的做法有很多:

(1)找任何一本《土力学》教材,通过查其U_v与T_v间的曲线,当$T_v=0.00556$时,$U_z=0.08$,这一精度已足够得到正确的选项,$U_z/U_r=0.08/0.356=0.225$,选项A正确。

(2)取级数的两项:

$$U_z=1-\frac{8}{\pi^2}\left(e^{\frac{-\pi^2}{4}T_v}+\frac{1}{9}e^{-9\frac{\pi^2}{4}T_v}\right)=1-0.811\left(e^{-\frac{\pi^2}{4}\times0.00556}+\frac{1}{9}e^{-9\frac{\pi^2}{4}\times0.00556}\right)$$

$$=1-0.811\times(0.9864+0.0982)=0.12$$

则$U_z/U_r=0.12/0.356=0.337$

选项B正确。

如果选项更多,则趋近于$U_z=0.084$,则$U_z/U_r=0.084/0.356=0.236$,选项A正确。

(3)如果选用某些《土力学》教材(如清华大学)的近似计算,当$T_v<0.6$时,$T_v=\frac{\pi}{4}U_{zt}^2$,$U_{zt}=\sqrt{\frac{4T_v}{\pi}}=0.0841044$,这已经相当接近于精确解了,则$U_z/U_r=0.0841044/0.356=0.2362$,选项A正确。

此题的选项为A较为合理。

首先,$U_z=1-\frac{8}{\pi^2}e^{-\frac{C_v\pi^2}{4H^2}t}$这个公式的应用条件在任何《土力学》教材中都有明确的说明,在《建筑地基处理技术规范》(JGJ 79—2012)中也清楚地注明其适用范围为:$\overline{U}_z>30\%$(这时相当于$T_v>0.06$,误差约为5%)。所以该命题与解答是有误的,会造成不同的计算得到不同的选项,严格地讲,选项D是错误的,也是误差最大的;选项A和B都优于选项D。

尽管是竖向双面排水,井径比也较大,有一定工程经验的工程师也会觉得$U_z/U_r=0.56$(选项D)过大了,直观的选项更可能是A。在某些情况下的砂井预压固结(比如单向排水的深厚软黏土层),竖向固结度往往可以忽略。

所以此题的答案若是D,既违背了土力学的基础知识,也不符合工程实际。

例题14 2005年上午案例题16

拟对某湿陷性黄土地基采用灰土挤密桩加固,采用等边三角形布桩,桩距1.0m,桩长6.0m,加固前地基土的平均干密度$\rho_d=1.32t/m^3$,平均含水率$w=9.0\%$。为达到较好的挤密效果,让地基土接近最优含水率,拟在三角形形心处挖孔预浸水增湿,场地地基土最优含水率$w_{op}=15.6\%$,浸水损耗系数k可取1.1,每个浸水孔需加水量最接近下列哪个数值?

(A)$0.25m^3$　　(B)$0.50m^3$　　(C)$0.75m^3$　　(D)$1.00m^3$

答案 B

解答

如图10-22所示,根据《建筑地基处理技术规范》(JGJ 79—2002)式(14.3.3)。

加水量:$Q=V\rho_d(w_{op}-w)\cdot k$

先计算每个浸水孔所承担土的体积等效圆直径：$d_e=1.05d=1.05m^2$

等效圆面积：$A_e=\pi d_e^2/4=0.865m^2$

体积：$V=L\times A_e=6\times 0.865=5.19m^3$

将各参数代入公式，得

$Q=5.19\times 1.32\times(15.6-9)/100\times 1.1=0.50m^3$

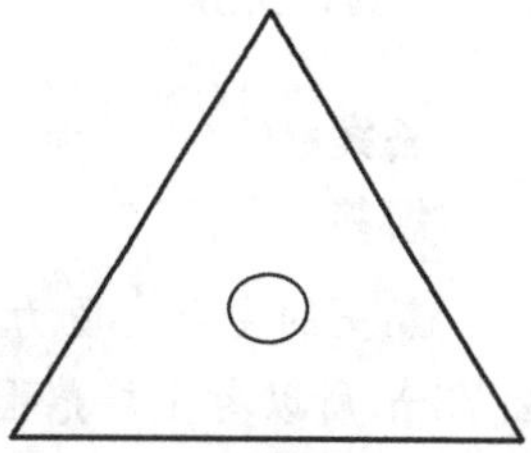

图 10-22

评析

注意此题是"在三角形形心处挖孔预浸水增湿"，亦即如图 10-22 所示，一个三角形中有一个圆孔(360°的圆面积)，一个圆井承担的面积为 $A_{1.0}=\frac{1}{2}\times 1\times 1\times\frac{\sqrt{3}}{2}=0.433m^2$，体积为 $V=0.433\times 6=2.6m^3$，因而 $Q=2.6\times 1.32\times(15.6-9)/100\times 1.1=0.25m^3$。

每个浸水孔需加水量为 $0.25m^3$，答案应为选项 A。

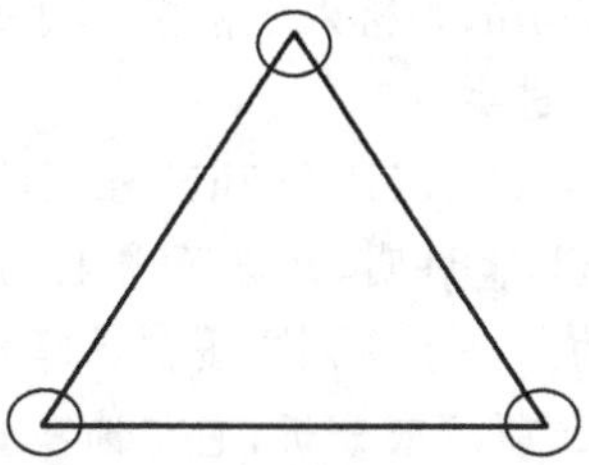

图 10-23

而上述的"标准解答($0.50m^3$)"的错误在于理解为井孔"等边三角形布置"(图 10-23)。在规范的复合地基中，如果桩、井、孔为等边三角形布置，通常采用等效直径的圆形面积计算其承担的面积。在一个三角形中只有半个圆孔(180°的圆面积)，半个圆孔承担的面积为 $A_{0.5}=\frac{1}{2}\times 1\times 1\times\frac{\sqrt{3}}{2}=0.433m^2$，一个圆孔承担的面积为 $A_1=0.866m^2$；每个井灌水量为 $0.5m^3$。其中的误解在于习惯于复合地基的"等效直径"。

例题 15 2013 年下午案例题 23

某基坑的土层分布墙宽如图 10-24 所示，黏土厚度为 2m，砂土层厚度 15m，地下水深度为 20m，砂土与黏土的天然重度按 $20kN/m^3$ 计算。基坑深度为 6m，拟采用悬臂桩支护形式，支护桩桩径 800mm，间距 1400mm。根据《建筑基坑支护技术规程》(JGJ 120—2012)，支护桩外侧主动土压力合力最接近下列哪一个选项？

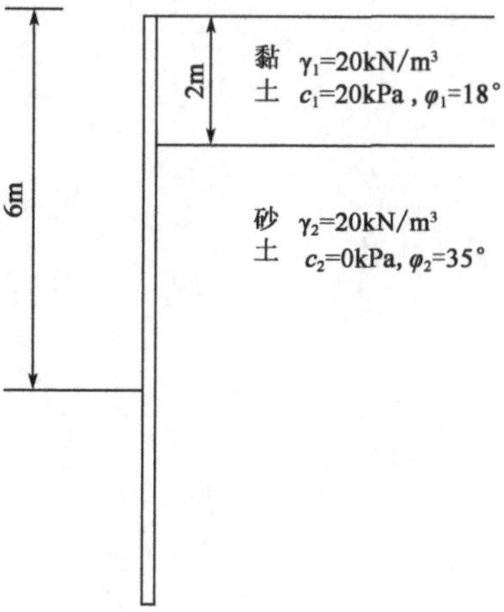

图 10-24

(A)248kN (B)267kN (C)316kN (D)375kN

答案 C

解答

黏土的主动土压力系数 $K_{a1}=\tan^2(45°-18°/2)=0.528$,临界深度 $z_0=2c/(\gamma\sqrt{K_a})=2.75m$,所以黏土层范围无土压力。

$K_{a2}=\tan^2(45°-35°/2)=0.27$

$p_{a3}=K_{a2}\times2\times20=10.8kPa$

$p_{a4}=59.4kPa$

主动土压力合力:$E_a=(10.8+59.4)\times9/2=315.8kN$

评析

题目为:"支护桩外侧主动土压力合力最接近于下列哪一个选项?"并且选项的量纲是 kN,显而易见对象是每根桩,其解答应是:$P=1.4\times E_a=1.4\times315.8=442kN$。可是选项中没有。

可以这样猜测:原来命题者预想设一个陷阱,即如果忘记乘以1.4m,则落入了陷阱。可是后来在做题时,忘记前面自己所设的陷阱,忘了乘1.4m,把自己掉了进去。

为了补救,在《试题解答及分析》一书中,将选项改为:(A)248kN/m;(B)267kN/m;(C)316kN/m;(D)375kN/m。并说明:"给出的选项中的单位漏掉了/m",也讲明,乘与不乘1.4m都给了分,这样似乎有所补救。可是选项不同,计算机是铁面无私的。一定有倒霉蛋被计算机挡在了外边。从"支护桩外侧主动土压力合力最接近于下列哪一个选项?"来分析,它与选项量纲配合默契,似乎不仅仅是单位漏掉了"m"。

附录一
注册岩土考试中的三相换算

三相换算是土力学中最基础、最能体现土的特性的计算,在注册岩土工程师考试的案例题中常常会遇到。考虑到每一道案例题的所答时间只有7分12秒,加之近年来案例题已经没有选择空间了,考试中每一秒都十分珍贵——时间就是分数,正确有效地进行三相换算至关重要。关于应用三相换算的情况,在不同时期有很大的变化,在这里进行一些总结。

1. 考试早期的勘察一章中的案例题

在注册岩土工程师考试的早期,常常会有一些直接计算三相关系指标的案例题,这是相对比较简单的,作答时间也少于平均用时,是考生很欢迎的“送分题”。

例题1 2006年上午案例题4

已知粉质黏土的土粒相对密度为2.73,含水率为30%,土的密度为1.85g/cm³,浸水饱和后该土的水下有效密度最接近哪一个数值?

(A) 7.5kN/m³ (B) 8.0kN/m³ (C) 8.5kN/m³ (D) 9.0kN/m³

答案 D

解答

(1)计算孔隙比:$e=\frac{G_s\rho_w(1+w)}{\rho}-1=\frac{2.73\times1\times(1+0.3)}{1.85}-1=0.918$

(2)计算水下有效重度:$\gamma'=\frac{G_s\gamma_w-\gamma_w}{1+e}=\frac{2.73\times10-10.0}{1+0.918}=9.02\text{kN/m}^3$

评析

在土的物性指标试验中,最简单易行的试验是确定密度ρ、相对密度G_s和含水率w这三个指标的试验。上面的解答是使用三相换算公式,对于这种题,掌握三相换算草图的技巧可能更可靠,它简单、直观、省时。无须记忆或查找公式,用笔随意画一张草纸,很快得到答案。在这种三相草图换算中,通常用体积和质量,往往只考虑数值,而不需顾及量纲等,如附图1-1所示。

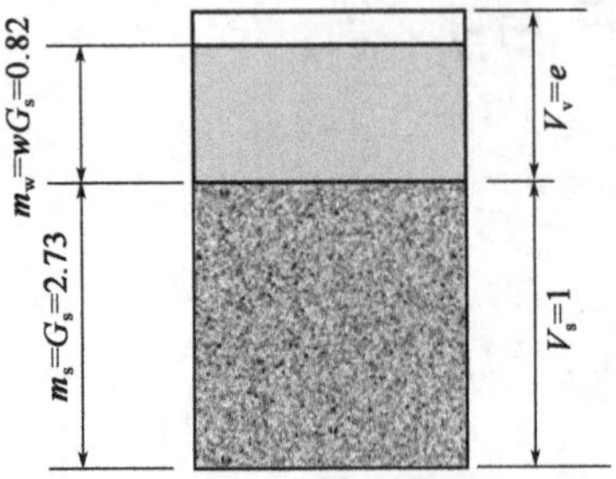

附图 1-1

(1)设固体颗粒体积为$v_s=1.0$。推求孔隙比e。

$$\frac{2.73+0.82}{1+e}=1.85$$

则$e=0.919$。

(2)计算饱和密度与浮(有效)重度。

$$\rho_{sat}=\frac{G_s+e}{1+e}=\frac{2.73+0.92}{1.92}=1.90$$

则$\gamma'=9\text{kN/m}^3$。

与此题类似的有2005年下午案例题1、2008年下午案例题2、2010年下午案例题1和2007

年下午案例题2等。

2.用土的三相关系计算密度变化、增湿减湿等情况下的前后关系

从三相换算衍生的案例题，题目常常是土中的水与气的体积与质量变化，而固体颗粒质量(体积)不变。

例题 2　2004 年下午案例题 7

一建筑物地基需压实填土 8000m³，压实填土控制压实后含水率 w_1 为 14%，饱和度 S_r 为 90%；现已知用作填土的填料重度 γ 为 15.5kN/m³，含水率 w_0 为 10%，土粒相对密度 G_s 为 2.72。此时约需填料方量最接近下列哪一个数值？

(A)10650m³　　(B)10850m³　　(C)11050m³　　(D)11250m³

答案　B

解答

根据三相指标的换算关系：

填料的孔隙比　$e=\dfrac{\gamma_s(1+w)}{\gamma}-1=\dfrac{2.72\times10\times1.10}{15.5}-1=0.93$

压实土的孔隙比　$e_1=\dfrac{\gamma_s w}{S_r\gamma_w}=\dfrac{27.2\times0.14}{0.90\times10}=0.423$

共需填料　$V=8000\times\dfrac{1+0.93}{1+0.423}=10850.3\text{m}^3$

评析

此题所涉及的情况是，在拟进行换填的地基场地附近，寻找确定一个土料场，计算料场土的开采量。解这种题的最基本原则就是先后的土料的固体颗粒的体积 V_s(质量 m_s)是不变的，即物质不灭原理，因为在压实、渗流固结、增湿减湿过程中的各物性指标的变化只是空气和水的进入和排出。可以通过三相换算草图[1]计算。

从附图 1-2 可见，$m_w=wG_s=S_re$，$e=\dfrac{wG_s}{S_r}$：

$\dfrac{(1.0+0.1)\times2.72}{1+e_1}=1.55$，$e_1=0.93$，$e_2=\dfrac{0.14\times2.72}{0.9}=0.423$

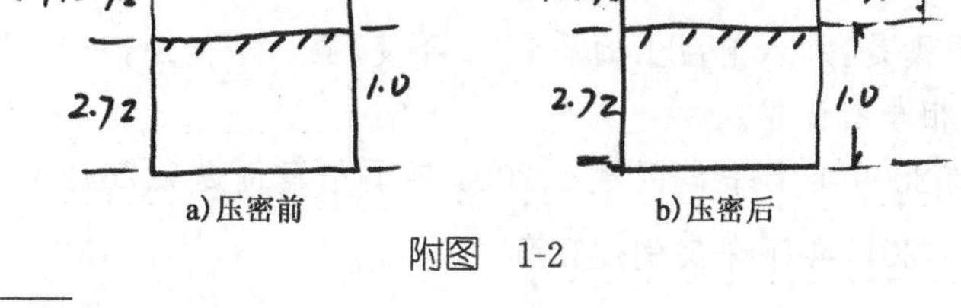

a)压密前　　b)压密后

附图　1-2

[1] 为体现三相换算草图的便捷性，附录中部分草图采用作者手绘图。

对于 $V_s=1.0$ 的土颗粒体积,压密前后土的体积分别为:$V_1=1+e_1$,$V_2=1+e_2$。固体颗粒所占土的体积比为:$1/(1+e_1)$,$1/(1+e_2)$;压密前后的总的固体颗粒体积相等:$V_{s1}=V_{s2}$,$8000\times\frac{1}{1+e_2}=V_1\frac{1}{1+e_1}$,则 $V_1=10850\text{m}^3$。

这种用三相换算草图的方法直观、明确、清楚,是值得提倡的。

例题3 2010年下午案例题3

某工地需进行夯实填土,经试验得知,所用土料的天然含水率为5%,最优含水率为15%。为使填土在最优含水率状态下夯实,1000kg原土料中应加入下列哪个选项的水量?

(A)95kg　　(B)100kg

(C)115kg　　(D)145kg

答案 A

解答

含水率:$w=\frac{m_w}{m_s}$

加水前土重:$m_1=m_s+5\%\times m_s=1000$

解得土颗粒质量:$m_s=\frac{1000}{1+0.05}=952.4\text{kg}$

加水前后土颗粒重 m_s 不变,设加水量为 Δm_w,加水后,$m_2=m_s+15\%\times m_s=1000+\Delta m_w$

$\Delta m_w=115\%\,m_s-1000=95.2\text{kg}$

评析

从附图1-3a)知,$(1+0.05)m_s=1000$,$m_s=952$;从附图1-3b)知,$\Delta m_w=(0.15-0.05)m_s=95.2\text{kg}$

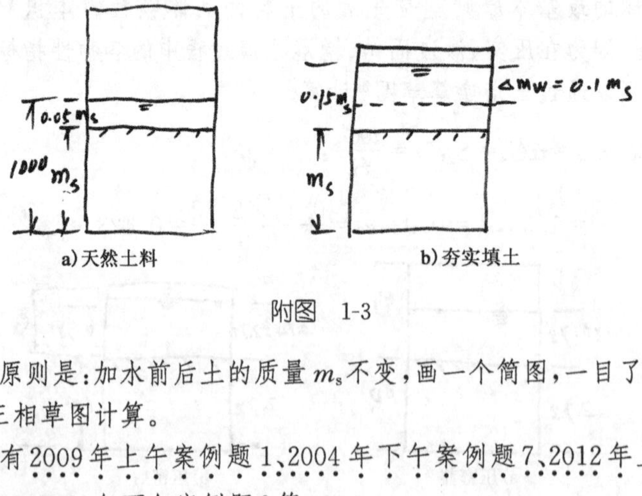

a)天然土料　　b)夯实填土

附图 1-3

这种题的基本原则是:加水前后土的质量 m_s 不变,画一个简图,一目了然。由于此题较为简单,也可不绘制三相草图计算。

与此题类似的有2009年上午案例题1、2004年下午案例题7、2012年上午案例题4、2016年下午案例题2和26,2011年下午案例题2等。

3. 涉及土的三相关系换算的渗流、固结、土压力等方面的考题

这一类考题要比前两种情况复杂一些，即首先通过三相换算确定某个(些)物性指标，然后解决其他的土力学问题。

例题 4　2007 年下午案例题 4

在某水利工程中存在有可能产生流土破坏的地表土层，经取样试验，该层土的物理性质指标为土粒相对密度 $G_s=2.7$，天然含水率 $w=22\%$，天然重度 $\gamma=19\text{kN/m}^3$。该土层发生流土破坏的临界水力坡降最接近下列何值?

(A)0.88　　(B)0.98　　(C)1.08　　(D)1.18

答案　B

解答

首先计算土的孔隙率

$$n=100-\frac{100\gamma}{G_s\gamma_w(1+0.01w)}=100-\frac{100\times19}{2.7\times10\times(1+0.01\times22)}=42.3\%$$

根据《水利水电工程地质勘察规范》(GB 50487—2008)附录 G，临界水力坡降 J_{cr} 为：

$$J_{cr}=(G_s-1)(1-n)=(2.7-1)(1-0.423)=0.98$$

评析

表面看起来，此题的计算量并不大，但是所用的两个公式要查规范。如果考生自己推导公式，远比做题本身更难。其实完全没有必要去查找《水利水电工程地质勘察规范》(GB 50487—2008)，可以直接用三相换算草图(附图 1-4)计算浮重度 γ'，再根据流土的临界水力坡降定义。

①临界水力坡降：$i_{cr}=\frac{\gamma'}{\gamma_w}$

②设固体的体积为 1.0，计算 γ' 和 i_{cr}

$$\rho=\frac{2.7\times(1+0.22)}{1+e}=1.9\quad e=0.73$$

$$\rho_{sat}=\frac{2.7+0.73}{1.73}=1.98\text{kg/m}^3$$

$$\gamma^1=9.8\text{kN/m}^3$$

$$i_{cr}=0.98$$

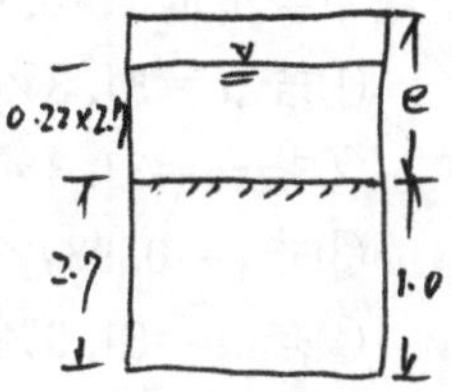

附图　1-4

例题 5　2012 年下午案例题 3

某场地位于水面以下，表层 10m 为粉质黏土，土的天然含水率为 31.3%，天然重度为 17.8kN/m^3，天然孔隙比为 0.98，土粒比重为 2.74，在地表下 8m 深度取土样测得先期固结压力为 76kPa，该深度处土的超固结比接近下列哪一选项?

(A)0.9　　(B)1.1　　(C)1.3　　(D)1.5

答案 B

解答

(1)计算土的有效重度 $\gamma'=\dfrac{\gamma(G_s-1)}{G_s(1+0.01w)}=\dfrac{17.8\times(2.74-1)}{2.74\times(1+0.01\times31.3)}=8.6\text{kN/m}^3$

(2)计算有效自重应力 $p_0=\gamma'h=8.6\times8=68.8\text{kPa}$

(3)计算超固结比 $OCR=\dfrac{p_c}{p_0}=\dfrac{76}{68.8}=1.1$

评析

看此题的“标准解答”,简单而且计算量很小。但关键还是浮重度 γ' 的计算公式。如果能够记住,或者很快从有关资料中查到,那么此题需要时间不会超过 5 分钟。但是对于多数人可能不会那么幸运,最可靠的方法还是三相草图的换算。

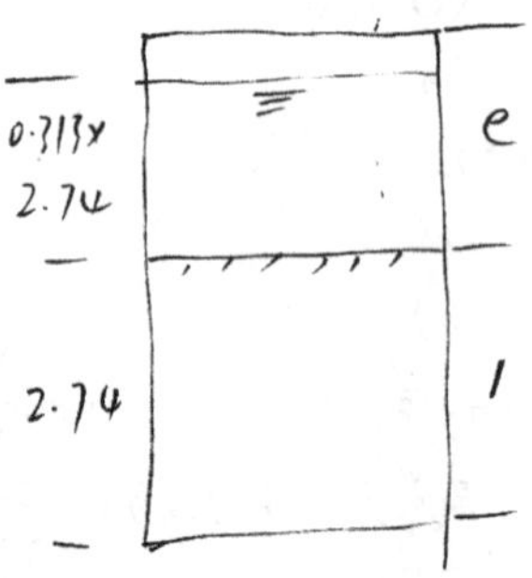

附图 1-5

根据附图 1-5:

$1.78=\dfrac{2.74+0.313\times2.74}{1+e}=\dfrac{3.6}{1+e},e=1.022$

$\gamma'=10\times\left(\dfrac{2.74+1.022}{1+1.022}-1\right)=86\text{kN/m}^3$

计算有效自重应力 $p_0=\gamma'h=8.6\times8=68.8\text{kPa}$

计算超固结比 $OCR=\dfrac{p_c}{p_0}=\dfrac{76}{68.8}=1.1$

这是一道很不合格的考题,一般的三相换算只需 3 个任意物性指标,对于饱和土或干土则只需 2 个。由于题目给出的 4 个物性指标超过了需要,造成了一系列矛盾:

(1)如果认为该土属于非饱和土,则只需 3 个物性指标即可计算其他所有指标,但这里给了 4 个指标,所以会有组合 $C_4^3=4$ 种不同的数据和相应的选项答案。此题的“标准解答”是暗含非饱和土,并且只使用了 γ、G_s 和 w 这 3 个指标。用它们计算得到的孔隙比 $e=1.022$,而不是题中给出的 $e=0.98$。

①若 $w=31.3\%,\gamma=17.8,G_s=2.74$,则可计算出 $e=1.022\neq0.98$。

②若 $w=31.3\%,e=0.98,G_s=2.74$,则可计算出 $\gamma=18.2\neq17.8$。

③若 $e=0.98,\gamma=17.8,G_s=2.74$,则可计算出 $w=28.6\%\neq31.3\%$。

④若 $w=31.3\%,\gamma=17.8,e=0.98$,则可计算出 $G_s=2.68\neq2.74$。

(2)由于此题首句就指明“场地位于水面以下”,亦即属于饱和土,这样只需两个指标即可,这样就有 $C_4^2=6$ 种组合。则可得出如下一系列互相矛盾的解答:

①若 $w=31.3\%,\gamma=17.8$,则可算出 $G_s=2.35\neq2.74$。

②若 $w=31.3\%,e=0.98$,则可算出 $G_s=3.13\neq2.74$。

③若 $w=31.3\%,G_s=2.74$,则可算出 $e=0.857\neq0.98$。

④ 若 $\gamma=17.8,e=0.98$,则可算出 $G_s=2.54\neq2.74$。

⑤若 $\gamma=17.8,G_s=2.74$,则可算出 $e=1.23\neq0.98$。

⑥若 $e=0.98,G_s=2.74$,则可算出 $w=35.8\%\neq31.3\%$。

有趣的是,此题的 10 种算法,令 $g=9.8\text{m/s}^2$,最后都可得到相同的结果,即 $\gamma'\approx8.6\text{kN/m}^3$。

问题在于：

(1)对于饱和土，命题人给出了4个物性指标，有两个是多余的。

(2)在三相换算中，如果采用 $g=9.8\text{m/s}^2$，4个指标间基本是封闭的，但这违背了在工程中约定俗成的 $g=10\text{m/s}^2$ 的做法。没有指明 $g=9.8\text{m/s}^2$，造成了4个指标间不闭合的现象，会使考生无所适从。

另外计算出的 $OCR=1.1$ 也没有什么实际意义，因为先期固结压力本来就是估算的值。相对于数以百万年的地质历史，其精度是不可能准确的，因而所给的4个选项基本上都可以归为“正常固结土”的范畴。

与此题类似的考题还有2006年上午案例题23、2007年下午案例题17、2009年上午案例题18、2013年上午案例题19等。

4. 通过三相换算确定地基土承载力

在建筑地基基础设计规范中，关于浅基础的承载力估算，经历了几十年的变迁与进步。在20世纪70年代的《工业与民用建筑地基基础设计规范》(TJ 7—74)中，对于砂土，采用相对密度(或者标贯击数)估计承载力；对于一般黏性土，采用孔隙比、液性指数、塑性指数估计承载力；对于淤泥类土，则采用含水率估计承载力。到了20世纪末，《建筑地基基础设计规范》(GB 7—89)则规定碎石类土相对密度(密实、中密与稍密)，一般黏性土按照孔隙比和液性指数，粉土按照孔隙比和含水率，淤泥类土仍然按照天然含水率估计承载力。

到了21世纪，《建筑地基基础设计规范》(GB 50007—2002)和(GB 50007—2011)则规定承载力的特征值 f_{ak} 由载荷试验、其他现场测试、公式计算并结合工程经验确定。就取消了按照物性指标估计承载力的方法。这一方面是由于其不合理，另一方面是作为国标，使用的范围很大，对于岩土这种地域性很强的材料，这种经验性的数据的适用性很难确认，有的《勘测报告》按照当地的规范或经验给出各层土承载力的参考值。

以往的注册考试对于浅基础的承载力也是以现场试验和用公式(M_b，M_d，M_c)确定。但是随着考试年年举行，命题已跳不出这些类型，于是就另辟蹊径，在《城市轨道交通岩土工程勘察规范》(GB 50307)、《公路桥涵地基与基础设计规范》(JTG D63)和《铁路桥涵地基和基础设计规范》(TB 10002.5)等其他行业的规范里扒题，这些规范基本类似于20世纪建筑行业的规范，从土的物性指标估计承载力，这样就需要进行三相换算，其实这是一种退步，只是为了考试而命题，并不是引导考生按照更先进合理的方法设计。

另外，铁路地基基础规范中，对于桩基础的端承力有较为独特的确定方法，即按浅基础的容许承载力加深度修正。估计很快就会有这种命题，建议熟悉一下。

例题6 2017年上午案例题2

某城市轨道工程的地基土为粉土，取样后测得土粒相对密度为2.71，含水率为35%，密度为 $\rho=1.75\text{g/cm}^3$，在粉土地基上进行平板载荷试验，圆形承压板的面积为 0.25m^2，在各级荷载作用下测得承压板的沉降量见附表1-1。请按《城市轨道交通岩土工程勘察规范》

(GB 50307—2012)确定粉土层的地基承载力为下列哪项?

附表 1-1

加载 p(kPa)	20	40	60	80	100	120	140	160	180	200	220	240	260	280
沉降量 s(mm)	1.35	2.75	4.16	5.58	7.05	8.39	9.93	11.42	12.71	14.18	15.53	17.02	18.45	20.65

(A)121kPa　　(B)140kPa　　(C)158kPa　　(D)260kPa

答案　B

解答

按照《城市轨道交通岩土工程勘察规范》(GB 50307—2012)第15.6.8条。

$$e=\frac{G_s\gamma_w(1+w)}{\gamma}-1=\frac{2.71\times10\times(1+0.35)}{17.5}-1=1.09>0.9$$

查表15.6.8-1知粉土密实度为稍密。由表格数据可知,p-s 曲线呈缓变曲线。

(1)由最大加载量确定的地基土承载力

最大加载量为280kPa,由最大加载量确定的地基土承载力为:$f_{ak}=280/2=140$kPa。

(2)由 s/d 确定的承载力

$$d=\sqrt{\frac{4A}{\pi}}=\sqrt{\frac{4\times0.25}{\pi}}=0.564$$

$$\frac{s}{d}=0.020,s=0.020d=0.020\times564=11.28\text{mm}$$

则由 s/d 确定的承载力为:

$$f_{ak}=140+\frac{160-140}{11.42-9.93}\times(11.28-9.93)=158>140$$

综上,地基土承载力为140kPa。

评析

此题所涉及的规范《城市轨道交通岩土工程勘察规范》(GB 50307—2012)其承载力的确定方法与其他规范有些差别,此题涉及的土的三相换算是最基本的从 w、G_s 和 γ 计算孔隙比 e,用三相草图计算更简洁,如果对于这种计算已经十分熟悉了,也可记住公式 $e=\frac{G_s\gamma_w(1+w)}{\gamma}-1$,直接计算。

例题7　2018年上午案例题6

桥梁墩台基础底面尺寸为5m×6m,埋深5.2m,地面以下均为一般黏性土。按不透水考虑,天然含水率 $w=24.7\%$,天然重度 $\gamma=19\text{kN/m}^3$,土粒相对密度 $G_s=2.72$,液性指数 $I_L=0.6$,饱和重度 $\gamma_{sat}=19.44\text{kN/m}^3$。平均常水位在地面以上0.3m,一般冲刷深度0.7m,水的重度为 $\gamma_w=9.8\text{kN/m}^3$。按《公路桥涵地基与基础设计规范》(JTG D63—2007)确定修正后的地基承载力容许值[f_a],其值最接近以下哪个选项?

(A)275kPa　　(B)285kPa　　(C)294kPa　　(D)303kPa

答案　C

解答

根据《公路桥涵地基与基础设计规范》(JTG D63—2007)式(3.3.4)：

$[f_a]=[f_{a0}]+k_1\gamma_1(b-2)+k_2\gamma_2(h-3)$

对于地基以下处于水面以下的不透水一般黏性土：

$I_L=0.6, e=\frac{G_s}{\rho}(1+w)-1=\frac{2.72}{19/9.8}\times(1+0.247)-1=0.75$

根据 e 和 I_L 查表得 $f_{a0}=250\text{kPa}$；

查表得 $k_1=0, k_2=1.5$；

又 $b=5\text{m}, h=5.2-0.7=4.5\text{m}$

$[f_a]=[f_{a0}]+k_1\gamma_1(b-2)+k_2\gamma_2(h-3)=250+1.5\times19.44\times(4.4-3)=250+41=291\text{kPa}$

评析

这一题是关于公路桥涵地基基础的设计，铁路桥涵地基基础的承载力确定方法与它近似，如前所述，根据物性指标确定承载力是一种经验方法，且具有较强的地域性。这种命题只是表明按照建筑规范确定地基承载力已经无题可出了。

本题规定水的重度 $\gamma_w=9.8\text{kN/m}^3$，是自找麻烦，使用三相草图换算麻烦了。但又没有说明重力加速度 g 为多少？会引起歧义，有人用 $g=9.8\text{m/s}^2$ 和 $\gamma_w=9.8\text{m/s}^2$；也有人用 $g=10\text{m/s}^2$ 和 $\gamma_w=10\text{m/s}^2$；还有人用 $g=10\text{m/s}^2$ 和 $\gamma_w=9.8\text{m/s}^2$，可能得出不同的选项，此处的解答只是笔者的解答与答案，认为 $\gamma_w=9.8\text{kN/m}^3$，即 $\gamma_w=\rho g=1\times9.8\text{kN/m}^3$。

对于"不透水持力层"，基底以上水位以下的任何土均按饱和重度计算，是有异议的，不符合有效应力原理。

5. 结论

附录一的重点在于讨论土力学中的一个基本计算——三相换算，它在注册岩土工程师考试中常常遇到，计算熟练、快速与准确十分重要。提出如下建议：

(1)准确理解与记住各物性指标的意义，例如 $w=m_w/m_s, e=V_v/V_s, n=V_v/V$ 等。

(2)记住一些指标间的简单数值关系：$\gamma=\rho g=\rho\gamma_w/\rho_w=10\rho, \gamma'=\gamma_{sat}-\gamma_w=\gamma_{sat}-10, n=e/(1+e)$等。

(3)提倡使用三相草图换算，在熟练的情况下，它简明、可靠、速度快。尽量不要依靠换算公式，因为这类公式数量极大，从 6~7 个指标中任选 3 个，会有上百种公式。计算指标的公式不可能都列出来，在考试期间也是不易马上翻到最适用的。如果是自己推导出来的，一般还是借助于三相草图，岂不是舍近而求远了。

(4)在答题时，草图可画在试卷上，不必在草稿纸上做一次，又抄一次。

(5)如果在学校期间没有进行过三相草图计算的训练，可以参考一些《土力学》教材中的公式，例如清华大学《土力学》(第 2 版)就列出了两个表，其一是通过土工试验规范规定的含水率 w、密度 ρ 和相对密度 G_s 计算其他常用指标的公式，另一个是各指标间的互算表。在多年的注册考试中，最常用的一个公式是从三个基本试验指标 w、ρ 和 G_s 计算孔隙比：$e=\frac{G_s}{\rho}(1+w)-$

1。其推导过程见附图 1-6。

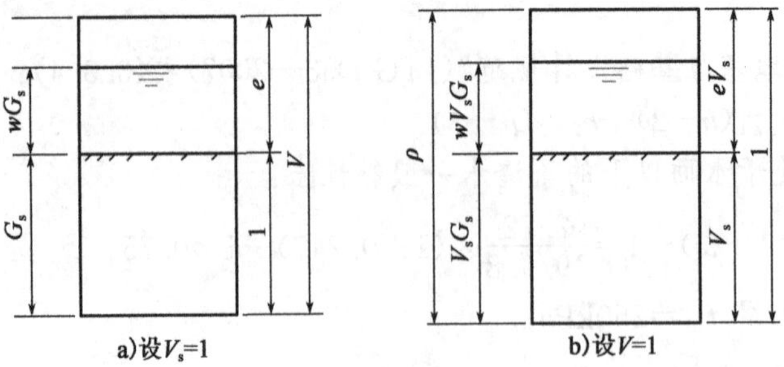

附图 1-6

用三相草图推导这个公式，如果已知 e 和 G_s，则设 $V_s=1$ 较为方便，见附图 1-6a)，由此可见：$\rho=\dfrac{G_s(1+w)}{1+e}$，则 $e=\dfrac{G_s}{\rho}(1+w)-1$。

如果设 $V=1$，也可推导出该式，以 V_s 作为过渡，附图 1-6b) 中两侧 V_s 相等：

左侧 $V_sG_s(1+w)=\rho$；右侧 $V_s(1+e)=1.0$，则 $V_s=\dfrac{\rho}{G_s(1+w)}=\dfrac{1}{1+e}$，即 $e=\dfrac{1}{V_s}-1=\dfrac{G_s}{\rho}(1+w)-1$。

附录二
命题、考题与考试

1. 命题

1.1 命题专家组

命题专家一般由20多人组成,90%以上的专家来自建筑行业中的勘察、结构与地基基础专业,其余的来自水利、公路和铁路等行业。命题专家主要来自设计院、研究院、高校等,其中以勘察设计院为主。命题工作主要是由住建部执业资格注册中心(又称考试中心)负责,而人保部负责注册工作。由于各勘察、设计单位都是由住建部归口管理,因而这些单位对专家的时间和经费是必须保证的。

1.2 分工与命题程序

一般来讲,命题专家组设一名组长和两名副组长。这些专家的优点是工程经验丰富,学术功底扎实。但他们身兼要职,工作较忙,无法投入太多精力。另外,近年来几位在大学任教多年的老教授退出命题组,而他们的教学、考试经验,对于命题的精准性、适度性起着至关重要的作用。

注册岩土专业考试按内容分为11章。命题专家组按照11章把专家又分为11个小组,其中有人身跨数个小组,各组有1人负责。命题的程序是,每年年初总结上一年考试结果,分配当年任务,一般是以1∶2.0~1∶2.5的比例由各组的组长负责分配,同时指定互审对象。所谓互审,就是同组的两个专家在下次初审会议之前对所拟考题互相校审。通常是每年春天开会初审,开始时全体专家一起审查,后来由于时间过长,并且专家也不是每章都熟悉,后来形成两个分组。初审的结果是把考题数量从250%(500题)精简为120%(240题),由分组长交给考试中心备案。然后是每年6月份左右开会终审,仍然是两个分组,上交100%(200题,近3年是190题);秋天由几位组长负责组卷。

试卷在每年8月中旬要送到河北满城监狱印刷,印刷前进行最后的校对,即终校。这是一项很艰苦的工作,要把200(190)道题逐题校验,案例题要逐题计算;对文字的表达、使用的规范和给出的条件等进行校对修补。

1.3 命题经验与教训

命题工作从2002年正式开始,由于缺乏经验,以及原建设部和原人事部相关部门的官僚化管理,曾经走了不少弯路。比如有的考题计算用的参数有15个之多,考生们叫苦不迭。

尽管命题程序日趋完善,但错误还是难免。命题工作最后的环节就是全国考试的时候在住建部考试中心值班。记得是2008年,北京考区来电话问:关于复合地基的下午案例题16(附图2-1),其中水泥搅拌桩桩端的④层黏土,试题给的端承力为200MPa,是否错了?我们一查果然如此,记得在监狱终校时我发现把②层土承载力40kPa误写为40MPa,作了改正,可是没发现这处的200MPa。按照规定,如果考题有误,要通知全国所有考场改正,会造成很大的骚动和混乱,后果很严重。我们看了此题的解答,发现这种复合地基的单桩承载力总是由桩身强度 f_{cu} 控制,桩土间计算的单桩承载力是无关紧要的,我们回答:就按原题条件计算。结果有惊无险，至今也没人书面提出异议。

影响比较大的是2012年下午案例题18，关于挡土墙土压力的计算，由于题干中并没有指定《建筑地基基础设计规范》(GB 50007—2002)，正确的选项又要求乘以1.1的土压力放大系数，见附图2-2。考生对此也是怨声载道，叫苦连天。

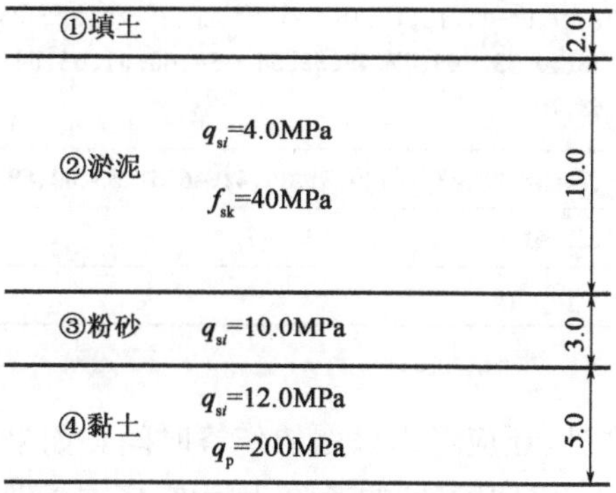

附图2-1　2008年下午案例题16附图(尺寸单位:m)

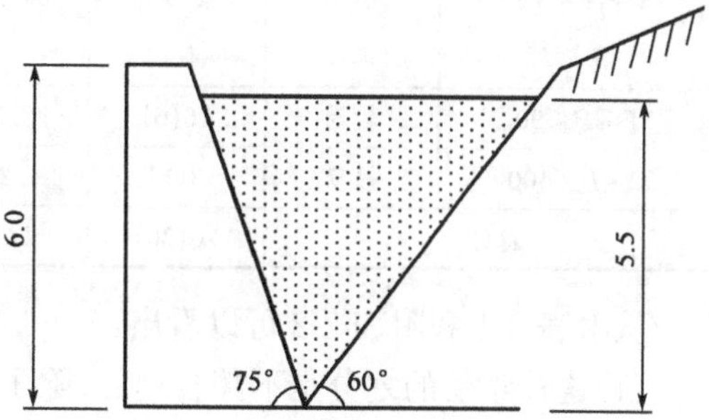

附图2-2　2012年上午案例题18附图(尺寸单位:m)

2. 考题

注册岩土工程师考试开始以来，每年评分结束后都对考题与考试进行系统的分析与总结，包括统计每道考题的正确率、选择率、难易度、区分度等；也包括统计每年的通过率、各省(市)的报名、参考人数以及通过率等。这些分析数据对于专家命题和考生备考都是很有意义的。

2.1　知识题的分析

以2008年为例，附表2-1和附表2-2是对专业知识题的难易进行的分析统计，其中黑体字为多选题数。各年的情况相差不多。

专业知识(上午)试卷统计分析　　附表2-1

得分比率	难易程度	题数	题数比例	题　号
0≤P<10	极难	1(**1**)	1.42%	**45**
10≤P<25	较难	9(**7**)	12.85%	9、40、**41**、**49**、**51**、**56**、**60**、**61**、**67**
25≤P<75	适中	40(**17**)	57.14%	1、5～8、10、11、13～15、20、23、25～27、30、32～36、38、39、**42～44**、**46～48**、**50**、**54**、**55**、**57**、**58**、**63～66**、**68**、**70**
75≤P<90	较易	17(**5**)	24.28%	2～4、16～19、21、28、29、31、37、**52**、**53**、**59**、**62**、**69**
90≤P<100	极易	3(**0**)	4.28%	12、22、24
总计		70(**30**)	100%	—

专业知识(下午)试卷统计分析　　附表2-2

得分比率	难易程度	题数	题数比例	题　号
0≤*P*<10	极难	1(**1**)	1.42%	**67**
10≤*P*<25	较难	5(**3**)	7.14%	12、39、**48**、**50**、**59**
25≤*P*<75	适中	45(**19**)	64.28%	3、5、7、9～11、13、14、15～21、24、25、28、29、32～35、37、38、40、**43～45**、**47**、**49**、**52**、**54～58**、**60**、**61**、**63**、**64～66**、**68**、**70**
75≤*P*<90	较易	16(**6**)	22.85%	1、2、6、8、22、23、26、30、31、36、**42**、**46**、**51**、**53**、**62**、**69**
90≤*P*<100	极易	3(**1**)	4.28%	4、27、**41**
总计		70(**30**)	100%	—

从附表2-1和附表2-2可以看出：

(1)这种难易的划分是不甚合理的，除了正确率之外，还应考虑该题的作答时间。如果一道题用了5分钟以上，即使答对了，也是不划算的，也不会是“极易”的考题，因为它挤占了做其他题的时间。正确率低还可能是由于题目“偏、繁、昏、错”。所谓的“难”可以是本书前面所讲的“曲径通幽”“小心陷阱”“难而不繁”等情况，所以这里所谓的难题，可能是好题，也可能是差题，甚至可能是错题，应具体分析。

(2)多选题占知识题总量的43%。从附表2-1和附表2-2可见，在极难题和较难题中，多选题占比远超过43%，而极易题和较易题中，多选题占比则明显低于43%。由于多选题为2分，单选题为1分，所以可知多选题控制了知识考试的通过率。多选题不易得分，其原因可能是：

①从纯概率上讲，单选题“蒙”对的概率是25%，多选题“蒙”对的概率只有10%。

②单选题易于判断，在4个选项中，如有一个是肯定的，其余的即使不清楚，或不肯定，也可很容易地选择与得分；而多选题则会大费踌躇。例如，单选题若答案为A，并且考生很有把握，则B、C、D三项可以不琢磨不考虑了，这对于查规范的题尤其有利；多选题则必须逐项判断，只有在A、B两项都有把握否定时，才能确定C、D两项为正确答案。

③有人喜欢按照次序逐题解答，这样单选题答完，所剩时间就可能不足；有人平均分配时间，每道题一律按照2分30秒用时，则多选题时间会明显不足。

2008年上午知识题45的正确率只有9.75%，这道题确实有些难度。

例题1　2008年上午知识题45

关于高压固结试验，下列哪些选项是不正确的？

(A)土的前期固结压力是土层在地质历史上所曾经承受过的上覆土层的最大有效自重压力

(B)土的压缩指数是指 e-lg$p$ 曲线上小于前期固结压力的曲线段斜率

(C)土的再压缩指数是指 e-lg$p$ 曲线上再压缩量与压力差比值的对数值

(D)土的回弹指数是指 e-lg$p$ 曲线回弹曲线段两端点连线的斜率

答案 ABC

评析

此题的选项A是错误的，因为还有冰川、基质吸力等；选项B也容易判断（大于前期固结压力）；由于这是单对数曲线，选项C一般也能判断（应是压力的对数差）。

选项D似乎是"正确的"，其实也不准确，因为不是"回弹曲线段两端点连线的斜率"，而是两个交点连线，C_e称回弹指数，或者再压缩指数，似乎称为"回弹—再压缩指数"最合理。它是两个交点连线的斜率，见附图2-3中的实线，而非虚线。

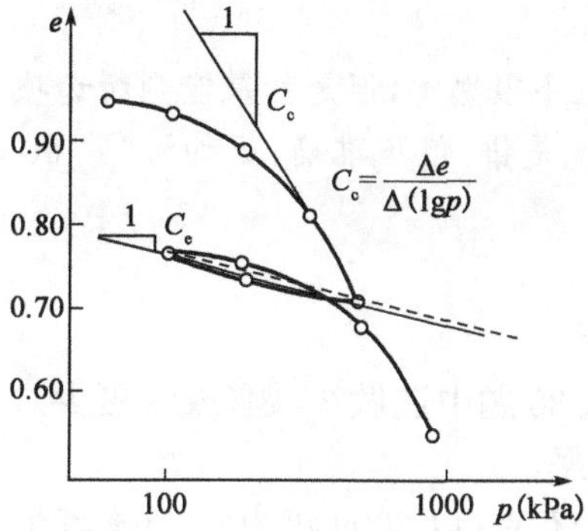

附图 2-3

其实此题在任何《土力学》教材都可以找到，人们想当然地认为"回弹指数是指e-$\lg p$曲线回弹曲线段两端点连线的斜率"。这道考题实际上是错误的命题，没有一个选项是正确的。由于选项D的说法并非绝对正确，所以多数考生就肯定选项A的说法是正确的，而选了BCD。

在历年考题中，知识题中正确最低的是2010年下午知识题61，正确率只有3.4%。

例题2 2010年下午知识题61

附图2-4为膨胀土试样的膨胀率与压力关系曲线图，根据图示内容判断，下列哪些选项是正确的？

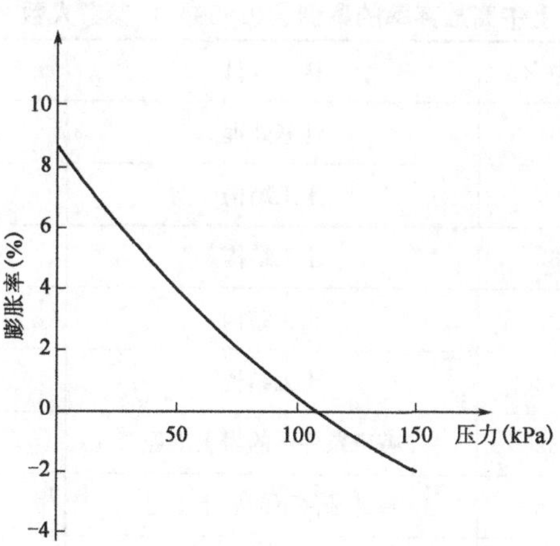

附图 2-4

(A)自由膨胀率约为8.4% (B)50kPa压力下的膨胀率约为4%

(C)膨胀力约为110kPa (D)150kPa压力下的膨胀力约为110kPa

答案 BCD

评析

这道题最大的问题是多数人认为选项A是正确的。根据膨胀土的规范,所谓"自由膨胀率",为"人工制备的烘干松散土样在水中膨胀稳定后,其体积增加值与原体积之比的百分率",是在量筒内加水进行试验的。图中的曲线则是在有侧限的压缩仪内进行的。这也是一道很好的考题。

但多数人对于这种特殊土不很熟悉,但是如果能判断选项BCD是正确的,那么选项A一定是不正确的。选项D不能说是错,但不准确,正如讲"我80岁姓李"一样"二",因为膨胀力与所受压力无关。

2.2 案例题的分析

2018年之前,案例题是从30题中选做25题(或者更少),所以从选择率可以看出试题的难易、考生对该题的生熟与好恶。

由于大部分考生来自建筑行业(以2009年为例:共有考生3864名,其中交通行业168人,水利行业150人,煤炭行业18人,港口行业120人,即非建筑行业的占比不足12%,并且也不排除他们中的一些人正在或曾经从事建筑工程),因而其中的勘察、浅基础、深基础、地基处理和基坑工程这5章成为考生首选。它们占案例题总数的63.3%。而其他章选择率较低。

勘察这一章往往含有一些本科"土力学"课程的基础内容,相对简单,成为年轻的、毕业不久的岩土工程师的所爱;浅基础部分的题常常是选择率最高的一章,见附表2-3~附表2-6。但是这一章时有陷阱。对深基础这一章,考生是又爱又恨。一方面这一章的内容是较为熟悉的,另一方面,这一章里往往有很费时间的"繁题"。在深、浅基础两章中,关于基础与承台的抗弯、抗冲切计算的内容也为一些年龄与资格较老的岩土工程师所厌恶,这部分试题往往是在考计算速度与精度,这些并非他们所长。

2006年上午高放弃率的案例题(>50%)(参考人数3050人) 附表2-3

题号	放弃人数	放弃率(%)	科目	考查点
15	1612	52.84	地基处理	计算淤泥固结沉降量
19	1741	57.06	土工结构	计算滑坡稳定系数
20	2034	66.67	土工结构	计算浅埋洞室压力
23	2114	69.29	土工结构	地下连续墙施工
24	1645	53.92	土工结构	挡土墙设计计算
25	1764	57.82	特殊条件下的岩土工程	岩洞稳定性评价
27	2257	73.98	特殊条件下的岩土工程	岩溶处理(铁路)
30	1667	54.64	地震工程	地基液化判别(公路)

2006 年下午高放弃率的案例题(＞50％)(参考人数 3050 人) 附表 2-4

题号	放弃人数	放弃率(％)	科 目	考 查 点
14	1670	54.74	深基础	承台内力计算
20	1743	57.13	土工结构	边坡稳定影响因素
23	1812	59.39	土工结构	闸坝抗滑稳定
25	2078	68.11	土工结构	边坡稳定性计算
26	1875	61.46	特殊条件下的岩土工程	滑坡稳定性计算
30	2726	89.35	地震工程	土石坝坝坡抗震稳定性验算

2007 年上午案例题选择率(％) 附表 2-5

题号	1	2	3	4	5	6	7	8	9	10	11	12	13	14	15	16	17	18	19	20	21	22	23	24	25	26	27	28	29	30
章别	勘察	勘察	勘察	勘察	设计	浅基	浅基	浅基	浅基	浅基	深基	深基	深基	处理	处理	处理	处理	边坡	挡墙	滑坡	边坡	基坑	地下	特殊	特殊	特殊	抗震	抗震	抗震	特殊
内容	土定名	灵敏度	腐蚀性	煤层	计算载荷试验	岩承载	基础宽度	压缩变形	基底压力	允许沉降	桩承载力	承载力	水平位移	桩距	固结沉降	挤密砂桩	碱液法	整体圆弧	墙底压力	岩坡滑动	圆弧水压	等值梁	围岩压力	湿陷性	公路溶洞	锚杆倾角	影响系数	场地划分	公路液化	黄土桩
选择率	80	70	92	55	93	**94**	**88**	**83**	**89**	**85**	**83**	**72**	**76**	79	57	94	72	28	57	62	**34**	**39**	**33**	**43**	**59**	**24**	82	77	57	33
正确率	63	62	76	75	9	**86**	**87**	**59**	**92**	**82**	**57**	**55**	**73**	70	49	92	72	42	56	61	**22**	**49**	**31**	**37**	**71**	**55**	79	64	37	55

2007 年下午案例题选择率(％) 附表 2-6

题号	1	2	3	4	5	6	7	8	9	10	11	12	13	14	15	16	17	18	19	20	21	22	23	24	25	26	27	28	29	30
章别	勘察	勘察	勘察	勘察	设计	浅基	浅基	浅基	浅基	浅基	深基	深基	深基	处理	处理	处理	土坝	挡墙	边坡	拦墙	基坑	基坑	地下	勘察	特殊	特殊	特殊	抗震	抗震	检测
内容	三轴试验	干密度	深层载荷	临界水力	承载力	坡上基础	固结度	附加应力	冻土埋深	下卧层	桩基沉降	冲切	公路沉井	碎石桩距	固结度	搅拌桩	渗透变形	抗滑稳定	锚杆加固	岩石界面	突涌	水泥土墙	围岩分类	强度试验	膨胀土	采空区	危岩稳定	等效波速	土坝抗震	波速测桩
选择率	**87**	**99**	**96**	**91**	**99**	**92**	**52**	61	93	76	62	64	50	96	35	91	68	63	61	65	79	46	90	77	85	50	23	90	49	49
正确率	**76**	**90**	**96**	**85**	**62**	**35**	**39**	60	33	40	62	64	69	94	38	88	50	74	70	57	68	41	85	73	53	66	41	65	45	81

地基处理这一章的考题历来选择率最高，是考生很喜爱的一章，正确率也很高；“繁题”也较少。多年来在考生中都有共识。这是由于这一章的内容较窄，一般不会脱离《建筑地基处理技术规范》(JGJ 79)这一本规范；加之近年来我国地基处理技术在实际工程中应用广泛，建筑岩土工程师们几乎都有这方面的实际工程经验；同时这一部分的难点和复杂概念相对较少。所以，一直到 2010 年前后，这一章都是得分的主体部分。后来，此章的难度也有所提高，难点为预压渗流固结部分。第七章案例题本来是以基坑为主，而基坑工程又是建筑岩土工程师十分熟悉的，并且只需《建筑基坑支护技术规程》(JGJ 120)一本规程，所以选择率不低。但近年来，地下工程的案例题比例在提高，并且隧道工程往往涉及岩石的内容，非建筑行业的技术人员所长。

第六章土工结构与边坡防护、第八章特殊条件下的岩土工程历来是选择率很低的两章。首先是由于这两章的内容庞杂,涉及的行业与土性太多;其次是它往往含有土力学中的较深层次的概念,例如土中水及其渗流部分;特殊岩土的地域性使考生对第八章的一些考题比较陌生,所谓"曲高和寡"。而且第六章往往会有真正的"难题",这部分常常是考查岩土工程师的真功夫。但是2012年以后,第六章成了错题的发源地,一是错题的总量在增加,有些年份错题占案例题的5%以上,而其中一半以上在第六章,并且错得很离谱。因而这一章的选择率进一步降低,以求避灾。

例题3 2007年下午案例题14

某砂土地基,土体天然孔隙比 $e_0=0.902$,最大孔隙比 $e_{max}=0.978$,最小孔隙比 $e_{min}=0.742$。该地基拟采用挤密碎石桩加固,按等边三角形布桩,挤密后要求砂土相对密实度$D_{r1}=0.886$,为满足此要求,碎石桩桩距应接近下列哪个数值?(修正系数 ξ 取1.0,碎石桩直径取0.40m)

(A)1.2m　　(B)1.4m　　(C)1.6m　　(D)1.8m

答案 B

解答

根据《建筑地基处理技术规范》(JGJ 79—2002)式(8.2.2-3),先计算要求加固后应达到的孔隙比 e_1:

$$e_1=e_{max}-D_{r1}(e_{max}-e_{min})=0.978-0.886\times(0.978-0.742)=0.769$$

然后,依据式(8.2.2-1):

$$s=0.95\xi d\sqrt{\frac{1+e_0}{e_0-e_1}}=0.95\times1.0\times0.4\times\sqrt{\frac{1+0.902}{0.902-0.769}}=1.44\text{m}$$

评析

这道题的选择率为96%,正确率为94%,可谓是"送分题",所以地基处理这一章很受欢迎。

例题4 2009下午案例题10

某稳定边坡(附图2-5),坡角 β 为30°。矩形基础垂直于坡顶边缘线的底面边长 b 为2.8m,基础埋置深度 d 为3m。试问按照《建筑地基基础设计规范》(GB 50007—2002),基础底面外边缘线至坡顶的水平距离 a 应大于下列哪个选项的数值?

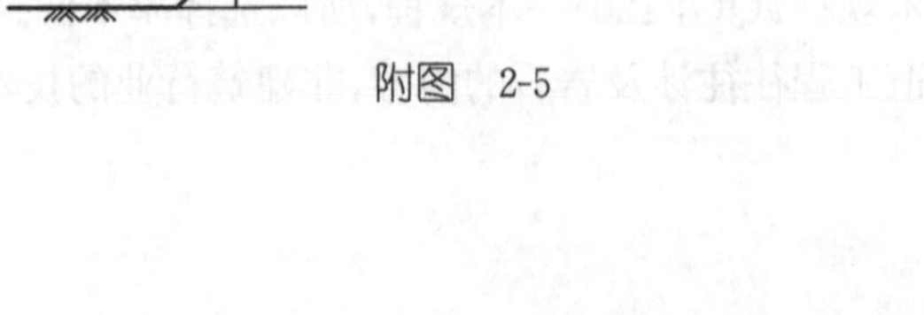

附图 2-5

(A)1.8m　　(B)2.5m　　(C)3.2m　　(D)4.6m

答案　B

解答

根据《建筑地基基础设计规范》第5.4.2条。

矩形基础：$a=2.5b-\frac{d}{\tan\beta}=2.5\times2.8-\frac{3}{\tan30^\circ}=1.8\text{m}$

但需 $a\geqslant2.5\text{m}$，所以 a 取 2.5m。

评析

此题的选择率为97.6%，可谓大受欢迎，结果正确率只有4.23%，成为“极难题”。这道题有一个陷阱，规范规定：距离 a“且不得小于2.5m”。看来多数人纷纷落入陷阱，丢掉了可贵的2分。

例题5　2007年下午案例题2

现场取环刀试样测定土的干密度。环刀容积200cm³，测得环刀内湿土质量380g。从环刀内取湿土32g，烘干后干土质量为28g。土的干密度最接近下列哪个选项？

(A)1.90g/cm³　　(B)1.85g/cm³　　(C)1.69g/cm³　　(D)1.66g/cm³

答案　D

解答

(1)计算土的湿密度

$\rho=\frac{m}{V}=\frac{380}{200}=1.90\text{g/cm}^3$

(2)计算土的含水率

$w=\frac{m_w}{m_s}=\frac{32-28}{28}=0.143$

(3)计算土的干密度(附图2-6)

$\rho_d=\frac{\rho}{1+w}=\frac{1.90}{1+0.143}=1.66\text{g/cm}^3$

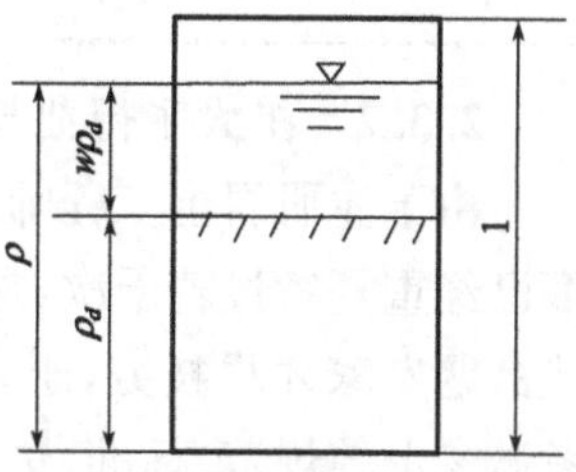

附图　2-6

评析

这道题的选择率高达98.4%，正确率为91.2%，是一道历年来选择率最高的考题，也是一道很容易的题目，属于土力学中的基本换算——三相换算。在工程勘察这一章常常会有一些非常简单的基础性考题，不选择是很可惜的。但是最近几年这样简单的考题很少了。

2.3　2018—2020年3年案例题的特点

2.3.1　取消了选择的余地

2018年之前，案例题有至少5道选择的余地，即30题中选做25题。这样命题专家和考生都有一定的回旋余地。现在的情况使考生无法发挥所长，而暴露其短，最后分数和通过率都会有所降低。

目前上下午共减少10道题(附表2-7)，除了工程勘察这一章题量未变以外，考生较熟悉、不偏、难度也适应的浅基础、深基础、地基处理共减少了6题,即33－27＝6。亦即原来可以靠这5章通过(66分),现在不行了(54分)。在2005年以前,有人只带7本规范就通过考试了,主要靠的就是这5章。

各章的题目数 附表2-7

章号	科目名称	案例		减少量
		2018年前	2018年后	
1	岩土工程勘察	8	8	0
2	岩土工程设计基本原则	0	0	0
3	浅基础	12	8	4
4	深基础	6	5	1
5	地基处理	7	6	1
6	土工结构与边坡防护	8	7	1
7	基坑工程与地下工程	5	4	1
8	特殊条件下的岩土工程	7	6	1
9	地震工程	5	4	1
10	岩土工程检测与监测	2	2	0
11	工程经济与管理	0	0	0
合计		60	50	10

2.3.2 扩大了行业与专业范围

由于注册岩土工程师考试已经进行了近20年,一些主要章节的题型、规范中常见的问题都已经重复考过若干次,加上社会上大量的辅导材料,把这些内容归纳总结,使考生耳熟能详,使命题专家才尽技穷,于是命题逐年向建筑行业之外的领域和专业扩张。附表2-8为多年来考试参考的规范、标准、法规等的数量。

多年来的参考规范、标准、法律与法规的数量(单位:本) 附表2-8

年份	规范、规程	建筑法规	其他(设计手册、参考书)
2003	31	9	23
2006	36	9	6(取消了参考书)
2007	44	14	6
2009	43	14	6
2011	40	14	不再单列手册
2017	43	17	
2018	43	17	
2019	50	17	
2020	50	19	

2020年考试所使用的标准和法律法规

一、标准

1.《岩土工程勘察规范》(GB 50021—2001)(2009年版)
2.《建筑工程地质勘探与取样技术规程》(JGJ/T 87—2012)
3.《工程岩体分级标准》(GB/T 50218—2014)
4.《工程岩体试验方法标准》(GB/T 50266—2013)
5.《土工试验方法标准》(GB/T 50123—2019)
6.《地基动力特性测试规范》(GB/T 50269—2015)
7.《水利水电工程地质勘察规范》(GB 50487—2008)
8.《水运工程岩土勘察规范》(JTS 133—2013)
9.《公路工程地质勘察规范》(JTG C20—2011)
10.《铁路工程地质勘察规范》(TB 10012—2019 J124—2019)
11.《城市轨道交通岩土工程勘察规范》(GB 50307—2012)
12.《工程结构可靠性设计统一标准》(GB 50153—2008)
13.《建筑结构荷载规范》(GB 50009—2012)
14.《建筑地基基础设计规范》(GB 50007—2011)
15.《水运工程地基设计规范》(JTS 147—2017)
16.《公路桥涵地基与基础设计规范》(JTG 3363—2019)
17.《铁路桥涵地基和基础设计规范》(TB 10093—2017 J464—2017)
18.《建筑桩基技术规范》(JGJ 94—2008)
19.《建筑地基处理技术规范》(JGJ 79—2012)
20.《碾压式土石坝设计规范》(DL/T 5395—2007)
21.《公路路基设计规范》(JTG D30—2015)
22.《铁路路基设计规范》(TB 10001—2016 J447—2016)
23.《土工合成材料应用技术规范》(GB/T 50290—2014)
24.《生活垃圾卫生填埋处理技术规范》(GB 50869—2013)
25.《铁路路基支挡结构设计规范》(TB 10025—2019)
26.《建筑边坡工程技术规范》(GB 50330—2013)
27.《建筑基坑支护技术规程》(JGJ 120—2012)
28.《铁路隧道设计规范》(TB 10003—2016 J449—2016)
29.《公路隧道设计规范 第一册 土建工程》(JTG 3370.1—2018)
30.《湿陷性黄土地区建筑标准》(GB 50025—2018)
31.《膨胀土地区建筑技术规范》(GB 50112—2013)
32.《盐渍土地区建筑技术规范》(GB/T 50942—2014)
33.《铁路工程不良地质勘察规程》(TB 10027—2012 J1407—2012)
34.《铁路工程特殊岩土勘察规程》(TB 10038—2012 J1408—2012)
35.《地质灾害危险性评估规范》(DZ/T 0286—2015)
36.《中国地震动参数区划图》(GB 18306—2015)
37.《建筑抗震设计规范》(GB 50011—2010)(2016年版)
38.《水电工程水工建筑物抗震设计规范》(NB 35047—2015)

39.《公路工程抗震规范》(JTG B02—2013)
40.《建筑地基检测技术规范》(JGJ 340—2015)
41.《建筑基桩检测技术规范》(JGJ 106—2014)
42.《建筑基坑工程监测技术标准》(GB 50497—2019)
43.《建筑变形测量规范》(JGJ 8—2016　J719—2016)
44.《城市轨道交通工程监测技术规范》(GB 50911—2013)
45.《混凝土结构设计规范》(GB 50010—2010)(2015年版)
46.《岩土工程勘察安全标准》(GB/T 50585—2019)
47.《高层建筑岩土工程勘察标准》(JGJ/T 72—2017　J366—2017)
48.《既有建筑地基基础加固技术规范》(JGJ 123—2012　J1447—2012)
49.《供水水文地质勘察规范》(GB 50027—2001)
50.《建筑边坡工程鉴定与加固技术规范》(GB 50843—2013)

二、法律法规

1.《中华人民共和国建筑法》
2.《中华人民共和国招标投标法》
3.《工程建设项目勘察设计招标投标办法》(国家发展和改革委员会令第2号)
4.《中华人民共和国合同法》
5.《建设工程质量管理条例》(国务院令第279号)
6.《建设工程勘察设计管理条例》(国务院令第662号)
7.《中华人民共和国安全生产法》
8.《建设工程安全生产管理条例》(国务院令第393号)
9.《安全生产许可证条例》(国务院令第397号)
10.《建设工程质量检测管理办法》(建设部令第141号)
11.《实施工程建设强制性标准监督规定》(建设部令第81号)
12.《地质灾害防治条例》(国务院令第394号)
13.《建设工程勘察设计资质管理规定》(建设部令第160号)
14.《勘察设计注册工程师管理规定》(建设部令第137号)
15.《注册土木工程师(岩土)执业及管理工作暂行规定》(建设部建市〔2009〕105号)
16.住房城乡建设部关于印发《建筑工程五方责任主体项目负责人质量　终身责任追究暂行办法》的通知(建质〔2014〕124号)
17.《房屋建筑和市政基础设施工程施工图设计文件审查管理办法》(住建部令〔2013〕第13号)
18.《危险性较大的分部分项工程安全管理规定》(住建部第37号令)
19.住房城乡建设部印发《关于进一步推进工程总承包发展的若干意见》(建市〔2016〕93号)

从公布的文件来看,近两年新增与更新的标准有十余本。以勘探为例,更新的标准有:①《岩土工程勘察规范》(GB 50021—2001)(2009年版),②《建筑工程地质勘探与取样技术规程》(JGJ/T 87—2012),③《工程岩体分级标准》(GB/T 50218—2014),④《工程岩体试验方法标准》(GB/T 50266—2013),⑤《土工试验方法标准》(GB/T 50123—2019),⑦《水利水电工程地质勘察规范》(GB 50487—2008),⑧《水运工程岩土勘察规范》(JTS 133—2013),⑨《公路工程地质勘察规范》(JTG C20—2011),⑩《铁路工程地质勘察规范》(TB 10012—2007 J124—2007),⑪《城市轨道交通岩土工程勘察规范》(GB 50307—2012),㉝《铁路工程不良地质勘察规程》(TB 10027—2012 J1407—2012),㉞《铁路工程特殊岩土勘察规程》(TB 10038—2012 J1408—2012),㊼《高层建筑岩土工程勘察标准》(JGJ/T 72—2017 J366—2017),㊾《供水水文地质勘察规范》(GB 50027—2001),共 14 本。

考试早期,浅基础几乎只用一本规范,现在有:⑭《建筑地基基础设计规范》(GB 50007—2011),⑮《水运工程地基设计规范》(JTS 147—2017),⑯《公路桥涵地基与基础设计规范》(JTG D63—2007),⑰《铁路桥涵地基和基础设计规范》(TB 10093—2017 J464—2017)等 4 个行业的 4 本规范。

下面几道例题可见案例题的命题范围很宽。

例题 6 2019 年上午案例题 2

附图 2-7 为某含水层的颗粒分析曲线,若对该层进行抽水,根据《供水水文地质勘察规范》(GB 50027—2001)的要求,对填砾过滤器的滤料规格 D_{50} 取哪项最适合?

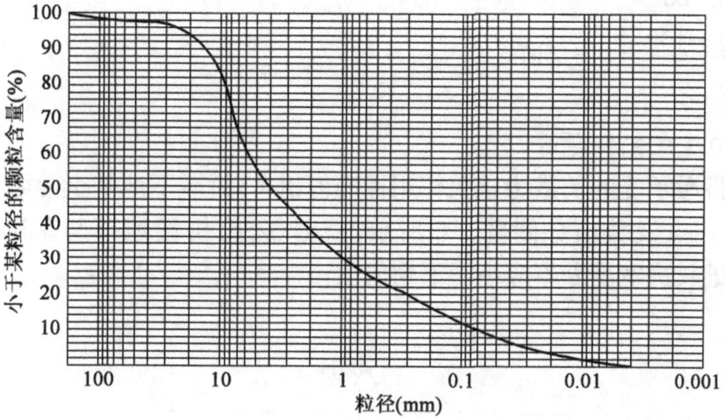

附图 2-7

(A)0.2mm (B)2mm (C)8mm (D)20mm

答案 B

解答

根据《供水水文地质勘察规范》(GB 50027—2001)第 5.3.6 条。

(1)根据颗分曲线对含水层定名

颗分曲线图上粒径小于 2mm 的颗粒质量占总质量的 38%,则粒径大于 2mm 的颗粒质量占总质量的 62%>50%,定名为碎石土。

(2)判断滤料规格

从颗分曲线图上查取 $d_{20}=0.3\text{mm}<2\text{mm}$

$D_{50}=(6\sim8)d_{20}=(6\sim8)\times0.3=1.8\sim2.4\text{mm}$

例题7 2019年下午案例题1

某 Q_3 冲积黏土的含水率为30%,密度为1.9g/cm³,土颗粒相对密度为2.70,在侧限压缩试验下,测得压缩系数 $a_{1-2}=0.23\text{MPa}^{-1}$,同时测得该黏土的液限为40.5%,塑限为23.0%。按《铁路工程地质勘察规范》(TB 10012—2007)确定黏土的地基极限承载力值 p_u 最接近下列哪项?

(A)240kPa (B)446kPa (C)484kPa (D)730kPa

答案 B

解答

根据三项换算及《铁路工程地质勘察规范》(TB 10012—2007)附录D表D.0.2-5。

(1)$e_0=\frac{2.7\times(1+0.3)\times1}{1.9}-1=0.847$

(2)$E_s=\frac{1+e_0}{a_v}=\frac{1+0.847}{0.23}=8.03\text{MPa}<10\text{MPa}$

(3)$I_L=\frac{30-23}{40.5-23}=0.4$

(4)插值:$\frac{484+409}{2}=446.5\text{kPa}$

例题8 2020上午案例题6

公路桥涵的桥墩承受的荷载为永久作用标准值组合,桥墩下地基土为卵石层,作用于基底的竖向合力 N 作用点及数值如附图2-8所示,根据《公路桥涵地基与基础设计规范》(JTG 3363—2019),基础长边宽度 b 不应小于下列何值?

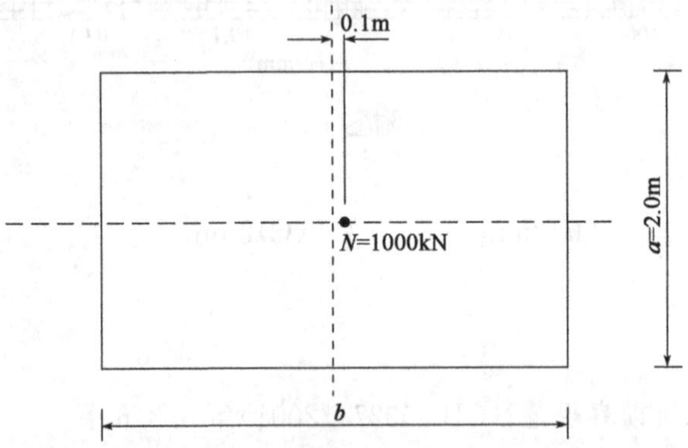

附图 2-8

(A)3m (B)4m (C)5m (D)6m

答案 D

解答

根据《公路桥涵地基与基础设计规范》(JTG 3363—2019)第5.2.5条。

单向偏心，截面核心半径：$\rho=\frac{W}{A}=\frac{b}{6}$

查规范表 5.2.5，非岩石地基，永久作用标准组合下 $e_0\leqslant[e_0]=0.1\rho$。

即 $0.1\leqslant0.1\times\frac{b}{6}$，解得 $b\geqslant6\text{m}$。

例题 9 2018 上午案例题 11

某公路桥拟采用钻孔灌注桩基础，桩径 1.0m，桩长 26m，桩顶以下的地层情况如附图 2-9 所示，施工控制桩端沉渣厚度不超过 45mm，按照《公路桥涵地基与基础设计规范》(JTG D63—2007)，估算单桩轴向受压承载力容许值最接近下列哪个选项？

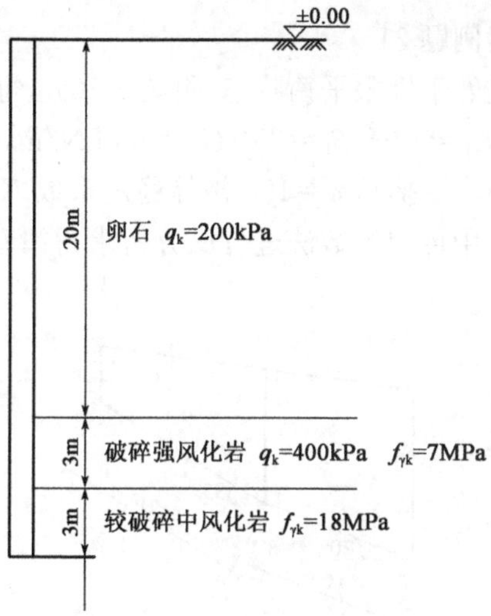

附图 2-9

(A)9357kN (B)12390kN (C)15160kN (D)15800kN

答案 B

解答

根据《公路桥涵地基与基础设计规范》(JTG D63—2007) 第 5.3.4 条。

较破碎岩层，查规范表 5.3.4：$c_1=0.5$，$c_2=0.04$。

钻孔桩，沉渣厚度满足要求，持力层为中风化岩层。

$c_1=0.5\times0.8\times0.75=0.3$，$c_2=0.04\times0.8\times0.75=0.024$

桩端 $f_{rk}=18\text{MPa}$，$\xi_s=0.5$，则

$$
\begin{aligned}
[R_a]&=c_1A_pf_{rk}+u\sum_{i=1}^{m}c_{2i}h_if_{rki}+\frac{1}{2}\xi_su\sum_{i=1}^{n}l_iq_{ik}\\
&=0.3\times3.14\times0.5^2\times18\times10^3+3.14\times1.0\times0.024\times3.0\times18\times10^3+\\
&\quad\frac{1}{2}\times0.5\times3.14\times1.0\times(20\times200+3\times400)\\
&=12390.44\text{kN}
\end{aligned}
$$

2.3.3 计算量减少

这3年的案例题的一个突出的特点就是计算量减少了。例题6～例题9都是基于非建筑行业的规范命题的，对于大部分考生有些“偏”，但能做到“偏而不繁”是很人性化的，这样命题也可促进不同行业之间的沟通与交流。面对取消了选做题、专业面拓宽等难题，减少计算量是很合理和善意的措施。

另外，题干给出的参数也都很便于计算，节省了计算时间，避免了那些无聊、无意义的计算，让考生的精力真正用在岩土工程的知识与概念上。例如 $\gamma=20\text{kN/m}^3$、$\varphi=30°$($K_a=1/3$，$K_p=3.0$)等。其实敢于“不繁”是命题水平高的表现，因为这种题本身就是难点与考点，无需靠大量的计算来控制通过率。

例题10 2018年下午案例题21

某滑坡体可分为两块，且处于极限平衡状态(附图2-10)，每个滑块的重力、滑动面长度和倾角分别为：$G_1=600\text{kN/m}$，$L_1=12\text{m}$，$\beta_1=35°$；$G_2=800\text{kN/m}$，$L_2=10\text{m}$，$\beta_2=20°$。现假设各滑动面的强度参数一致，其中内摩擦角 $\varphi=15°$，滑体稳定系数 $K=1.0$，按《建筑地基基础设计规范》(GB 50007—2011)，采用传递系数法进行反分析求得滑动面的黏聚力 c 最接近下列哪一选项？

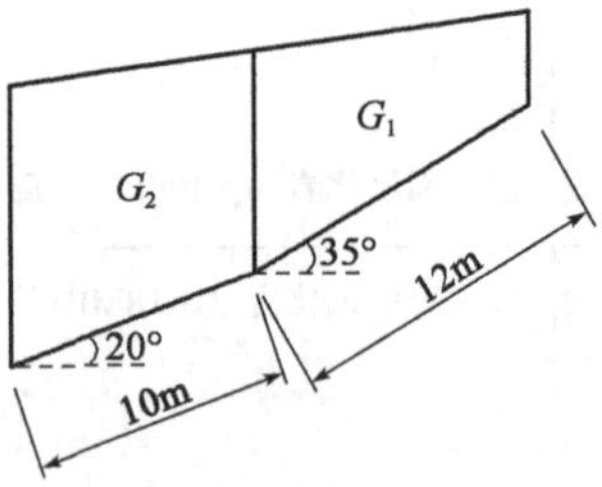

附图 2-10

(A)7.2kPa　　(B)10.0kPa　　(C)12.7kPa　　(D)15.5kPa

答案 C

解答

根据《建筑地基基础设计规范》(GB 50007—2011) 第6.4.3条。

(1) 第一条块剩余下滑力计算

$G_{1t}=G_1\sin\beta_1=600\times\sin35°=344.15\text{kN/m}$

$G_{1n}=G_1\cos\beta_1=600\times\cos35°=491.49\text{kN/m}$

剩余下滑力：

$F_1=G_{1t}-G_{1n}\tan\varphi-cL_1=344.15-491.49\tan15°-c\times12=212.46-12c$

(2) 第二条块剩余下滑力计算

$G_{2t}=G_2\sin\beta_2=800\times\sin20°=273.62\text{kN/m}$

$G_{2n}=G_2\cos\beta_2=800\times\cos20°=751.75\text{kN/m}$

$\psi_1=\cos(\beta_1-\beta_2)-\sin(\beta_1-\beta_2)\tan\varphi=\cos(35^\circ-20^\circ)-\sin(35^\circ-20^\circ)\tan15^\circ=0.897$

$F_2=F_1\psi_1+G_{2t}-G_{2n}\tan\varphi-cL_2=(212.46-12c)\times0.897+273.62-751.75\times\tan15^\circ-c\times10=262.77-20.76c$

令 $F_2=0$，则 $c=12.66\text{kPa}$。

评析

此题明确用《建筑地基基础设计规范》(GB 5007—2011)中的传递系数法，因而是一种显式法，而不是强度折减法(隐式法)，并且指出滑体稳定系数(安全系数)$K=1.0$，因而没有太大的难度，而在题干中既给出了滑块的重量，也给出了滑面的长度，避免了繁复的几何三角计算，是合情合理的。

例题 11 2020 上午案例题 7

柱下单独基础底面尺寸为 2.5m×3.0m，埋深 2.0m 相应于荷载效应标准组合时作用于基础底面的竖向合力 $F=870\text{kN}$。地基土条件如附图 2-11 所示，为满足《建筑地基基础设计规范》(GB 50007—2011)的要求，软弱下卧层顶面修正后地基承载力特征值最小应为下列何值?

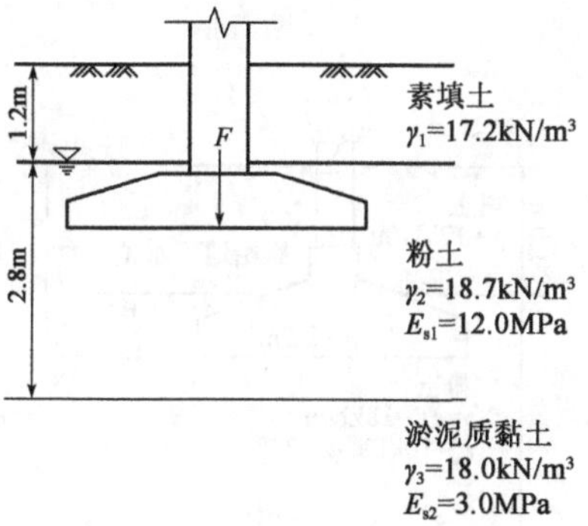

附图 2-11

(A)60kPa (B)80kPa (C)100kPa (D)120kPa

答案 B

解答

根据《建筑地基基础设计规范》(GB 50007—2011)第 5.2.4 条、第 5.2.7 条。

(1)软弱下卧层顶面处附加压力

$p_c=1.2\times17.2+0.8\times8.7=27.6\text{kPa}$

$$\frac{z}{b}=\frac{2}{2.5}=0.8>0.5,\frac{E_{s1}}{E_{s2}}=\frac{12}{3}=4,\theta=\frac{23^\circ+25^\circ}{2}=24^\circ$$

$$p_z=\frac{F-blp_c}{(b+2z\tan\theta)(l+2z\tan\theta)}=\frac{870-2.5\times3\times27.6}{(2.5+2\times2\times\tan24^\circ)(3+2\times2\times\tan24^\circ)}=32.4\text{kPa}$$

(2)软弱下卧层顶面处自重应力

$p_{cz}=1.2\times17.2+2.8\times8.7=45\text{kPa}$

(3)软弱下卧层经修正后的承载力

$p_z+p_{cz}\leqslant f_{az}$，即 $f_{az}\geqslant 32.4+45=77.4\text{kPa}$

评析

这是一道较为简单的考题，但是计算量稍大，近3年常见这种直接给出 $F=F_k+G_k$ 的题目，这就减少了第一步 p_k 的常规计算，将考点集中于求取扩散角。

可是这里也存在一个危险，如果审题不慎在 F 上再加 G_k，就落入一个陷阱。

2.3.4 增加了难度

由于以往多年的命题与考试，相同的题型已经为大家所熟悉，加上社会上各种辅导、参考资料的泛滥，逼得命题专家绞尽脑汁，不断想出一些新的主意，或颠倒反算，或画蛇添足，或故设陷阱，这就使考题不再按部就班，直来直去了。因而审题就十分重要。

例题12 2019上午案例题7

某建筑物基础底面尺寸为1.5m×2.5m，基础剖面及土层指标如附图2-12所示，按《建筑地基基础设计规范》(GB 50007—2011)计算，如果地下水位从埋深1.0m处下降至基础底面处，则由土的抗剪强度指标确定的基底地基承载力特征值增加值最接近下列哪个选项?(水的重度取10kN/m³)

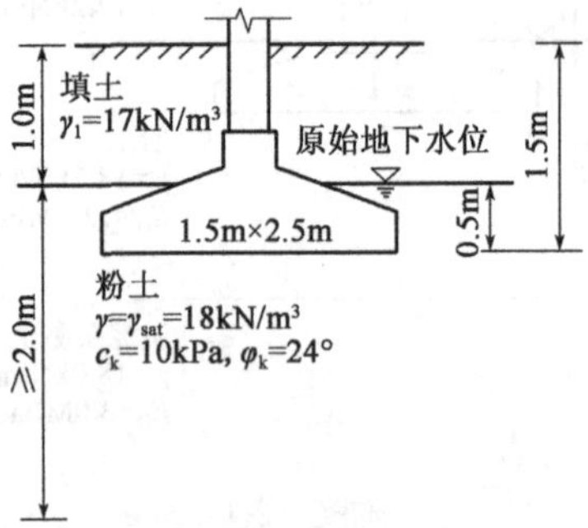

附图 2-12

(A)7kPa (B)20kPa (C)32kPa (D)54kPa

答案 B

解答

根据《建筑地基基础设计规范》(GB 50007—2011)第5.2.5条。

地下水位由埋深1.0m下降至基础底面时，基础底面以上地基土加权平均重度变化量：$\Delta\gamma_m=10\times0.5/1.5=3.3\text{kN/m}^3$。

地基承载力的增量完全由 $\Delta\gamma_m$ 增加引起，则：

$\varphi=24°$，查规范表5.2.5，$M_d=3.87$

$\Delta f=M_d\Delta\gamma_m d=3.87\times3.33\times1.5=19.3\text{kPa}$

其实，上述公式由于埋深形成的承载力也可写成 $f_d=M_d\sum\gamma_i d_i$，则：

$\Delta f=\Delta\gamma_i d_i=3.87\times10\times0.5=19.3\text{kPa}$

评析

这也是一道计算量较小的题目，不是直接计算承载力，而是计算条件变化引起的承载力变化。但是容易犯错误：$\Delta f = M_d \Delta \gamma d = 3.87 \times 10 \times 1.5 = 58\text{kPa}$，误选 D。

2.4 关于考题的区分度

考题的区分度又称鉴别度，常用两端分组计算法。其具体方法是：将被测试的考生分为高、低两组，各取总人数的总成绩的前27%和后27%两组。以 P_h 与 P_l 分别表示两组答对该题的比率，则 $P_D = P_h - P_l$ 为该题的区分度。$P_D \geqslant 0.4$ 为高(区分度)；$0.3 \leqslant P_D < 0.4$ 为较高；$0.2 \leqslant P_D < 0.3$ 为适中；$P_D \leqslant 0.2$ 为较低。以2007年的案例题统计为例，见附表2-9与附表2-10。

2007年上午案例题的区分度 附表2-9

题 号	高分组答对	低分组答对	区 分 度	区分度状态
1	0.75	0.53	0.22	适中
2	0.79	0.46	0.33	较高
3	0.82	0.64	0.18	较低
4	0.82	0.69	0.13	较低
5	0.14	0.07	0.07	较低
6	0.97	0.72	0.25	适中
7	0.96	0.74	0.22	适中
8	0.79	0.37	0.42	高
9	0.98	0.80	0.18	较低
10	0.90	0.71	0.19	较低
11	0.76	0.33	0.43	高
12	0.74	0.30	0.44	高
13	0.90	0.51	0.39	较高
14	0.85	0.48	0.37	较高
15	0.70	0.24	0.46	高
16	0.97	0.84	0.13	较低
17	0.84	0.55	0.29	适中
18	0.51	0.33	0.19	较低
19	0.73	0.35	0.38	较高
20	0.78	0.40	0.38	较高
21	0.25	0.14	0.11	较低
22	0.62	0.31	0.31	较高
23	0.45	0.19	0.26	适中
24	0.47	0.25	0.22	适中
25	0.85	0.53	0.32	较高
26	0.73	0.35	0.38	较高
27	0.90	0.59	0.31	较高
28	0.75	0.50	0.25	适中
29	0.46	0.29	0.17	较低
30	0.69	0.36	0.33	较高

2007年下午案例题的区分度 附表2-10

题　号	高分组答对	低分组答对	区　分　度	区分度状态
1	0.89	0.59	0.30	适中
2	0.97	0.79	0.18	较低
3	0.99	0.90	0.09	较低
4	0.95	0.68	0.27	适中
5	0.78	0.47	0.31	较高
6	0.56	0.18	0.38	较高
7	0.56	0.21	0.35	较高
8	0.82	0.39	0.43	高
9	0.36	0.33	0.03	较低
10	0.52	0.26	0.26	适中
11	0.87	0.33	0.54	高
12	0.81	0.38	0.43	高
13	0.83	0.54	0.29	适中
14	0.98	0.85	0.13	较低
15	0.47	0.29	0.18	较低
16	0.97	0.74	0.23	适中
17	0.65	0.33	0.32	较高
18	0.87	0.60	0.27	适中
19	0.86	0.46	0.40	较高
20	0.74	0.33	0.41	高
21	0.85	0.47	0.38	较高
22	0.61	0.21	0.40	较高
23	0.94	0.72	0.22	适中
24	0.86	0.55	0.31	较高
25	0.69	0.35	0.34	较高
26	0.78	0.57	0.21	适中
27	0.53	0.25	0.28	适中
28	0.81	0.45	0.36	较高
29	0.61	0.29	0.32	较高
30	0.91	0.68	0.23	适中

在附表2-9上午案例题中，区分度最低的是第5题(P_D=0.07)。

例题13　2007年上午案例题5

已知载荷试验的荷载板尺寸为1.0m×1.0m，试验坑的剖面如附图2-13所示。在均匀的黏性土层中，试验坑的深度为2.0m，黏性土层的抗剪强度指标的标准值为黏聚力c_k=40kPa，内摩擦角φ_k=20°，土的重度为18kN/m³。若按照《建筑地基基础设计规范》(GB 50007—2002)计算地基承载力，其结果最接近下列何值?

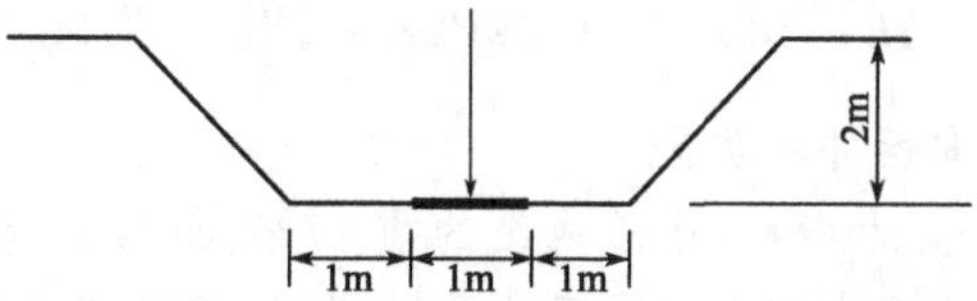

附图　2-13

(A)345.8kPa　　(B)235.6kPa　　(C)210.5kPa　　(D)180.6kPa

答案　B

解答

根据《建筑地基基础设计规范》(GB 50007—2002)表 5.2.5，$\varphi_k=20°$，$M_b=0.51$，$M_d=3.06$，$M_c=5.66$，对于边长为 1m 的载荷板，其地基承载力为：

$f_{ak}=0.51\times18\times1+3.06\times18\times0+5.66\times40=235.6\text{kPa}$

评析

这说明，不同水平的考生，都犯了同样的错误。因为 93%的考生选做此题，正确率却只有 9%，所谓"覆巢之下，岂有完卵"，结果大家都平等了。

在附表 2-10 中的上午案例题 15，区分度达到了 0.46。

例题 14　2007 年上午案例题 15

某正常固结软黏土地基，软黏土厚度为 8.0m，其下为密实砂层。地下水位与地面平。软黏土的压缩指数 $C_c=0.50$，天然孔隙比 $e_0=1.30$，重度为 18kN/m^3。采用大面积堆载预压法加固，预压荷载为 120kPa。当平均固结度达到 0.85 时该地基固结沉降量将最接近于下列哪个选项的数值？

(A)0.90m　　(B)1.00m　　(C)1.10m　　(D)1.20m

答案　B

解答

软黏土地基土层中点的自重应力为：

$$P_z=\gamma' h=(18-10)\times\frac{8}{2}=32\text{kPa}$$

该土层最终固结沉降量 S_1 为：

$$S_1=\frac{H}{1+e_0}\cdot C_c\lg\left(\frac{p_z+\Delta p}{p_z}\right)=\frac{8}{1+1.30}\times0.5\times\lg\left(\frac{32+120}{32}\right)=1.739\times0.6767=1.18\text{m}$$

平均固结度达到 0.85 时，则

$1.18\times0.85=1.00\text{m}$

评析

此题的放弃率为 42.55%，正确率为 49.06%。造成此题成绩两极分化的原因可能在于对有效应力原理的认识。即有效自重应力应当用浮重度计算：$P_z=\gamma' h=(18-10)\times\frac{8}{2}=$

32kPa,如果用 γ 计算,$P_z=\gamma h=18\times\frac{8}{2}=72\text{kPa}$,则可能选择A。此题选择A和C的各占20%左右。错误选项的倾向性并不明显。

区分度是一个很有价值的指标,取总成绩的前27%,就接近于每年考试的平均通过率。也就是说区分度实际上是注册考试通过与否的关键指标,或者说高区分度的题目是能否通过的关键。通过分析发现,这些高区分度的题目并不是那种正确率很低的"难题",因为对于正确率低于10%的难题,几乎是全军覆没,很难区分。也不是选择率和正确率都超过90%的易题和极易题,因为这些题太容易,结果是泥沙俱下,一律通过。附表2-11分析了2007年的8道高区分度的案例题,可以发现一些很有意义的问题。

2007年高区分度案例题统计 附表2-11

上、下午		上午				下午			
题号		8	11	12	15	8	11	12	20
区分度		0.42	0.43	0.44	0.46	0.43	0.54	0.43	0.41
选择率(%)		82.74	82.98	72.20	57.45	61.36	61.87	63.79	65.05
正确率(%)		59.12	57.44	54.55	49.06	60.32	61.46	63.46	56.62
难度		适中	适中	适中	适中	适中	适中	适中	适中
章名		浅基础	深基础	深基础	地基处理	浅基础	深基础	深基础	土工与边坡
考点		黏土层压缩变形计算	钢管桩的承载力计算	基桩承载力计算	预压沉降计算	附加应力叠加计算	桩基的沉降计算	角桩的冲切验算	挡土墙土压力计算
各选项选择率(%)	A	6.08	31.03	15.07	19.90	60.32	61.46	8.65	14.57
	B	27.33	57.44	10.91	49.06	21.64	10.82	14.20	56.62
	C	7.43	7.25	54.55	20.15	10.55	17.13	63.46	9.07
	D	59.12	4.23	19.47	10.77	7.49	10.53	13.69	19.74
分析		此题非常简单,也不易计算错误	选A可能是参数 λ_p 选错了	错误选项比例均匀,应是计算有误	错误选项比例均匀,应是计算有误	主要是查表有误	错误选项分散,计算错误为主	计算错误为主	计算错误为主

从附表2-11可以总结出如下一些规律:

(1)这些区分度高的题主要分布在选择率很高的深、浅基础等章,平均正确率一般在50%左右,是一些难度适中的考题,并不是难度很高的题目,也不是易与极易的送分题。

(2)这些考题并没有很深的概念与难点,其错误往往是发生在参数选择、查表、查曲线以及计算有误等方面。

(3)附表2-11所列的考题,区分度高达0.41~0.54,这表明,总成绩在前27%的考生,正确率如果平均为70%,则后27%的考生的正确率只有20%左右,这种两极分化就是注册岩土工程师考试能否通过的关键。

(4)能否答对的根本在于熟练度、稳定度与计算速度。这部分考题是成败的关键,在平时应多做勤练,提高精度、稳定度与速度。

3. 考试

3.1 通过率

2004—2010 年的通过率统计情况见附表 2-12。

各年的通过率统计 附表 2-12

年份		2004	2005	2006	2007	2008	2009	2010
考试人数	报名	4500	3355					
	实考	3727	2786	3101	2826	3143	3373	4177
全国(%)		27.3	21.64	15.58	17.37	14.83	26.59	—
最高(%) (人数)		重庆,39.44 (97)	黑龙江,35.14 (43)	黑龙江,26.47 (34)	内蒙古,26.92 (26)	海南,40 (10)	新疆,36.11 (36)	
最低(%)		西藏、新疆兵团,0	西藏、青海、新疆兵团,0	海南、西藏,0	海南、西藏,0	西藏,0	海南、西藏,0	
200 人以上省市排序(%) (实考人数)		江苏,36.28 (317) 浙江,34.62 (255) 山东,32.50 (240) 湖北,30.08 (246) 四川,24.88 (209)	江苏,33.33 (219) 浙江,26.09 (207) 广东,16.97 (271)	浙江,24.02 (229) 江苏,18.44 (244) 广东,16.41 (323)	江苏,20.58 (243) 浙江,16.58 (217) 广东,16.41 (266)	浙江,19.18 (219) 湖北,18 (200) 江苏,17.75 (276) 广东,14.33 (349)	江苏,34.29 (315) 上海,31.92 (213) 广东,29.26 (376) 湖北,23.65 (203) 浙江,22.38 (210)	
复评通过率(%)				71.66	86.9			

据了解,全国通过率,2011 年约为 38%,2012 年约为 5.9%,2014 年约为 25%。可见,全国的通过率约为 20%,其中东南沿海地区,考生人数多,通过率高,并且很稳定。

数据表明,复评通过率在 80%左右,考生人数多、通过率高的省市的复评通过率一直较稳定,偏高;考试人数少的地方,通过率与复评通过率都有较大的波动。在复评时,有的试卷机评超过 60 分,复评却不到 20 分,这恐怕就与考场的秩序有关了。

3.2 考题的审题与选择

案例题的选择比例,反映了案例题的难度与繁度,也反映了考生的战略布局。30 道考题可以选择 25 道题,如果全部答对,则上下午各做 15 道题即可。如果选 25 道题,则每道题用时为 7 分 12 秒;如果只选做 20 道题,则每道题可用时 9 分钟。伤其十指,不如断其一指。除了"天灾"以外,应争取做一道题,对一道题。如果上下午各做 25 道题,得 60 分,则正确率为 60%;如果上下午各做 20 道题,得 60 分,则正确率为 75%。刀耕火种、广种薄收是落后的原始的农业思想。

附表 2-13 为 2005—2010 年案例题的选择情况,可见考生平均选做 20 道题左右。能通过计算机评分,进入复评的考生应当是其中的佼佼者,他们选择率稍高,大约比平均值多两道题。因而,对于案例题不一定做满25道题,选做自己有把握的22道题较为合适。

2005—2010年案例题选择率统计 附表2-13

年份	2005		2006		2007		2008		2009		2010	
上、下午	上午	下午	上午	下午	上午	下午	上午	下午	上午	下午	上午	下午
选择率(%)	63.5	68.4	68.8	66.0	66.4	71.2	61.1	66.0	59.4	74.2	65.6	69.4
平均(%)	66.0		67.5		68.8		63.5		67.0		67.5	
题数	19	20.5	20.6	20	20	21.4	18.3	20	17.8	22.3	19.7	20.8
平均题数	20		20		21		19		20		20	

其实,注册岩土工程师考试的多数题目不是会与不会的问题,给予充分的时间,很多人都可得到80~90分或以上。关键在于能否按时做完与做对。对于自己有把握、很熟悉的题目,少选一些,多用一点时间,保证正确率可能是一个明智的选择。

对于专业知识题,也应大体分一下类。第一类是熟悉、有把握的考题,大约占50%,作为重点,在规定的时间内争取正确率为90%,这样就可得45分。第二类是可以争取得分的考题,约占30%,做题时间可多于平均时间,争取正确率为60%,则可得18分。剩下的20%是没有希望,或者没有时间做的题目,就可以“蒙”了。如果只剩下半分钟了,则单选题全部选C(或B),多选题全部选ABD,平均蒙对的概率可达20%左右,即可得4分,这样总分就可得67分。特别注意,不要在一两道考题上纠缠不休,用时过多,最后导致全盘崩溃。

从2018年始,注册岩土工程师考试案例考题只有25道题,而不是从30道题中选做25道题。由于岩土工程门类复杂,涉及的行业很多,计算量普遍偏大,如果没有选择的余地,将无法发挥个人所长,而暴露其所短,最后分数和通过率都会有所降低。

注册岩土工程师考试的案例题,原来规定从30道题中选择不超过25道题作答,如果考生作答题目多于25道,计算机将从头审阅选项,到已选的第25题则停止;在人工复审评卷时也是如此。但实际上由于时间限制,极少见到有完成多于25道题的考卷。3个小时做25道题,每道题平均用时7分12秒,以这些年考题的“繁度”,这种计算速度几乎属于超人。同济大学一个岩土工程的教授对笔者说,他上午只完成了12道题,下午就不考了。

凡是能够通过机评而到人工复审的试卷都是其中水平较高者,以笔者的印象平均也不会超过22道题。多年来,评审试卷时都发现上午完成的题数少于下午,得分情况也是如此。估计是一些新考生上午没有经验,精神紧张;到了下午做题熟练了,心态也平和了。

考题只有25道案例题并不是没有选择的机会和余地,仍然会有3~5道题的选择空间。以往放弃率较高的是第六、七、八章的考题。第六章中的土工结构涉及的行业太多,包括:建筑、水利、公路、铁路等;另外第六章会有一些真正的难题;近5年来,第六章中的错题、昏题很多,历年考试的第18题几乎都有问题。第七章案例题原来是以基坑为主,可是近几年地下工程(隧道)的考题增加,而这又是以建筑业为主的考生们最不熟悉的部分。第八章中有些考题没有规范依托,其解答相当偏僻。另外深、浅基础中的抗弯、抗冲切等计算量大,偏于结构专业,地基处理中的固结度问题理论偏难,计算工作量偏大,抗震中由于包括水利与公路等,也是放弃率较高的领域。但是由于浅基础题目减少了4题,必须努力增加第六、七、八章题目的选做率。

所以，在案例题考试中，一开始就应定位于完成20～22道题，这样回避了自己不熟悉或者计算时间较多的题，每题的用时可增加到9分钟或8分12秒，这样正确率就会提高，避免了广种薄收，也避免了那些用了10分钟发现做不下去的难题、生题对情绪的影响。

尽管只完成20道题左右，但不影响填满25道题的选项，因为这样可以"欺骗"计算机，增加通过机评的机会，而通过机评也就会增加通过注册考试的机会。

首先，以往都有个别错题和昏题在考试前各环节没有被发现，并按错误选项输入计算机；而在培训评分员时发现原解答和选项是错的，或者是两个选项都可以，这样，评分就可能与计算机评分标准不同，如2005年上午案例题16、2006年上午案例题24、2011年上午案例题18等。2018年后也存在错题和答案有歧义的情况，有以下三种可能的情况：

(1)完成了20道题，只填了20道题的选项，一道错题或昏题本来做对了，应得60分，但被计算机所淘汰，没有进入人工复审环节，无法追回失去的2分，结果冤沉海底。

(2)某道错题或昏题做对了，但由于得分超过60分，仍然通过了机评，复审又给加了2分，锦上添花。

(3)机评得分62分，人工复审时有一道题被取消了2分，平反又加上2分，结果通过了考试，皆大欢喜。

所以，只有通过机评才有可能翻盘，有的考生被评为58分，事后去申诉，发现确实有一道题他的解答对，而标准答案错，或者两个答案都不能否定，但结果估计也很难改正了。

另一种情况是，有的年份通过率偏低，而人保部坚持通过标准必须是60分，这时对于有微瑕的考卷专家组就高抬贵手了，但前提仍然是考卷了通过机评。

根据多年的总结，案例题并非4个选项各占25%，表8-3和表8-6为多年的总结，可见选择选项C与B的概率要高得多，因而没有计算的3～5题的选项无须思考，用10秒钟时间一律填C或B。

3.3　考卷的复评

通过机评的案例题考卷要进行人工复评，评分员来自各省(1～2名)。他们是一些在岩土工程领域较有经验和水平的科技人员，一般都参加过注册岩土工程师考试并已通过。他们中有勘察设计院技术人员，也有高校的教授；另外也有一些平时进行考试培训的老师，有来摸底的意图。其组织形式为：评分员—评分员组长—命题专家小组组长—专家组组长。一般由评分员进行一审，评分员组长进行二审，有疑问时请命题专家及组长进行三审。由于评分任务重、时间紧，所以通常是考卷达到60分，没有异议，二审就通过了，放在一个筐里。所以我们常说，复审的最高分就是60分。

待遇最高的是58分的考卷，它们必须由命题专家组正、副组长审定。由于人保部要求必须是满60分才通过，有的年份通过率偏低，把关就偏松一些，能够凑上60分的尽量成人之美。每年复评的通过率平均为80%左右。

以前也出现过在培训评分员之前就发现考题或答案有误的情况，这时就要改正。如果选项没变则问题不大，如果复评前后的选项不同，则按后者。这样有的考生冤沉海底，有的考生侥幸通过。考试是一种相对公平的选拔手段，但也没法做到绝对公平，专家也是希望考试能够公平、公正、合情、合理，考生能顺利通过考试。专家与考生应当相互理解。